"十四五"职业教育国家规划教材

U0722393

2021版

微｜课｜版

多媒体

技术与应用立体化教程

第｜3｜版

戴敏利◎主编

张小志◎副主编

人民邮电出版社

北 京

图书在版编目（CIP）数据

多媒体技术与应用立体化教程：微课版：2021版 / 戴敏利主编. —— 3版. —— 北京：人民邮电出版社，2024.6
新形态立体化精品系列教材
ISBN 978-7-115-64192-2

Ⅰ. ①多… Ⅱ. ①戴… Ⅲ. ①多媒体技术－教材
Ⅳ. ①TP37

中国国家版本馆CIP数据核字(2024)第071085号

内 容 提 要

本书系统地讲解常用多媒体软件的使用方法及实战案例，采用项目任务的方式来讲解知识点。本书共7个项目。其中项目1讲解多媒体技术的概念、多媒体系统、多媒体技术的应用领域与发展趋势、多媒体常见表现形式等基础知识；项目2～项目6讲解应用Photoshop处理图像、应用Animate制作动画、应用Audition编辑音频、应用Premiere编辑视频、应用Dreamweaver制作网页的相关知识；项目7为综合性的商业设计案例，帮助读者提升综合运用多媒体软件进行设计的能力，以便能独立完成各项多媒体设计工作。

本书知识全面、讲解详尽、案例丰富，以理论联系实际，将多媒体技术与软件应用知识同实战案例紧密结合；融入设计素养，落实"立德树人"根本任务；设置特色小栏目，实用性、趣味性较强；配有视频讲解，有助于学生理解知识点，分析与制作设计案例；职场紧密结合，将职业场景引入课堂教学中，注重培养学生的实际应用能力和职业素养，有利于学生提前进入工作角色。

本书可作为高等院校多媒体技术与应用相关课程的教材，也可作为相关社会培训机构的参考书，还可供多媒体行业从业者学习和参考。

♦ 主　　编　戴敏利
　　副 主 编　张小志
　　责任编辑　马　媛
　　责任印制　王　郁　马振武
♦ 人民邮电出版社出版发行　　　北京市丰台区成寿寺路11号
　　邮编　100164　电子邮件　315@ptpress.com.cn
　　网址　https://www.ptpress.com.cn
　　三河市祥达印刷包装有限公司印刷
♦ 开本：787×1092　1/16
　　印张：14.75　　　　　　　　2024年6月第3版
　　字数：404千字　　　　　　　2025年1月河北第3次印刷

定价：59.80元

读者服务热线：(010)81055256　印装质量热线：(010)81055316
反盗版热线：(010)81055315
广告经营许可证：京东市监广登字20170147号

多媒体技术集图像、动画、音频、视频、网页等的处理于一体，被广泛应用于各个行业，改变了人们传统的学习、思维、生活和工作方式，是一门实用性较强的技术。根据现代教学的需要和市场对设计人才的要求，我们组织了一批优秀的、教学经验丰富的老师和实践经验丰富的设计师组成作者团队，在深入学习党的二十大精神，深刻领悟"实施科教兴国战略，强化现代化建设人才支撑"的重大意义与重要内涵的基础上，编写了这套"新形态立体化精品系列教材"，旨在培养德技双馨的高技能人才。

这套"新形态立体化精品系列教材"进入学校已有多年时间，我们很庆幸这套教材能够帮助老师授课，得到广大老师的认可；同时我们更加庆幸，很多老师给我们提出了宝贵的建议，为与时俱进，让这套教材更好地服务于广大老师和同学，我们根据一线老师的建议，着手进行教材改版以及新教材的选题补充。改版后的教材拥有"知识更全""案例更新""练习更多""资源更多""与行业结合更紧密"等优点，更能满足现代教学需求。

教学方法

本书将素养教育贯穿于教学全过程，引领学生从党的二十大精神中汲取砥砺奋进力量，并学以致用，以理论联系实际，树立社会责任感，弘扬工匠精神，培养职业素养。本书采用多段式教学法，将职业场景、软件知识、行业知识有机整合，各部分内容环环相扣、浑然一体。

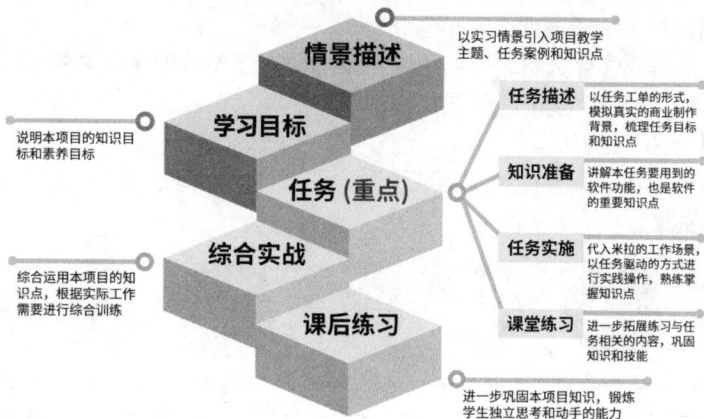

情景描述　以实习情景引入项目教学主题、任务案例和知识点

学习目标　说明本项目的知识目标和素养目标

任务（重点）
- 任务描述　以任务工单的形式，模拟真实的商业制作背景，梳理任务目标和知识点
- 知识准备　讲解本任务要用到的软件功能，也是软件的重要知识点
- 任务实施　代入米拉的工作场景，以任务驱动的方式进行实践操作，熟练掌握知识点
- 课堂练习　进一步拓展练习与任务相关的内容，巩固知识和技能

综合实战　综合运用本项目的知识点，根据实际工作需要进行综合训练

课后练习　进一步巩固本项目知识，锻炼学生独立思考和动手的能力

教材特色

本书旨在帮助学生循序渐进地掌握多媒体技术与应用的相关知识，并能在完成案例的过程中融会贯通。本书具体特点如下。

（1）情景带入，生动有趣

本书以职场和实际工作中的任务为主线，通过主人公米拉的实习日常，以及公司资深设计师洪钧威（米拉的上司"老洪"）对米拉的工作指导，引出项目和任务案例，并贯穿于知识点、案例操作的讲解中，有助于学生了解相关知识点在实际工作中的应用情况，做到"学思用贯通，知信行统一"。

（2）栏目新颖，实用性强

本书设有"知识补充""疑难解析""设计素养"3种小栏目，用以提升学生的软件操作水平，拓宽学生的知识面，同时培养学生的思考能力和专业素养。

（3）素养教育，立德树人

本书精心设计，因势利导，依据专业课程的特点采用恰当的方式自然融入中华优秀传统文化、科学精神和爱国情怀等元素，注重挖掘其中的素养教育要素，弘扬精益求精的专业精神、职业精神和工匠精神，培养学生的创新意识，将"为学"和"为人"相结合。

（4）校企合作，双元开发

本书由学校教师和企业富有设计经验的设计师共同开发，参考了市场上各类真实设计项目，由常年深耕教学一线、有丰富教学经验的教师执笔，将项目实践经验与理论知识相结合，体现了"做中学，做中教"等职业教育理念，保证了本书的职教特色。

（5）项目驱动，产教融合

本书精选企业真实案例，将实际工作过程真实再现到书中，培养学生的项目开发能力。以项目驱动的方式展开知识介绍，提升学生的学习热情。

（6）创新形式，配备微课

本书为新形态立体化教材，针对重点、难点录制了微课视频，学生可以利用计算机和移动终端学习，实现了线上线下混合式学习。

教学资源

本书提供了丰富的配套资源和拓展资源，登录人邮教育社区（www.ryjiaoyu.com）即可获取相关资源。

| 素材和效果文件 | + | 微课视频 | + | PPT、大纲和教学教案 | + | 设计理论基础 | + | 题库软件 | + | 拓展案例资源 | + | 拓展设计技能 |

虽然编者在编写本书的过程中倾注了大量心血，但恐百密之中仍有疏漏，敬请广大读者批评指正。

编者

2024年2月

01

02

目录

03

04

05

项目5　应用Premiere
　　　编辑视频 … 136

06

项目6　应用Dreamweaver
　　　制作网页 … 170

目录

项目1
走进多媒体技术

情景描述

　　米拉在大学实习阶段找了一份设计助理的实习工作，公司安排她到设计部老洪手下做设计助理。在实习初期，米拉需要协助设计部门的同事完成多媒体作品相关的设计任务，然后再逐步独立完成其他设计任务。

　　实习第一天，老洪向米拉介绍了公司的基本情况："我们公司主要从事数字多媒体创意、策划与制作，业务广泛，你先熟悉一下这份资料，里面包含多媒体技术、多媒体系统、多媒体的应用领域与发展趋势、多媒体常见表现形式等内容，这些都是你所在岗位的必备基础知识，之后我再安排你接触公司的各项设计任务。"

学习目标

知识目标
- 了解多媒体技术、多媒体系统的基础知识
- 熟悉多媒体技术的应用领域和发展趋势
- 掌握多媒体常见表现形式的相关知识

素养目标
- 运用多媒体技术传递积极向上的价值观，主动承担社会责任
- 在工作和学习中善于归纳总结，树立求真务实、开拓进取的态度

任务1.1　认识多媒体技术

从老洪手中接过资料，米拉便开始学习多媒体技术的相关知识，为后面的工作打基础。

1. 认识媒体与多媒体

媒体通常指信息传播的载体，是用户用来传递和交流信息的工具、渠道或技术手段。印刷媒体（如报纸和杂志）、视频媒体（如电视和电影）和音频媒体（如广播和无线电）都是常见的媒体，如图1-1所示。

印刷媒体　　　　　　　　视频媒体　　　　　　　　音频媒体

图1-1　常见的媒体

多媒体则是指融合两种或两种以上媒体的人机交互式信息交流和传播的媒体。一般来说，多媒体的"多"是指多种媒体表现、多种感官作用、多种设备组合、多学科交汇、多领域应用，"媒"是指人与客观事物的中介，"体"是指其综合、集成一体化。随着科技的进步，多媒体逐渐成为信息传播和交流的重要方式。

2. 多媒体技术的基本概念

多媒体技术是指通过计算机数字化处理文本、图像、动画、音频、视频等多种媒体信息，使其建立逻辑连接、达成实时信息交互的系统技术，具有多样性、集成性、交互性和实时性的特点。

- **多样性：** 多样性是指可以处理多种媒体信息，包括文本、图像、动画、音频、视频等。
- **集成性：** 集成性是指可以综合处理多种媒体信息，使它们有机地组合在一起，形成一个与这些媒体信息相关的设备集成。
- **交互性：** 交互性是指可以组织多种媒体信息，实现人机交互，使用户可以介入各种媒体加工、处理的过程，从而更有效地控制和应用各种媒体信息。
- **实时性：** 实时性是指可以实时处理多种媒体信息，使用户能够及时了解各种相关信息。

3. 多媒体的关键技术

多媒体技术是一种综合的技术，它融合了许多学科和研究领域的理论、知识、技术与成果，多媒体技术的实现需要许多关键技术的支持。

（1）压缩技术

数字化处理多媒体信息后，通常会存在多余的内容，因此需要对其进行压缩处理，减小文件。一般来说，压缩可分为有损压缩和无损压缩两类，其中有损压缩会造成一定的信息损失，但能够实现更高的压缩率；无损压缩没有任何偏差和失真，且压缩编码后的数字媒体信息能够完全恢复到压缩前的状态，但压缩率较低。

常用的压缩技术主要有统计编码、预测编码、变换编码3种。

- **统计编码：** 通过分析信息的出现概率，对出现概率大的信息用短码编码，对出现概率小的信息用长码编码来实现无损压缩。
- **预测编码：** 通过减小数据在时间和空间上的相关性来实现有损压缩。
- **变换编码：** 通过函数变换将信号的一种空间表示变换为另一种空间表示，然后对变换后的信号进行编码来实现有损压缩。

（2）存储技术

存储技术是指保存大量信息的技术，包括磁存储技术、缩微存储技术、光盘存储技术和云存储技术。

- **磁存储技术：** 通过磁介质存储信息的技术，通常用于硬盘驱动器（计算机存储设备，又称硬盘）和磁带等存储设备中，如图1-2所示。
- **缩微存储技术：** 用于存储大量信息的高密度存储技术，可使用微小的物理空间来存储信息，以实现更高的存储密度和容量。例如，通过摄影机中的感光摄影原理将文件缩摄到微缩胶片上，如图1-3所示。

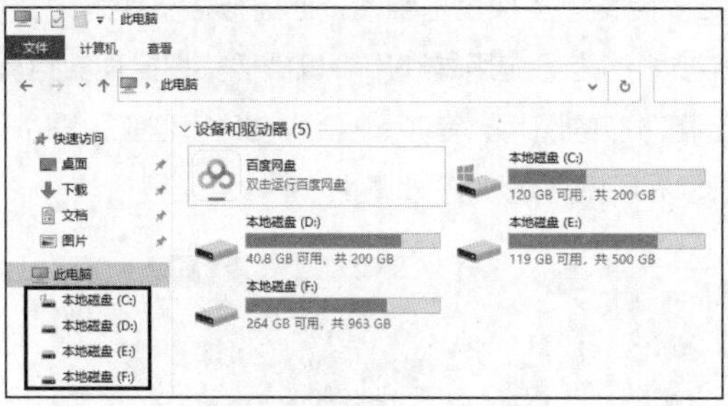

图1-2　磁存储技术

图1-3　缩微存储技术

- **光盘存储技术：** 使用激光技术读取和写入信息的存储技术，这种技术使用光学介质来记录和存储信息，可以存储所有类型的媒体信息。常见的光盘有CD（Compact Disc，激光唱片）、DVD（Digital Versatile Disc，数字通用光碟）和BD（Blu-ray Disc，蓝光光盘）等类型。
- **云存储技术：** 新兴的网络存储技术，通过将信息上传到云服务提供商的服务器上，实现对信息的安全存储和随时访问。用户可以在任何地方通过联网的方式链接到云来存取信息。

（3）流媒体技术

流媒体是指多媒体在网络上传输的方式，主要以下载和流式传输两种方式来实现。在下载方式中，用户必须等待媒体文件从互联网上下载完成后，才能通过播放器进行播放；在流式传输方式中，计算机会在播放多媒体前预先下载一段多媒体内容作为缓冲，当网络实际速度低于播放所耗用文件的速度时，播放程序就会取用一小段缓冲区内的信息进行播放，同时继续下载一段新的内容到缓冲区，避免播放中断。

流媒体技术分为顺序流式传输和实时流式传输两种类型。

- **顺序流式传输：** 顺序流式传输可以按顺序下载，用户在观看在线媒体的同时下载文件，但只能观看已下载的部分，而不能跳到还未下载的部分进行观看，因此比较适合传输高质量、内容较短的多媒体内容。
- **实时流式传输：** 实时流式传输可以借助专用的流媒体服务器和特殊的网络协议实现实时传输，适合传输现场直播、线上会议等实时多媒体内容。需要注意的是，要想获得高质量的实时流式传输体验，需要良好的网络环境，否则流媒体会为了保障流畅度而降低多媒体的信息质量，无法带来良好的观看体验。

（4）虚拟现实、增强现实和混合现实技术

虚拟现实（Virtual Reality，VR）技术、增强现实（Augment Reality，AR）技术和混合现实（Mixed Reality，MR）技术是近年来兴起的新型人机交互技术。虚拟现实技术利用模拟的方式建构接近现实的世界，增强现实技术利用投影将影像投射到现实中，而混合现实技术则是将现实世界与虚拟世界进行融合的技术体系。

- **虚拟现实技术：** 一种在许多相关技术（如仿真技术、计算机图形学、多媒体技术等）的基础上发展起来的综合技术，是多媒体技术发展的更高境界。虚拟现实技术提供了一种完全沉浸式的人机交互界面，用户处在计算机产生的虚拟世界中，无论是看到的、听到的，还是感觉到的，都像是在真实世界里体验一样，通过输入和输出设备还可以同虚拟现实环境进行交互。图1-4所示为虚拟现实技术在租房领域的运用，通过该技术，用户不需要亲身前往便可全景观看房屋环境。

- **增强现实技术：** 一种将真实世界的信息和虚拟世界的信息结合起来的技术。通过多媒体、三维建模、实时跟踪及注册、智能交互、传感等多种技术手段，把虚拟信息融入现实世界，并且还可以与用户进行交互。增强现实技术的常见应用是利用手机摄像头扫描现实世界的物体，然后通过图像识别技术在手机上显示相对应的图片、音频、视频、3D模型等。图1-5所示为用户运用增强现实技术在出行时轻松掌握周围环境设施的情景。

图1-4　虚拟现实技术　　　　　　　　　　图1-5　增强现实技术

- **混合现实技术：** 一种将现实世界与虚拟世界进行融合的技术体系，也是虚拟现实技术和增强现实技术的进一步发展，可以将虚拟世界与现实世界进行更好的结合，建立一个新的环境。在这个新环境中，虚拟世界的物品能够与现实世界中的物品共同存在，并且即时与用户产生真实的互动，当用户改变现实空间时，也会间接影响到虚拟空间。混合现实技术增强了虚拟的部分，能够让现实世界延伸到虚拟世界之中。例如，顾客在下单购买家具前，运用混合现实技术直观地判断为家具预留的空间是否充裕、与房间整体的装潢是否适配等，以提升家具选购体验和选购效率，如图1-6所示。

图1-6　混合现实技术

（5）人工智能技术

人工智能（Artificial Intelligence，AI）技术是一门研究使用计算机模拟人类智能活动的科学技术，致力于开发和构建能够自主学习、推理、理解、决策和执行任务的智能系统。人工智能技术包括机器学习、自然语言处理、计算机视觉、专家系统、语音识别、自主导航与机器人等多种技术。

- **机器学习技术：** 通过算法和模型让计算机从大量数据中识别模式和规律，使其能够自动学习并改进性能，以完成图像识别、推荐系统和欺诈检测等方面的任务的技术。
- **自然语言处理技术：** 使计算机能够理解和处理人类语言，以完成信息提取、机器翻译、文本分析等任务的技术。
- **计算机视觉技术：** 使计算机能够理解和解释图像和视频，以完成图像分类、目标检测、人脸识别、视频监控等任务的技术。
- **专家系统技术：** 基于专家知识和规则，构建能够模拟专家决策和问题求解的系统的技术。
- **语音识别技术：** 使计算机能够理解采集的人类语音并将其转换为文本或命令的技术。
- **自主导航与机器人技术：** 使机器能够感知环境，并自主进行导航和执行任务的技术。

人工智能技术已经广泛应用于许多领域，包括但不限于自动驾驶、智能语音助手、智能机器人、医疗诊断辅助、金融风险预测、电子商务推荐系统等，对社会的影响日益加深，已成为新一轮科技革命和产业变革的核心力量。

任务1.2　了解多媒体系统

米拉了解到，多媒体系统是一种将硬件和软件有机结合的综合系统，能够把多媒体信息与计算机系统融合起来，并由计算机系统数字化处理多媒体信息。多媒体系统可按其物理结构分为多媒体硬件系统和多媒体软件系统两大部分，于是米拉准备先分别了解多媒体硬件系统、多媒体软件系统，掌握多媒体系统的特点，再逐步深入了解多媒体系统的相关知识。

1. 多媒体硬件系统

多媒体硬件系统由计算机主机、多媒体板卡以及可以接收和播放多媒体信息的各种多媒体设备组成，为多媒体信息的使用提供了坚实的硬件平台。

（1）计算机主机

在多媒体系统中，计算机主机是基础性部件，没有计算机主机，多媒体系统的功能就无法实现。计算机主机的基本部件为中央处理器（Central Processing Unit，CPU）、内存储器和外存储器3部分，如图1-7所示。

中央处理器　　　内存储器　　　外存储器

图1-7　计算机主机的基本部件

- **中央处理器：** 计算机主机的核心部件，负责执行和控制计算机的指令和数据处理操作。
- **内存储器：** 用于存储当前正在执行的程序和正在使用的数据的设备，常见的内存储器有随机存取存储器和高速缓存。
- **外存储器：** 用于长期存储数据和程序的设备，常见的外存储器有软盘存储器、硬盘存储器、固态硬盘、光盘和USB闪存盘（USB Flash Disk，简称U盘）。

（2）多媒体板卡

多媒体板卡是根据多媒体系统获取或处理各种多媒体信息的需要，插接在计算机上的插槽式硬件设备，以解决输入和输出问题，在多媒体处理中发挥着重要作用，提供了更丰富的多媒体体验。常用的多媒体板卡有显示卡、音频卡、视频卡和网卡，如图1-8所示。

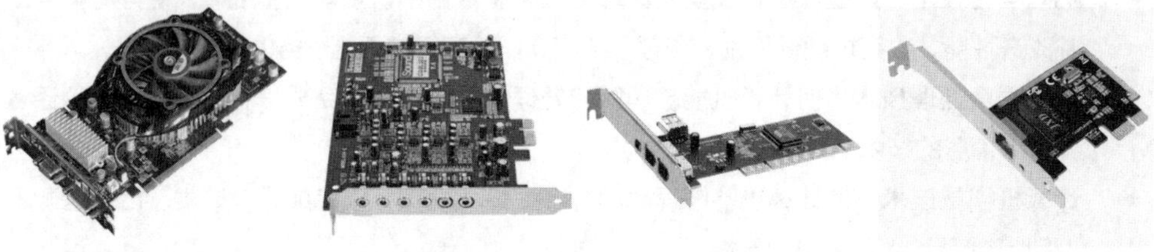

显示卡　音频卡　视频卡　网卡

图1-8　常用的多媒体板卡

- **显示卡：**显示卡又称为显卡、显示适配器，是连接计算机主机与显示器的接口卡。显示卡用于将主机中的数字信号转换成图像信号，并在显示器上显示出来，影响屏幕的最高分辨率和色彩显示。
- **音频卡：**音频卡又称为声卡，是计算机处理声音信息的专用功能卡。声卡上预留了话筒、激光唱机、乐器数字接口（Musical Instrument Digital Interface，MIDI）等外接设备的插孔，可以录制、编辑和回放数字音频，控制各声源的音量并加以混合，在记录和回放数字音频时进行压缩和解压缩，具有初步的语音识别功能。
- **视频卡：**视频卡又称为视频采集卡，是一种基于计算机的多媒体视频信号处理平台。视频卡用于汇集视频源和音频源的信号，在进行捕获、压缩、存储、编辑等处理后，可以产生高质量的视频画面。
- **网卡：**网卡又称为网络接口卡（Network Interface Card，NIC），是局域网中连接计算机与传输介质的接口。如果需要在互联网上传播多媒体信息，则计算机系统需要配备网卡。

（3）多媒体设备

多媒体设备多种多样，主要用于输入和输出多媒体信息。常用的多媒体设备有显示器、摄像头、扫描仪、数码相机等，如图1-9所示。

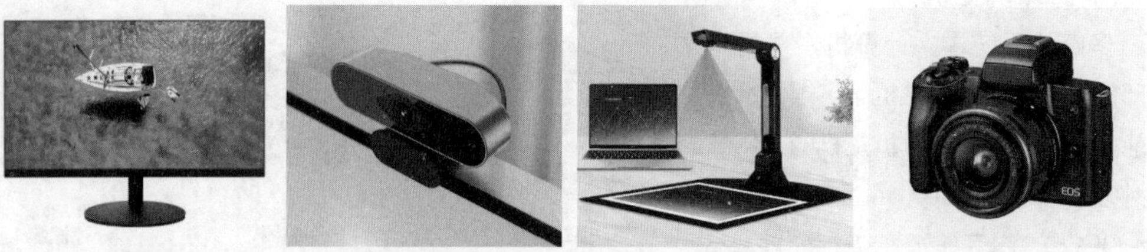

显示器　摄像头　扫描仪　数码相机

图1-9　多媒体设备

- **显示器：**一种计算机输出显示设备，由显示器件、扫描电路、视放电路、接口转换电路组成。为了能清晰地显示文本、图像等内容，显示器的分辨率和视频带宽（指每秒电子枪扫描过的总像素数）都很高。
- **摄像头：**一种用于在计算机上捕捉图像和视频的设备，通常是一个小型摄像头模块，可以连接到计算机的USB（Universal Serial Bus，通用串行总线）接口或其他适配器上，广泛应用于视频通话、视频会议、远程教育、人脸识别等。

- **扫描仪：** 一种静态图像采集设备，其内部有一套光电转换系统，可以把各种图像信息转换成数字图像数据并传送给计算机，然后借助计算机加工处理图像。
- **数码相机：** 一种能够进行拍摄，并把拍摄到的景物转换成数字图像的照相机。数码相机一般是利用成像元件进行图像传感，将光信号转变为电信号并将其记录在存储器或存储卡上。数码相机可以直接连接到计算机、电视机或打印机上简单加工浏览、处理和打印图像。

2. 多媒体软件系统

在一个多媒体系统中，硬件是基础，软件是"灵魂"。多媒体软件系统的主要任务是将硬件有机地组织在一起，使用户能够方便地使用多媒体信息。多媒体软件按功能可分为多媒体系统软件和多媒体应用软件。

（1）多媒体系统软件

多媒体系统软件主要包括多媒体操作系统、多媒体驱动程序和多媒体开发工具3种类型。

- **多媒体操作系统：** 多媒体系统软件的核心，负责多媒体环境下各种任务的调度，提供多媒体信息的各种操作和管理，并保证能够同步控制音频、视频，以及及时处理信息，具备综合处理和运用各种媒体的能力。
- **多媒体驱动程序：** 直接控制和管理多媒体硬件设备的软件程序，通常会随着购买的硬件设备而附送，可完成设备的初始化和其他各种操作，例如，打开或关闭设备，基于硬件的压缩和解压、快速变换图像等。
- **多媒体开发工具：** 开发人员用于获取、编辑、处理多媒体信息，编制多媒体应用程序的一系列工具软件的统称。多媒体开发工具可以控制和管理多媒体信息，并把它们按要求连接成完整的多媒体应用软件。

（2）多媒体应用软件

多媒体应用软件又称为多媒体商品，是由各应用领域的专家或开发人员利用多媒体编程语言或多媒体创作工具编制的最终多媒体商品，如各种多媒体教学软件、培训软件、声像俱全的电子图书等，是直接面向使用者的。

多媒体开发工具的种类

知识补充

多媒体开发工具一般可分为多媒体素材制作工具、多媒体制作工具、多媒体编程语言3类。其中，多媒体素材制作工具是为多媒体应用软件准备数据的软件，包括图像处理软件Photoshop、动画制作软件Animate、音频编辑软件Audition、视频编辑软件Premiere、网页制作软件Dreamweaver等。多媒体制作工具是利用编程语言调用多媒体硬件开发工具或函数库来实现的，方便用户编制程序，组合各种媒体，最终生成多媒体应用程序，如PowerPoint、Authorware、Director等软件。多媒体编程语言（如Java、C++、Python等）用于开发多媒体应用软件，对开发人员的编程能力要求较高，具有较大的灵活性。

---

3. 多媒体系统的特点

多媒体系统与一般的系统（如计算机操作系统等）相比有一些独特之处，其主要特点如下。

- 多媒体系统的开发环境复杂。多媒体开发环境是一个复杂的硬件设备和软件环境的集成，它需要有音频卡、视频卡、网卡、扫描仪等一系列硬件设备，还需要有多媒体开发工具。由于多媒体数据量较大，各种媒体的处理方式又不尽相同，所以往往需要搭建一个网络环境，使各种媒体能在不同的终端上被加工处理。

● 多媒体系统的数据类型繁多，包括文本、图像、动画、音频、视频等，数据之间有可能存在着一定的关联。

● 多媒体系统要求具有良好的交互性。

● 多媒体系统的开发过程需要各种技术人才。一般的系统开发只需要应用方和开发人员就可以完成，而多媒体系统开发涉及各种媒体的创作人员，如插画师、摄影师、作曲家、录音师、美工人员等。

任务1.3 多媒体技术的应用领域与发展趋势

米拉发现网上交易活动、金融活动和相关的综合性服务活动等都隐藏着多媒体技术的身影，并且随着科技的发展与进步，多媒体技术的发展也越发迅速和多样化。

1. 多媒体技术的应用领域

多媒体技术的应用十分广泛，涉及生活的方方面面，如电子商务、教育、数字出版、医疗、通信等领域。

（1）电子商务领域

当下电子商务发展迅速，网上购物、网上交易、在线电子支付及各种商务活动几乎每时每刻都在发生，这些都离不开多媒体技术的支持。目前，多媒体技术在电子商务领域的应用主要体现在商品设计和营销两个方面。

● **商品设计：** 运用多媒体技术可以制作出更加精美、优质的商品图和视频来展示商品的各项信息，从而吸引消费者。在设计商品图和视频时，可以将各种多媒体信息融入其中，让这些内容与消费者产生互动，提高消费者的购物体验。图1-10所示为某热水器的商品图和商品视频，采用文本、图像、视频相结合的方式为消费者讲解该商品的特点和使用方法。

图1-10 某热水器的商品图和商品视频

● **营销：** 多媒体营销是集文本、声音和图像于一体的营销方式，通过图像、视频和直播等方式直观地展现商品和品牌内容，从而快速吸引消费者眼球，带给消费者强烈的视觉冲击力和可视化感受。通过图像进行营销，可以生动、直观地展现商品，加深消费者对商品的了解；通过视频进行营销，可以更加立体地展现营销的内容，不仅内容价值更高、观赏性更强，还能让消费者在全面了解商品的同时，建立对商品的信任；通过直播进行营销，可以通过主播的介绍让消费者轻松了解商品信息，同时主播也能通过弹幕、评论等方式接收消费者的反馈，以方便改进下一次的直播营销。

（2）教育领域

多媒体技术在教育领域的应用是利用多媒体计算机综合处理和控制多媒体信息，把多媒体信息按照教学要求进行有机组合，形成合理的教学结构并呈现在屏幕上，然后通过一系列人机交互操作，使学生在更佳的环境中学习。

利用多媒体技术不仅能模拟物理和化学实验，也能模拟天文、自然现象，还能十分逼真地模拟社会环境及生物的繁殖和进化等。图1-11所示为使用多媒体技术模拟物理实验的场景。

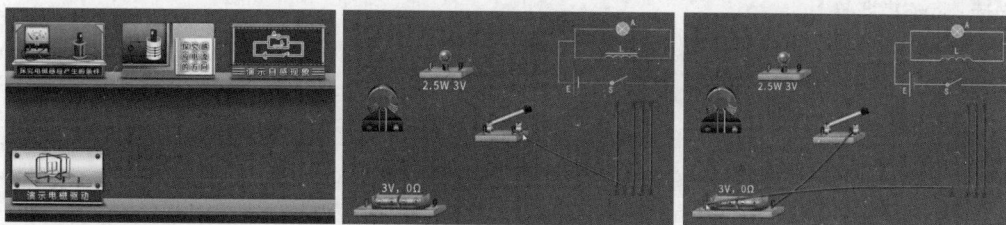

图1-11　使用多媒体技术模拟物理实验的场景

多媒体技术已经将教学模拟推向一个新的阶段，各种形式的虚拟课堂、虚拟实验室及虚拟图书馆等与教育密切相关的新生事物不断涌现，使该技术成为教育领域前所未有的强大工具和有力的教学手段。另外，随着网络技术的发展，多媒体远程教学培训也在逐步完善，它包括以下两种模式。

- **非实时交互式远程教学模式：** 非实时交互式远程教学模式是指学生利用多媒体网络随时调用存放在服务器上的文本、图像和语音等多媒体课件进行学习，适合有自主学习能力的学生，它属于以学生为中心的教学模式。

- **实时交互式远程教学模式：** 实时交互式远程教学模式是指在较高的网络传输速率下添置摄像头、视频卡和话筒等，实现远程音/视频信息的实时交流，这种教学模式将双向交流扩展到任何有网络的地方，能够实现音/视频实时交互，保证教学过程高质、高效。

（3）数字出版领域

数字出版是通过数字技术编辑和加工出版内容，使用数字编码的方式将图像、文本、声音、视频等多媒体信息存储在磁、光及电介质上，并通过网络传播等方式进行出版的一种新兴出版方式，用户通过手机下载数字图书就可以阅读全书的内容，如图1-12所示。数字出版具有出版内容数字化、管理过程数字化、产品形态数字化和传播渠道网络化的特点。

数字出版产物是出版物内容和形式丰富的体现。

- **数字出版产物的类型：** 包括数字图书、数字期刊、数字报纸、数字手册与说明书、网络原创文学作品、网络教育出版物、网络地图、数字音乐、网络动漫等。

- **数字出版产物的特点：** 数字出版产物具有容量大、文件小、

图1-12　数字图书

成本低、检索速度快、易于保存和复制，以及能存储图、文、声、像多种媒体信息等特点。

● **数字出版产物的传播途径：** 数字出版产物的传播途径包括有线网络、无线网络和卫星网络等。

（4）医疗领域

多媒体通信和分布式系统的结合推动了分布式多媒体系统的产生，使远程多媒体信息的编辑、获取和同步传输成为可能，远程医疗会诊应运而生。远程医疗会诊就是以多媒体为主的综合医疗信息系统，医生能够在千里之外为患者看病、开处方。对于疑难病例，各路专家还可以联合会诊，为抢救危重病人赢得宝贵的时间。

（5）通信领域

随着网络和现代通信技术的发展，用户对通信的可视化需求逐渐增加，进而转变为对视频和音频的通信需求，用于传送语音、数据、视频的视频通信业务也就成为通信领域发展的热点，如视频会议、视频电话、网络直播等。

以视频电话为例，它是使用图像、语音压缩等多媒体技术，利用电话线路实时传送图像和语音的通信方式，用户在使用视频电话时可以听到对方的声音，看到对方的动态影像。

随着数字媒体技术的发展，现在的视频电话终端已具有共享电子文档、浏览网页等功能，并且使用了增强现实技术和人脸识别技术，在通话的同时可以在用户的面部实时叠加帽子、眼镜等虚拟物体，提高了视频电话的趣味性。

2. 多媒体技术的发展趋势

随着移动通信技术的不断发展，未来用户对多媒体技术的要求也将越来越细化。从当下环境来看，多媒体技术的发展主要有以下六大趋势。

● **移动化趋势：** 手机、平板电脑等智能设备的普及和5G技术的应用，为"移动化"生活提供了有力支持。多媒体技术可以更加方便、快捷地为用户提供理财、支付、出行、购物等多种功能的智能帮助和生活服务。图1-13所示为阿里巴巴App的某界面，在该界面中消费者可以根据智能推荐，如工业制造、农林牧渔、餐饮民生等关键词来查看感兴趣的商品。

● **智能化趋势：** 随着社会的发展，用户对人性化服务的需求越来越明显，这就要求多媒体技术不仅要具有强大的功能，还要满足用户对操作简单、快捷的要求，这也为多媒体技术的发展提供了新的思路，即智能化。

● **连贯性趋势：** 多媒体技术趋向于实现跨平台和跨设备的无缝体验，使用户在不同平台和设备中能够同步和共享内容，提供连贯性的用户体验。

● **异构数据融合趋势：** 随着信息和数据来源的增多，多媒体技术需要处理和融合不同格式和来源的数据。而异构数据融合就是将不同来源、不同格式和不同结构的数据整合在一起，以获得更全面、准确和有价值的信息。

● **多元化趋势：** 由于互联网的快速发展，以及多媒体技术应用领域的日渐增加，多媒体技术开始从单机过渡到多机，从单机系统过渡到以网络为中心的复杂系统，呈现出多元化趋势。

● **个性化趋势：** 多媒体技术还需要根据用户的个性化需求提供专业服务，如网络化的多媒体提供了短视频、直播等广

图1-13　阿里巴巴App的某界面

告形式，用户可以主动选择感兴趣的内容，并与其进行互动，甚至提出反馈意见。

任务1.4 多媒体常见表现形式

老洪告诉米拉："文本、图像、动画、音频、视频和网页都是多媒体常见的表现形式，在多媒体设计工作中，我们除了采用客户提供的素材外，很多时候都需要自行搜集、处理与编辑素材，因此设计师必须要对这些素材的表现形式有一个清晰的了解。"米拉认真听取老洪的建议后，开始查询相关信息。

1. 图像

图像是多媒体的重要表现形式，也是用户非常容易接受的信息媒体类型。一幅图像可以形象、生动、直观地展现大量信息，因此在多媒体设计中，灵活使用各类图像可以提高信息的吸引力，优化视觉效果。

（1）图像的基本概念

图像是通过光、电子或其他方式捕捉并呈现的视觉表达形式，广义上是各种图形和影像的总称，其中"图"是指物体反射或透射光的分布，"像"是人的视觉系统所接受的图在人脑中所形成的印象或认识，如照片、绘画、书法作品、传真、卫星云图、影视画面、X光片、脑电图、心电图等都是图像。

图像根据图像记录方式的不同可分为模拟图像和数字图像。

● **模拟图像：** 模拟图像是指通过某种物理量（如光、电等）的强弱变化来记录图像亮度信息。

● **数字图像：** 数字图像是指通过计算机存储的数据来记录图像上各点的亮度信息，也是图像的狭义解释。

图像可以是平面、二维的，也可以是立体、三维的，广泛应用于绘画、摄影、设计、工程等领域（见图1-14），是人类视觉感知和信息交流中的重要部分。

| 绘画 | 摄影 | 设计 | 工程 |

图1-14 图像的应用领域

（2）图像的专业术语

专业术语在特定行业或领域中具有非常重要的作用，可以精确传达信息、提升工作效率、建立专业身份、促进学习和研究、加强专业交流与发展，因此设计师应主动了解并熟悉图像相关的专业术语。

● **像素：** 像素是构成图像的最小单位，每个像素在图像中都有自己的位置，并且包含一定的信息。单位面积内的像素越多，颜色信息越丰富，图像效果就越好，图像文件也会越大。在图像处理中，图像通常由像素组成，每个像素代表图像中的一个细小区域，并携带着该区域的颜色和亮度信息。

● **分辨率：** 分辨率是图像中单位长度上的像素数目，单位通常为"像素/英寸"和"像素/厘米"。图像的分辨率越高，图像就越清晰，图像文件也就越大。在多媒体设计中，为了使作品最终呈现的效果更好，需要为作品设置合适的分辨率，或者选择分辨率较高的素材进行编辑。例如，需印刷的图像分辨率要达到300像素/英寸，一般用于屏幕显示的图像分辨率通常为72像素/英寸。

分辨率的种类

分辨率是图像处理中一个非常重要的参数，它可以分为屏幕分辨率、图像分辨率、像素分辨率、打印机分辨率、扫描仪分辨率等，每种类型的分辨率的相关介绍可扫描右侧的二维码查看。

- **位图：** 位图又称为点阵图或像素图，它由多个像素构成，能够将灯光、透明度和颜色深度等逼真地表现出来。将位图放大到一定程度后，可看到位图是由一个个小方块（即像素）组成的。位图的缺点是放大到一定比例时，图像会变得模糊。图1-15所示为位图原图和放大后的效果。

- **矢量图：** 矢量图又称为向量图，是指使用一系列计算机指令来描述和记录的图像，它由点、线、面等元素组成，所记录的对象主要包括几何形状、线条粗细和色彩等。与位图不同的是，矢量图的清晰度和光滑度不受图像缩放比例的影响，其可在任何打印设备上输出高品质的图像。图1-16所示为矢量图原图和放大后的效果。

图1-15 位图原图和放大后的效果

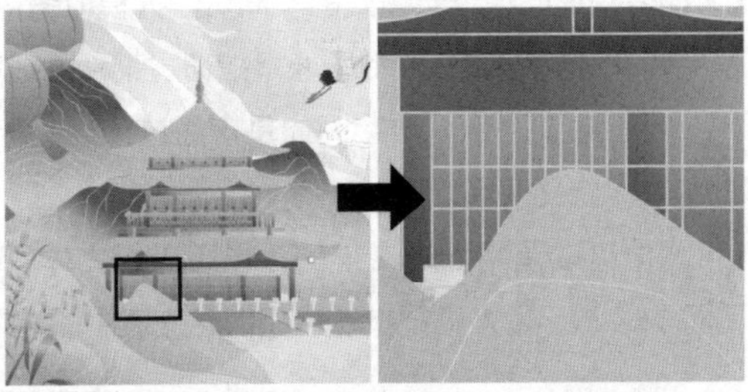

图1-16 矢量图原图和放大后的效果

图形和图像是否有区别？

疑难解析

在计算机中，图形和图像是两个不同的概念。严格来看，它们在计算机中的创建、加工处理、存储及表现方式完全不同。图形用于反映物体的局部特性，是真实物体的模型化、线条化表现；图像则用于反映物体的整体特性，是物体的真实再现。图形放大后不会失真；而图像会出现失真现象，特别是在放大若干倍后可能会出现颗粒状效果，缩小后则会丢失部分像素内容。

- **颜色深度：** 颜色深度是指图像文件中记录每个像素的颜色信息所占的二进制位数，即位图中各像素的颜色信息用若干数据位来表示，这些数据位的个数称为图像的颜色深度（又称为图像深度）。常见的颜色深度有8位（多媒体应用中的最低颜色深度）、16位和32位，颜色深度越高，图像显示的色彩越丰富，画面越逼真、自然，数据量也越大。

- **图像文件大小：** 图像文件大小有两种释义，第1种是图像尺寸，即图像在计算机中所占用的随机存储器容量的大小；第2种是文件尺寸，即在磁盘上存储整幅图像所需的字节数，所需的字节数可用公式"图像文件的字节数＝图像分辨率×颜色深度÷8"来计算。

（3）图像的颜色模式

图像的颜色模式决定着图像文件显示和输出的视觉效果，不同的颜色模式会产生不同级别的色彩细节和不同大小的图像文件，常见的颜色模式有灰度模式、位图模式、双色调模式、索引颜色模式、多通道模式、RGB颜色模式、Lab颜色模式和CMYK颜色模式。

- **灰度模式：** 灰度模式是指图像中没有颜色信息，色彩饱和度为0的颜色模式。灰度模式图像中，每个像素都有一个位于0（黑色）～255（白色）的亮度值，能自然地表现黑白之间的过渡状态，并且灰度模式图像的颜色深度决定了可以使用的亮度级别数。当彩色图像转换为灰度模式时，图像中的色彩信息都将被去掉，只保留亮度与暗度信息，得到纯正的黑白图像。图1-17所示为彩色图像转换为灰度模式的前后对比效果。所以灰度模式下的灰度图像文件相比彩色图像文件要小很多。

- **位图模式：** 当彩色图像去掉彩色信息和灰度信息，只剩黑色或白色来表示图像中的像素时，便是位图模式。因为位图模式中包含的颜色信息量少，所以图像文件较小。在转换时，需要先将彩色图像转换为灰度模式才可以将其转换为位图模式，并且转换后颜色信息将会丢失，只保留亮度信息，如图1-18所示。

- **双色调模式：** 双色调模式是在原有的黑色油墨基础上添加一种灰色油墨或彩色油墨来渲染灰度图像的颜色模式。该模式可向灰度图像添加1～4种颜色来表现颜色层次，使打印出的图像比灰度图像更加丰富、生动，并降低印刷成本。在转换时，需要先将彩色图像转换为灰度模式，再转换为双色调模式，如图1-19所示。

图1-17　彩色图像转换为灰度模式的前后对比效果　　　图1-18　位图模式效果　　　图1-19　双色调模式效果

- **索引颜色模式：** 索引颜色模式是指系统预先定义好一个含有256种典型颜色的颜色对照表，当彩色图像转换为索引颜色模式时，系统会将该图像的所有色彩映射到颜色对照表中，如果彩色图像中的颜色在颜色对照表中没有对应颜色，则系统会从颜色对照表中挑选出最相近的颜色来代替。因此索引颜色模式通常被当作存放彩色图像中的颜色，并为这些颜色创建颜色索引的工具。

- **多通道模式：** 多通道模式是每个通道都使用256种灰度级别来存放图像中众多颜色信息的颜色模式。将图像转换为多通道模式后，系统将根据原图像产生一定数目的新通道。

- **RGB颜色模式：** RGB颜色模式又称为真彩色（真彩色是一种通过使用光学三原色不同强度及组合来呈现图像颜色的表示方法）模式，图像颜色由红、绿、蓝3种颜色按不同的比例混合而成的，是常见的一种颜色模式。

- **Lab颜色模式：** Lab颜色模式由RGB颜色模式转换而来，它将明暗信息和颜色数据分别存储在不同位置。修改图像的亮度并不会影响图像的颜色，调整图像的颜色同样也不会破坏图像的亮度，这是Lab颜色模式在调色中的优势。在Lab颜色模式中，L指明度，表示图像的亮度，如果只需调整明暗度、清晰度，可只调整L通道；a表示由绿色到红色的光谱变化；b表示由蓝色到黄色的光谱变化。

- **CMYK颜色模式：** CMYK颜色模式是印刷时使用的一种图像颜色模式，主要由Cyan（青）、Magenta（洋红）、Yellow（黄）和Black（黑）4种颜色组成。为了避免和RGB三基色中的Blue（蓝色）混淆，其中的黑色用K表示。若在RGB颜色模式下制作的图像需要印刷，则必须将其转换为CMYK颜色模式。

（4）图像的文件格式

图像的文件格式是指用计算机表示和存储图像信息的格式。同一幅图像可以以不同的格式存储，不同格式的图像所包含的信息不完全相同，因此，其文件大小也有很大的差别，如用BMP格式存储的文件较大，用TIFF格式存储的文件较小，而用GIF格式存储的文件则更小。

不同厂家表示图像文件的方法不一，目前已经有上百种图形图像格式，常用的也有几十种。下面介绍常用的格式。

- **BMP（*.bmp）格式：** BMP格式是一种无损的位图格式，最初由微软公司开发并在Windows操作系统中广泛使用。该格式支持1～24位颜色深度，可以存储多种颜色模式图像的数据，并且可包含额外的文件头信息（用于描述图像的属性和数据结构）和调色板数据（用于存储索引颜色模式的颜色映射表）。

- **PSD（*.psd）格式：** PSD格式是Photoshop生成的文件的格式，是唯一支持全部图像颜色模式的格式。以PSD格式保存的图像文件包含图层、通道、颜色模式等信息。

- **TIFF（*.tif、*.tiff）格式：** TIFF格式是一种无损压缩格式，常用于在应用程序与计算机平台之间交换图像数据。TIFF格式是一种应用非常广泛的文件格式，许多图像处理软件都支持。

- **WBMP（*.wbmp）格式：** WBMP格式是一种专用于移动计算设备的图像文件格式，特定用于WAP（Wireless Application Protocol，无线应用协议）网页中，仅支持单色图像数据，只能保存黑白图像。

- **JPEG（*.jpg）格式：** JPEG格式是一种有损压缩格式，支持真彩色，其生成的图像文件较小，也是常用的图像文件格式。在生成JPEG格式的图像文件时，可以设置压缩的类型，从而产生不同大小和质量的图像文件。压缩程度越高，图像文件越小，图像质量越差。

- **GIF（*.gif）格式：** GIF格式最多可存储256种颜色，不支持Alpha通道。GIF格式的图像文件较小，常用于网页显示与网络传输。GIF格式与JPEG格式相比，其优势在于可以保存动画效果。

- **PNG（*.png）格式：** PNG格式主要用于替代GIF格式。GIF格式的图像文件虽小，但图像的颜色效果和质量较差。PNG格式可以使用无损压缩方式压缩图像文件，从而保证图像的质量，并且可以为图像定义256个透明层次，使图像的边缘与背景平滑地融合，从而得到透明的、没有锯齿边缘的高质量图像效果。

- **EPS（*.eps）格式：** EPS格式的优点是可以在排版软件中以低分辨率预览，而在打印时以高分辨率输出。EPS格式可用于存储矢量图和位图，在存储位图时，可以将图像中的白色像素设置为透明效果。

- **SVG（*.svg）格式：** SVG格式是一种存储矢量图的文件格式，该格式的图像可任意缩放，而且边缘清晰，生成的文件很小，方便传输，文本在该格式的图像文件中保留了可编辑和可搜寻的状态，没有字体的限制，因此常用于设计高分辨率的Web图形页面。

- **RAW（*.raw）格式：** RAW格式是一种未经处理、未经压缩的格式，可以最大限度地保留图像细节，因此图像文件较大。
- **PDF（*.pdf）格式：** PDF格式是一种跨操作系统平台的图像文件格式，可以同时存储文本、图形、图像、色彩、版式、超文本链接、音频和视频，以及与印刷设备相关的内容，并且可在网络传输、打印和制版输出中保持页面元素不变。
- **CDR（*.pdf）格式：** CDR格式是CorelDraw中的一种图形文件格式，是矢量制图软件CorelDraw特定的格式，用于存储软件中的编辑信息、元数据等。
- **AI（*.ai）格式：** AI格式是Adobe Illustrator使用的一种图形文件格式，使用Illustrator可以生成该格式的矢量文件，这种格式的图形文件用Illustrator、Photoshop和CorelDraw都能打开并进行编辑。
- **PCX（*.pcx）格式：** PCX格式是由Zsoft公司创建的一种专用格式，比较简单，适合保存索引颜色模式的图像。PCX格式支持1～24位颜色深度以及RGB颜色、索引颜色、灰度、位图模式，不足之处是它只有一个颜色通道。
- **TGA（*.tga）格式：** TGA格式也可称为TARGA格式。TGA格式是一种带一个单独的Alpha通道的32位RGB文件和不带Alpha通道的索引颜色模式、灰度模式、16位和24位RGB文件的格式。以该格式保存文件时，可选择颜色深度。
- **Film Strip（*.flm、*.filmstrip）格式：** FilmStrip格式是Adobe Premiere使用的格式，这种格式的图像可以在Photoshop中打开、修改和保存，但不能将其他格式的图像以该格式保存。若在Photoshop中更改了图像的尺寸和分辨率，则该图像将无法继续被Adobe Premiere使用。

知识补充

常用的格式转换工具

"格式工厂"是一款多媒体格式转换工具，支持多种类型的多媒体格式的转换，在转换过程中可以修复某些损坏的文件。另外，还可以压缩文件，节省磁盘空间，提高保存和备份文件的便捷性。图1-20所示为"格式工厂"的工作界面，根据功能可将其大致分为4个区域。

图1-20 "格式工厂"的工作界面

（5）图像的采集方式

常用的图像采集方式有以下几种。

- **从图像素材网站下载：** 直接在相关图像素材网站搜索需要的图像并下载，是获取图像素材较为快捷的途径。使用这种方式时需要注意图像的版权问题，应提前了解知识共享（Creative Commons，CC）协议的版权知识，以便合理使用网络中的图片。
- **使用抓图软件截取：** "从屏幕捕获内容"又称为"屏幕抓图"，它是指将计算机屏幕显示的内容以图像文件的形式保存。一种方法是按【Print Screen】键抓取全屏幕图像，或按【Alt+Print Screen】组合键抓取当前窗口图像；另一种方法是安装专业的抓图软件来抓取图像，如HyperSnap、SuperCapture和Snagit（见图1-21），这些抓图软件不仅可以捕捉桌面、菜单、窗口等控件，还可以捕捉鼠标指针、特殊超长屏幕、网页图像等。

- **使用扫描仪获取：**利用扫描仪中的光学系统可以将图像投影到平面上，然后通过传感器将其转换成电信号，再经过模数转换器变成数字信号。在计算机中购买安装扫描仪附赠的驱动程序后，可扫描图片、照片并将其以JPEG或BMP格式保存。
- **使用手机、数码相机和数字摄像机获取：**通过手机、数码相机和数字摄像机拍摄照片后，这些拍摄好的照片会存储在对应设备的存储器中，通过数据连接线将设备与计算机相连，便可将其中的文件传输到计算机中。其中，数字摄像机一般是通过1394口与计算机相连的，而且需要使用相应的软件才能将文件导入计算机中。
- **通过其他方式获取：**从网络销售平台购买图像素材包、使用Windows操作系统自带的"画图"程序（见图1-22）或专业绘图软件绘制。

图1-21　Snagit抓图软件

图1-22　"画图"程序

2．动画

动画是多媒体常见的表现形式，在多媒体设计中，运用动画表现某主题可以提升视觉表现力，提高对用户的吸引力。

（1）动画的基本概念

"动画"（Animation）一词源自拉丁文字根"anima"，意思为"灵魂"。因此，我们可以理解为：动画是使用绘画的手法，使原本不具有生命的东西像获得了生命一般，它是一种创造生命运动的艺术。

传统动画是通过在连续多格的胶片上拍摄一系列单个画面，并且单个画面中的内容与其他画面相比都略有不同（见图1-23），再以一定的速率连续放映胶片，从而产生动态效果。

当代动画则可以通过动画软件分解人或物的表情、动作，制作出一系列连续变化的画面（见图1-24），使其播放时呈现出动态效果。

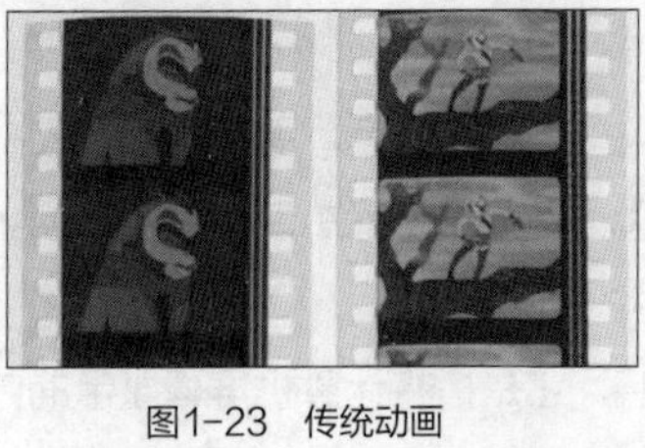

图1-23　传统动画

图1-24　当代动画

（2）动画的原理

动画是基于人眼的视觉暂留特点形成的，即当人的眼睛看一个事物时，这个事物会暂时停留在人的视觉里。因此在制作一组只有细小差别，并有连续性的画面时，往往第一张画面还依旧在视网膜上保持停留，下一张画面就显现出来了，给人的感觉就是画面在发生连续的变化。

例如，在黑暗的房间里，让两盏相距2米的小灯以25毫秒～400毫秒的时间间隔交替点亮和熄灭，观察者看到的就是一个小灯在两个位置之间跳来跳去的画面，而不是两盏灯分别点亮和熄灭的画面。这是由于一盏灯点亮时，这个画面会在观察者的视觉中停留一段十分短暂的时间，此时另一盏灯点亮，在视觉上就会将两盏灯混合为一盏灯，感觉只有一盏灯在跳来跳去，这就是视觉暂留的原理。

（3）动画的优势

动画成为重要的多媒体形式，是因为其具有以下5个优势。

- 动画可包含图像、文本、音频等元素，动画文件较小，传播方便，可播放平台较多，且在播放平台中可获得较好的画质与播放效果。
- 动画具有较强的交互性，可以通过单击、选择、输入或按键等方式进行交互，从而控制动画的运行过程与结果。
- 动画采用流媒体技术，可以边下载边观看，同时适应当前网络的需要。
- 支持多种图像、视频、音频等格式文件的导入，并且在导入AI、PSD等格式的图像文件时，可以保留矢量元素及图层信息。
- 支持输出多种文件格式，包括HTML网页格式、SWF、GIF、MOV等，能满足上传到不同传播平台的需求。

（4）动画的制作流程

动画的制作流程包括前期策划、搜集素材、制作动画、后期调试与优化、测试动画和发布动画6个步骤。

- **前期策划：** 在制作动画前，应该明确制作动画的目的、所针对的目标群体、动画的风格、动画的色调等，然后根据客户的需求制作一套完整的设计方案，对动画中出现的人物、背景、音频及剧情等要素做具体的安排，以方便素材的搜集。
- **搜集素材：** 根据前期的策划有目的地搜集素材，还可以先按制作需求使用软件编辑素材，以便后期进行动画制作。
- **制作动画：** 由于制作出来的动画效果的好坏将直接决定动画作品的成功与否，因此在制作动画时要注意动画的每一个环节，要随时预览动画以便及时观察动画效果，发现动画中的不足并及时调整与修改。
- **后期调试与优化：** 动画制作完成后，应全方位地调试与优化动画，其目的是使整个动画看起来更加流畅、紧凑，能按期望的效果进行播放。调试与优化主要针对动画对象的细节、分镜头和动画片段的衔接、音频与动画播放是否同步等方面，以保证动画作品的最终效果与质量。
- **测试动画：** 动画制作完成并调试优化后，应测试动画的播放和下载，因为计算机软硬件配置大都不相同，所以在测试时应尽量在不同配置的计算机上进行，然后根据测试结果及时调整和修改动画，使其在不同配置的计算机上均有很好的播放效果。
- **发布动画：** 发布动画时，设计师可以设置动画的格式、画面和音频品质。需要注意的是，应根据动画的用途、使用环境等因素进行设置，而不是一味地追求较高的画面质量、音频品质等。

（5）动画的应用领域

由于动画具有高保真性、交互性、易传播、互通性强的特点，被广泛应用在广告、互联网、电商和教育等领域中。

- **广告：** 动画形式的广告，可通过生动、有趣的动画内容来吸引观众的注意力，并在有限的时间内传达广告的核心信息。相较于传统的广告，动画广告的创意表现力和叙事能力更强、色彩更加丰富。图1-25所示为京东618购物节的《JOY与锦鲤》动画广告的部分画面内容。

图1-25　动画形式的广告

- **互联网：** 在网页设计中添加动画，可以通过动态效果和交互元素来提升浏览者的体验并吸引其注意力。常见的网页动画有页面过渡动画、鼠标悬停动画、网页滚动动画、网页背景动画、网页加载动画等。图1-26所示为某网页的触发式动画，浏览者单击相应按钮后，页面的图像和文本将逐渐显示。

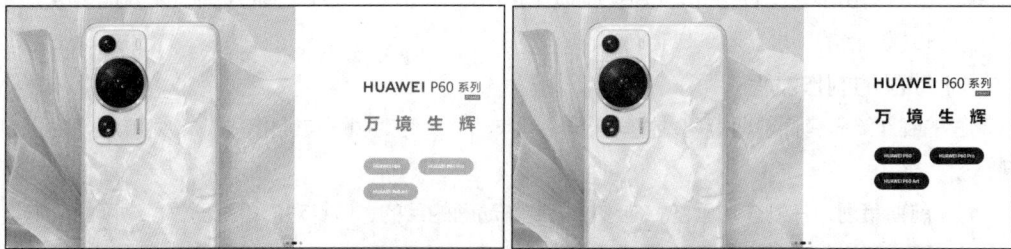

图1-26　动画形式的网页展示

- **电商：** 将动画运用在电子商务领域中，通过生动的图像、流畅的动作和有趣的故事来传递商品信息，可以吸引消费者的关注，使其产生购买行为。电商动画可以提高商品的可视性和吸引力，增强品牌形象，提升消费者的体验，并促进电商平台销售业绩的提高。图1-27所示为电动牙刷的商品展示动画，以创意性的动画效果给消费者带来了新奇的体验，能增加消费者对该商品的好感度。

图1-27　动画形式的电商设计

- **教育：** 动画形式的教学课件是动画在教育领域的典型应用。通过动画能将枯燥的理论知识生动形象地展现给学生，便于学生理解知识的同时，还能激发学生的学习兴趣和学习主动性，提高教学效果。图1-28所示为书法教学课件，通过动画形式讲解"神"字的书写。

图1-28　动画形式的教学课件

3. 音频

在多媒体设计中，音频可以直接表达或传递信息，也可以制造某种效果和气氛，因此音频也是多媒体最常见的表现形式之一。

（1）音频的基本概念

声音是一种由物体振动引起的机械波，通过介质传播并能被人或动物的听觉器官所感知。当物体振动时，它会通过介质（如空气、水或固体）传播机械能，并引起周围分子的振动，这些振动以波的形式向外传播，最终达到人的耳朵，被内耳中的听觉器官接收。在多媒体技术中，通常将声音分为以下3类。

- **波形声音：**波形声音已经包含所有的声音形式，这是因为计算机可以将任何声音信号通过采样和量化进行数字化，在必要的时候，还可以准确地将其恢复。
- **语音：**人的语音也是一种波形声音，它可以通过语气、语速、语调等携带比文本更加丰富的信息。这些信息往往可以通过特殊的软件进行抽取，所以我们把它作为一种特殊的媒体单独研究。
- **音乐：**音乐是一种符号化的声音，这种符号就是乐谱，乐谱是一种以印刷或手写方式制作，用符号来记录音乐的方法，如图1-29所示。但不是所有的声音都可以构成音乐，音乐需要经过人类的创作、演奏和欣赏等多个环节，加入一系列的符号和文化内涵，使其具有特定的形式和意义。

图1-29　乐谱

音频就是携带信息的声音媒体。自然界中的声音属于模拟信号，通过多媒体技术将模拟信号转化为数字信号（见图1-30），可将声音转化为音频。

图1-30　声音转化为音频的过程

- **采样：**采样是指用每隔一定时间的信号样本值序列来代替原来在时间上连续的信号，也就是在时间上将模拟信号离散化，即在时间轴上对声音信号数字化。
- **量化：**量化是指用有限的幅度值来表示原来连续变化的幅度值，把模拟信号的连续幅度变为有限数量的且有一定间隔的离散值，即在幅度轴上对声音信号数字化。

- **编码：** 编码是指按一定的规律把量化后的值用二进制数表示，即用数字来表示声音信号。

（2）音频的专业术语

在处理音频时，常会提及音频波形、频率、振幅等术语，掌握这些专业术语的含义，更有利于编辑音频。

- **音频波形：** 音频波形是音频信号的图形表示，展示了音频信号随时间的变化，可以直观地看到音频的强度和变化。音频波形通常从左到右呈现连续的波动，如图1-31所示，每个波动代表音频信号的一个周期。

- **频率：** 频率是指音频波形的振荡频率，用于表示音频的音调或高/低音。频率的单位是赫兹（Hertz，Hz），表示每秒振荡的周期数量。人类的听觉频率范围为20Hz ～ 20kHz（kiloHertz，赫兹的千倍单位），频率小于20Hz的信号被称为亚音频；频率高于20kHz的信号被称为超音频或超声波。

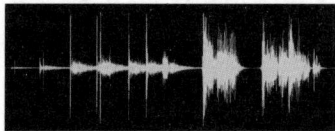
图1-31 音频波形

- **振幅：** 振幅用于描述音频波形的变化幅度，即音频的强度或音量，常使用声压级或分贝（dB）来表达，也可以使用采样值来表示。

- **采样频率：** 采样频率又称为取样频率、采样率，是指将模拟的声音波形转换为音频时，每秒所抽取声波幅度样本的次数。它决定音频文件的频率范围。采样率越高，音频会更接近原始模拟波形，音频效果则越好。其中，44.1kHz的采样率常用于CD，48kHz的采样率常用于电视，96kHz的采样率常用于电影。

- **取样大小：** 取样大小又称为量化位数，是每个采样点能够表示的数据范围，决定了音频的动态范围，即被记录和重放的最高音频与最低音频之间的差值。取样大小越高，音频质量越好，数据量越大，音频文件也越大。在实际使用中，经常要在音频文件的大小和音频质量之间进行权衡。

- **位深度：** 位深度决定音频文件的振幅范围。采样声波时，需要为每个采样指定最接近原始声波振幅的振幅值。位深度越高则会提供更多可能的振幅值，产生更大的动态范围、更低的噪声基准和更高的保真度。当然，位深度越高，音频文件也越大。

- **声道：** 声道决定音频的声道数量。音频可以是单声道（仅有一个音频波形）、立体声（有两个音频波形）或5.1环绕声。其中立体声也称为双声道，其听感要比单声道更丰富，但与单声道相比需要占用两倍的存储空间。5.1环绕声则包含"5+1"共6个声道，分别是中央声道、前置左声道、前置右声道、后置左环绕声道、后置右环绕声道，以及重低音声道这个所谓的"0.1声道"，5.1环绕声产生的文件需要占用更大的存储空间，也需要使用特定的播放设备播放。

（3）音频的构成要素

从听觉角度来看，音频具有三大构成要素，即音调、音强和音色。

- **音调：** 音调与音频的频率有关，频率越高，音调就越高。
- **音强：** 音强又称为响度，取决于音频的振幅，振幅越大，声音就越响亮。
- **音色：** 音色是由于波形和泛音的不同所带来的一种声音属性。如钢琴、提琴、笛子等各种乐器发出的声音之所以不同，是由它们的音色决定的。

<table>
<tr><td colspan="2" align="center">**泛音**</td></tr>
<tr><td>**知识补充**</td><td>　　"泛音"是声乐领域的专用术语，当发声体由于振动而发出声音时，声音一般可以分解为许多单纯的正弦波，基本上所有的自然声音都由许多频率不同的正弦波所组成，其中频率最低的正弦波为基音（即基本频率），而其他频率较高的正弦波则为泛音。</td></tr>
</table>

（4）音频的文件格式

在多媒体技术中，常用于存储、传输、处理音频信息的文件格式有6种。

- **WAV（*.wav）格式：** WAV格式是广泛使用的音频文件格式。用不同的采样频率采样声音的模拟波形，可以得到一系列离散的采样点，以不同的量化位数（8位或16位）把这些采样点的值转换成二进制数，然后存入磁盘，可产生WAV格式的音频文件。

- **APE（*.ape）格式：** APE格式是一种无损压缩音频格式。将音频文件压缩为APE格式后，其文件大小要比压缩为WAV格式小一半左右，在网络上传输时可以节约很多时间。更重要的是，APE格式的文件只要还原成未压缩状态，就能毫无损失地还原原有的音质。

- **WMA（*.wma）格式：** WMA格式是由微软公司开发的新一代网上流式数字音频压缩技术。以WMA格式为例，它采用的压缩算法使文件比MP3格式的文件小，而在音质上却毫不逊色。它的压缩比一般可以达到18：1，现有的Windows操作系统中的媒体播放器都支持WMA格式，并且在Windows Media Player 7.0中还增加了直接把CD格式的音频数据转换为WMA格式的功能。

- **MP3（*.mp3）格式：** MP3是指MPEG（Moving Picture Experts Group，动态图像专家组）标准中的音频部分，也就是MPEG音频层。MPEG音频层根据压缩质量和编码处理的不同分为3层，分别对应"*.mp1""*.mp2""*.mp3"音频文件。需要注意的是，MPEG音频文件的压缩是一种有损压缩，MPEG-3音频编码具有10：1～12：1的高压缩比，可基本保持低频部分不失真，但牺牲了音频文件中12kHz～16kHz的高频部分的质量，相同长度的音频用"*.mp3"格式来存储，一般所需的存储空间只有"*.wav"文件的1/10，但音质要次于CD格式和WAV格式。

- **OGG（*.ogg）格式：** OGG格式是一种较为先进的音频格式，可以不断地改良存储空间和音质，而不影响原有的编码器或播放器。OGG格式采用有损压缩，但使用更加先进的声学模型，从而减少了音质损失，因此，以同样位速率编码的OGG格式文件与MP3格式文件相比，OGG格式的听感会更好一些。所以使用OGG格式的好处是可以用更小的文件获得更好的音频质量。

- **FLAC（*.flac）格式：** FLAC是一种无损音频编码格式，旨在提供高质量的音频压缩，同时保持音频内容的完整性，而没有任何信息损失。FLAC格式的音频文件通常比原始无压缩的音频文件（如WAV格式）小得多，通常可以达到原始文件大小的50%至70%。另外，FLAC格式与其他有损压缩格式不同，压缩后不会丢失音频数据，因此可以还原原始音频质量。

（5）音频的采集方式

常用的音频采集方式有以下4种。

- **通过计算机：** Windows 10操作系统中自带"录音机"程序，用于录制声音和音频、充当语音备忘录、捕捉外部声音源（如音乐播放器和扬声器）的输入和声音效果、转换音频格式、分享和导出录音。图1-32所示为"录音机"程序的工作界面。

图1-32 "录音机"程序的工作界面

通过计算机采集音频所需的硬件设备

知识补充

若要通过计算机采集音频，首先需要具备相应的硬件设备，如音频卡、话筒、MIDI设备等，然后再通过有音频数字化接口的录音设备，将声音直接录制或转录到有音频卡的计算机中。关于硬件设备的相关介绍，可扫描右侧二维码查看更多内容。

知识补充

通过计算机采集音频所需的硬件设备

- **通过数码录音笔：** 数码录音笔通常用于录制会议信息、采访信息、讲课实况，但是由于要进行长时间录制，音频文件较大，所以录音笔不能使用传统的音频压缩格式来存储音频文件。例如，录制的未压缩的音频文件每分钟要占约10MB的存储空间，而即便是经过MEPG算法压缩而成的MP3格式的文件，每分钟也要占约1MB的存储空间。因此各个品牌的录音笔通常都会使用自己研发的特殊音频格式，其共同特点是高质量、高压缩比、所需存储空间小。

- **通过手机、数码相机和摄像机：** 通过手机、数码相机和摄像机采集的音频通常存储在对应设备的存储器中，可以通过数据连接线将设备与计算机相连，再将其中的文件传输到计算机中。

- **通过素材网站下载：** 通过素材网站可下载各种丰富的音效，音效可以增强画面的真实感，营造气氛，提供视觉画面无法传达的信息。

4. 视频

视频是携带信息较为丰富、表现力较强的一种媒体形式，也是设计师常使用多媒体技术编辑的信息类型之一。

（1）视频的基本概念

视频是承载各种动态影像的多媒体类型，当连续每秒播放超过24帧以上的视频画面时，根据视觉暂留原理，人眼将无法辨别单幅的静态画面，从而感受到平滑、连续的视觉效果。

视频被广泛应用于电影、电视和广告等领域，是传达信息和娱乐的重要载体，如图1-33所示。

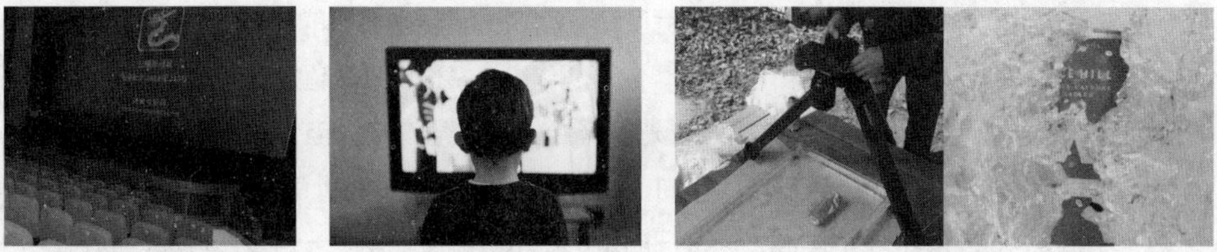

电影　　　　　　　　　　电视　　　　　　　　　　广告

图1-33　视频的应用领域

（2）视频的制式标准

视频的制式标准决定着视频的成品能否播放，国际上流行的视频制式标准主要有NTSC制式、PAL制式和SECAM制式。

- **NTSC制式：** NTSC（National Television System Committee，美国国家电视制式委员会）制式是美国于1953年研制成功的一种兼容的彩色电视制式，一般称为正交调制式。它规定视频每秒29.97（简化为30帧），每帧525行，分辨率为720像素×480像素。视频采用隔行扫描，场频为60Hz，行频为15.634kHz，宽高比为4∶3。NTSC制式的特点是用两个色差信号（R-Y）和（B-Y）分别对频率相同而相位相差90°的两个副载波进行正交平衡调幅，再将已调制的色差信号叠加，穿插到亮度信号的高频端。

- **PAL制式：** PAL（Phase Alternation Line，相位远行交换）制式是德国于1962年制定的一种电视制式，一般称为逐行倒相制。它规定视频每秒25帧，每帧625行，分辨率为720像素×576像素。视频采用隔行扫描，场频为50Hz，行频为15.625kHz，宽高比为4∶3。PAL制式的特点是同时传送两个色差信号（R-Y）与（B-Y）。不过（R-Y）是逐行倒相的，它和（B-Y）信号对副载波进行正交调制。采用逐行倒相的方法，若在传送过程中发生相位变化，则因相邻两行相位相反，可以起到相互补偿的作用，从而避免了相位失真引起的色调改变。

- **SECAM制式：** SECAM（Sequential Color and Memory System，按顺序传送彩色存储）制式是法国于1965年提出的一种标准，又称为塞康制。它规定的指标与PAL制式基本相同，不同点主要在于色度信号的处理上。SECAM制式的特点是两个色差信号是逐行依次传送的，因而在同一时刻，传输通道内只存在一个信号，不会出现串色现象，两个色度信号不对副载波进行调制，而是对两个频率不同的副载波进行调制，再把两个已调副载波逐行轮换插入亮度信号高频端，从而形成彩色图像视频信号。

（3）视频的专业术语

编辑视频时，常会提及帧、帧速率、像素宽高比等专业术语，下面分别进行介绍。

- **帧：** 帧相当于电影胶片上的一格镜头，一帧就是一幅静止的画面，连续播放多帧画面就能形成视频。

- **帧速率：** 帧速率是指画面每秒刷新的图像帧数，单位为"帧/秒"，即视频的画面数。一般来说，帧速率越大，视频播放的画面动态就会越流畅，但同时视频文件大小也会增加，进而影响后期视频的编辑、渲染，以及输出等环节。

- **像素宽高比：** 像素宽高比是指画面中的一个像素的宽度与高度之比，如方形像素的像素宽高比为"1∶1"。像素在计算机和电视中的显示并不相同，通常在计算机中显示为正方形像素，如图1-34所示，而在电视中显示为矩形像素，如图1-35所示。

图1-34　正方形像素 　　　　图1-35　矩形像素

- **屏幕宽高比：** 屏幕宽高比是指画面的宽度和高度之比。目前常见的屏幕宽高比有4：3、16：9和1：1等，而在电影中常采用2.35：1、2.39：1、21：9等超大变形宽银幕的宽高比。
- **视频扫描：** 视频扫描是指摄像机通过光敏器件将光信号转换为电信号并形成视频信号的过程，一般有隔行扫描和逐行扫描之分。其中，隔行扫描会首先扫描所有奇数行，然后扫描所有偶数行，最终构成一幅完整的画面；逐行扫描是从显示屏的左上角，一行接一行地扫描到右下角。

（4）视频的文件格式

与其他多媒体表现形式的格式一样，视频文件的格式也有很多种，常见的有AVI、MOV、MP4、WMV、FLV等格式。

- **AVI（*.avi）格式：** AVI格式是一种将视频信息与音频信息一起存储的常用多媒体文件格式，它以帧为存储动态视频的基本单位，在每一帧中，都是先存储音频数据，再存储视频数据。它具有音频数据和视频数据相互交叉存储、图像质量好、支持多平台播放的优点，但文件较大。
- **MOV（*.mov）格式：** MOV格式是由美国苹果公司开发的一种视频格式，其默认的播放器是苹果公司开发的QuickTime Player。它具有较高的压缩比、较完美的视频清晰度和跨平台的优点。
- **MP4（*.mp4）格式：** MP4格式是一种标准的数字多媒体容器格式，用于存储数字音频及数字视频，也可以存储字幕和静止图像。它具有高压缩比、良好的视频质量、兼容性强、多媒体功能丰富和适用于网络流媒体等优点。
- **WMV（*.wmv）格式：** WMV格式是由微软公司开发的一种采用独立编码方式，并且可以在网上实时观看视频节目的文件压缩格式，ASF是其封装格式。WMV格式具有"数位版权保护"功能，支持本地或网络回放，有部件下载、可伸缩的媒体类型、流的优先级化、多语言支持、环境独立、丰富的流间关系以及易扩展等优点。
- **FLV（*.flv）格式：** FLV格式是一种网络视频格式，主要用作流媒体格式，可以有效解决视频文件导入Flash后，再导出的SWF文件过大，导致文件无法在网络中使用的问题。FLV格式具有文件小，加载速度快，方便在网络上传播的优点。
- **MKV（*.mkv）格式：** MKV格式是一种多媒体封装格式，该封装格式可以将多种不同编码的视频以及16条或以上不同格式的音频和不同语言的字幕封装到一个Matroska Media文档内。MKV格式可提供较好的交互功能。

（5）视频的采集方式

在视频的制作中往往需要用到各种视频素材，视频的采集方式主要有以下3种。

- **通过手机和摄像机：** 通过手机和摄像机拍摄视频，可以将拍摄好的视频存储在对应设备的存储器中，然后通过数据连接线将设备与计算机相连，将其中的文件传输到计算机中。
- **通过计算机录屏：** 使用Windows操作系统中的屏幕截图功能（见图1-36），可录制计算机的软件操作、网页视频等内容，并将录制的视频直接存储在计算机中。
- **通过视频网站下载：** 通过视频网站可下载各种丰富的视频。

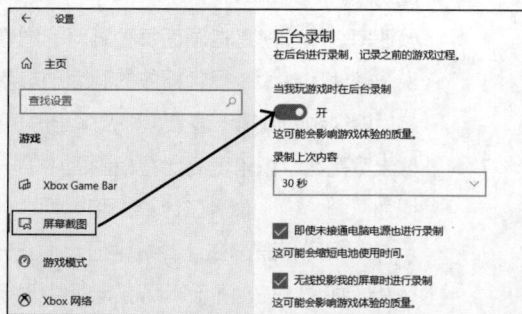

图1-36　通过计算机采集视频

5. 网页

随着互联网的快速发展，其已与用户的生活密切相关，而网页也成了较为常见的多媒体表现形式。可以在网页中插入图像、动画、音频和视频等元素，使其展示效果更加丰富。

（1）网站、网页、主页的基本概念

网站、网页、主页是网络的基本组成元素，是包含与被包含的关系。

- **网站：** 网站是指在互联网中根据一定规则，使用HTML（HyperText Markup Language，超文本标记语言）等脚本语言设计的用于展示特定内容的相关网页集合。网站由多个网页组成，但网站并不是网页的简单罗列组合，而是用超链接的方式连接起来的，有鲜明的风格。

- **网页：** 网页即网站页面，在浏览器的地址栏中输入网站地址，访问该网站后打开的页面就是网页。网页是构成网站的基本元素，按表现形式可分为静态网页和动态网页两种类型。静态网页通常使用HTML编写，没有交互性，其扩展名为.html或.htm；动态网页通常会运用ASP（Active Server Pages，活动服务器页面）、PHP（Page Hypertext Preprocessor，页面超文本预处理器）、JSP（Java Server Pages，Java服务器页面）等技术，具有较好的交互性，其扩展名分别为.asp、.php、.jsp。

- **主页：** 主页也被称为首页或起始页，是用户进入网站后看到的第一个页面。大多数主页的文件名为index、default、main加扩展名。

（2）网页的专业术语

网页设计中常提及的专业术语有互联网、WWW、浏览器、URL等。

- **互联网：** 互联网是全球最大、连接能力最强，由遍布全世界的众多大大小小的网络相互连接而成的计算机网络，是由美国的阿帕网（Advanced Research Projects Agency Network，ARPANET）发展起来的。互联网主要采用TCP/IP（Transmission Control Protocol/Internet Protocol，传输控制协议/互联网协议），它使网络上的各个计算机可以相互交换各种信息。

- **WWW：** WWW（World Wide Web，万维网）的功能是让Web客户端（如浏览器）访问Web服务器中的网页。

- **浏览器：** 浏览器是将互联网中的文本文档和其他文件翻译成网页的软件，通过浏览器可以快速获取互联网中的内容。常用的浏览器有Firefox、Google浏览器等。

- **URL：** URL（Uniform Resource Locator，统一资源定位符）是一个用于定位和访问互联网资源的标准字符串，如"http://www.baidu.com"。其中，"http://"表示通信协议为超文本传送协议，"www.baidu.com"表示网站的名称。

- **IP地址：** IP地址（Internet Protocol address，互联网协议地址）是给连接到互联网的设备分配的网络层地址。互联网中的每台计算机都有唯一的IP地址，表示该计算机在互联网中的位置。IP地址是一个32位的二进制数（4段，每段8位，各段用小数点隔开）。

IP地址的常用类型

知识补充

IP地址常用的有A、B、C这3种类型。其中，A类的前8位表示网络号，后24位表示主机号，有效范围为1.0.0.1～126.255.255.254；B类的前16位表示网络号，后16位表示主机号，有效范围为128.0.0.1～191.255.255.254；C类的前24位表示网络号，后8位表示主机号，有效范围为192.0.0.1～222.255.255.254。

- **域名：** 域名是指网站的名称，任何网站的域名都是唯一的。域名也可以看作是网站的网址，如"www.baidu.com"就是百度网的域名。域名由固定的网络域名管理组织进行全球统一管理，需向各地的网络管理机构申请才能获取。例如，新浪网的域名为www.sina.com.cn，其中"www"为机构名，"sina"为主机名，"com"为类别名，"cn"为地区名。

- **FTP：** 通过FTP（File Transfer Protocol，文件传送协议）可以把文件从一个地方传到另外一个地方，从而真正地实现资源共享。

- **发布：** 发布是指将制作好的网页上传到网络上的过程，也称为上传网页。

- **客户机和服务器：** 用户浏览网页时，是由个人计算机向互联网中的计算机发出请求，互联网中的计算机接收到请求并响应后，会将需要的内容通过互联网发送到个人计算机上。这种发送请求的个人计算机称为客户机或客户端，而互联网中的计算机称为服务器或服务端。

（3）网页的构成要素

构成网页的要素包括文本、图像、动画、视频、Logo、导航、搜索栏、超链接等。图1-37所示为腾讯网的首页，其中包含了网页中常见的元素。

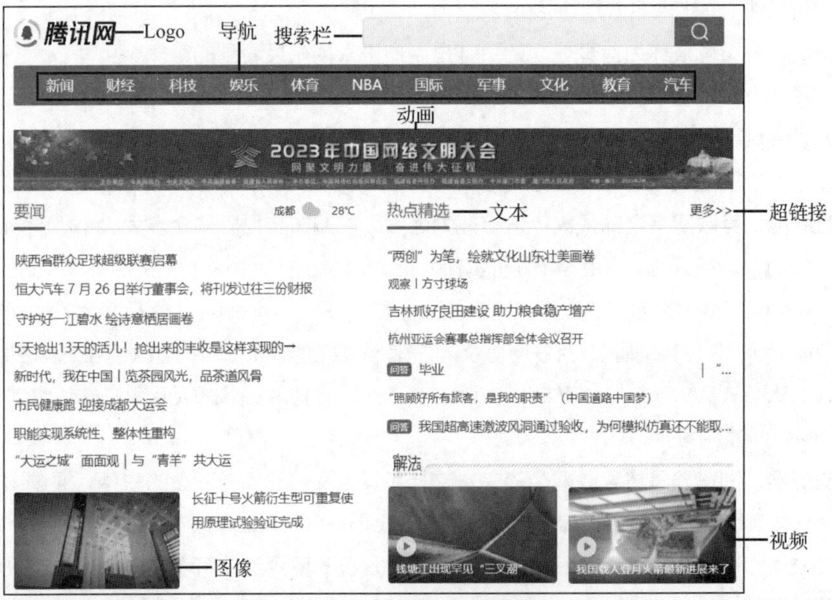

图1-37　网页中常见的元素

- **文本：** 文本是网页基本的组成元素之一，是网页主要的信息载体，通过它可以非常详细地将信息传送给用户。文本在网络上的传输速度较快，用户可方便地浏览和下载文本信息。

- **图像：** 图像也是网页中不可或缺的元素，可以传递一些文本不能传递的信息，表现形式比文本更直观和生动。

- **动画：** 网页中常用的动画主要有两种格式，一种是GIF动画，另一种是SWF动画。GIF动画是逐帧动画，相对比较简单；而SWF动画不但具有更强的表现力和视觉冲击力，还可以结合声音和互动功能，给用户强烈的视听感受。

- **视频：** 在网页中运用视频可以传递更丰富的信息，网页中的视频文件一般为FLV格式，因为其具有文件小、加载速度快等特点，是网页视频格式的首选。

- **Logo：** Logo是指网站或品牌在页面上用来标识自己的独特标志或图形，能够帮助用户迅速识别和辨认出所访问的网站或品牌，增强品牌识别性。并且大多数网页中的Logo都会链接到网站的首页。当用户在浏览网站的其他页面时，单击Logo可以快速返回到网站的首页，方便用户重新导航和探索其他内容。

● **导航：** 导航是网页设计必不可少的基础元素之一，通常包含网站的主要分类和链接，它可以引导用户了解网页的内容结构，使用户通过导航栏快速跳转到网站的各个主要页面。

● **搜索栏：** 用户在搜索栏中输入关键词后，单击搜索按钮或按【Enter】键，便可搜索该网站的所有网页，并跳转到关键词所处的网页中。

● **超链接：** 超链接是指从一个网页指向一个目标的连接关系，可以实现网站中各元素的连接。超链接可以是文本链接、图像链接、锚点链接等，网页中的超链接只有连接在一起，才能构成真正的网站。单击超链接既可以在当前页面中跳转，也可以跳转到当前页面外。

（4）HTML

HTML是一种标记语言，它通过标签来标记要显示在网页中的内容。网页文档是一种文本文件，在文本文件中添加标签，可以告诉浏览器如何显示其中的内容，如文本如何处理、画面如何安排、图片如何显示等。

HTML的语法非常简单，但功能十分强大，它支持嵌入不同格式的文件，包括图像、音频、视频、动画、表单和超链接等，这也是HTML能在互联网中流行的原因之一。HTML的主要特点如下。

● **简易性：** HTML的内核采用超集方式，这使设计师编写代码更加灵活、方便。

● **可扩展性：** HTML提供了很广泛的扩展性支持来为HTML文档（指使用HTML编写的超文本文档，它能独立运行于各种操作系统平台，可以直接由浏览器解释执行，无须编译）增添语义化的支持。例如，使用类来拓展元素的含义和行为，使用<meta>标签来定义元数据，使用<script>标签来定义客户端脚本，使用<embed>标签来定义一个容器，以嵌入外部应用或互动程序。

● **平台无关性：** 浏览器的种类众多，为了使同一个HTML文档在不同标准的浏览器中都能显示相同的效果，HTML使用了统一的标准。

每个网页对应一个HTML文档，任何能够生成TXT格式文件（由纯文本组成的文件，中文全称为文本文件，英文全称为Text File）的文本编辑软件都可以生成HTML文档，需要使用HTML文档时，只需将TXT格式文件的扩展名修改为.htm或.html。

HTML文档可用标签来描述，标签是由尖括号包围的关键词（如<html>），且一般成对出现，如<html>和</html>，第一个标签是开始标签，第二个标签是结束标签。但部分特殊标签不是成对出现的，如
。标准的HTML文档一般都具有基本的结构，如图1-38所示。

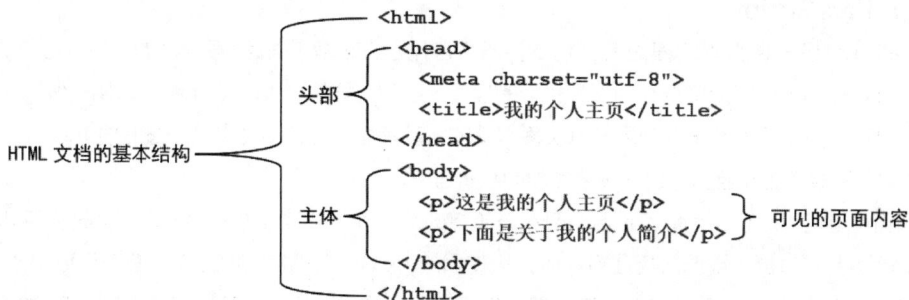

```
HTML 文档的基本结构
    头部
        <html>
        <head>
            <meta charset="utf-8">
            <title>我的个人主页</title>
        </head>
    主体
        <body>
            <p>这是我的个人主页</p>          可见的页面内容
            <p>下面是关于我的个人简介</p>
        </body>
        </html>
```

图1-38　HTML 文档的基本结构

在HTML文档的开始标签<html>与结束标签</html>外，还包括头部（head）和主体（body）。

- **头部：** <head>和</head>标签分别表示头部信息的开始和结束。头部一般包含网页的标题、序言、说明等内容，它本身不作为网页的内容显示，但影响网页显示的效果。头部中常用的标签是<title>标签和<meta>标签，其中<title>标签用于定义网页标题显示的内容。
- **主体：** <body>和</body>标签分别用于定义网页主体内容的开始和结束，网页中显示的实际内容均包含在两个标签之间，如文本、超链接、图像等。在HTML文档中，网页内容均可用标签来描述，如<h1>、<p>等。

（5）HTML5

HTML5是HTML新的修订版本，结合了HTML4.01的相关标准并进行了革新。例如，在HTML5中增加了一些新标签，使其更符合现代网络发展的要求。

- **导航索引标签：** 导航索引标签<nav>有助于规划页面结构，从而便于网页设计人员设计网页，也便于更好地为用户提供导航索引服务。
- **视频和音频标签：** 视频和音频标签用于添加视频和音频文件，包括<video>和<audio>标签等。
- **文档结构标签：** 文档结构标签包括<header>、<footer>、<dialog>、<aside>和<figure>标签等，用于对网页进行布局分块，可以方便搜索引擎分辨网页各部分的内容和作用。
- **文本和格式标签：** HTML5中的文本和格式标签与其他版本HTML中的基本相同，只是删除了<u>、<font>、<center>和<strike>标签。
- **表单元素标签：** HTML5与其他版本HTML相比，在表单元素标签中添加了更多的输入对象，例如，在<input type="">中添加了电子邮件、日期、URL和颜色等输入对象。

HTML5与其他版本的HTML相比具有以下新内容。

- **全新且合理的标签：** 全新且合理的标签主要用于处理多媒体对象的绑定情况，原来的多媒体对象都绑定在<object>和<embed>标签中，HTML5则有单独的视频和音频标签。
- **Canvas对象：** Canvas对象主要为浏览器带来了直接绘制矢量图的功能，可以不使用Flash Player插件，直接在浏览器中显示图像和动画。
- **本地数据库：** HTML5通过内嵌一个本地SQL（Structure Query Language，结构查询语言）数据库，增加了交互式搜索、缓存和索引功能。
- **浏览器中的真正程序：** HTML5在浏览器中提供了API（Application Program Interface，应用程序接口），可实现在浏览器内编辑、拖放对象和各种图形用户界面的功能。

（6）JavaScript

JavaScript是一种脚本编程语言，它支持网页应用程序的客户机和服务器的开发。在客户机中，JavaScript可以用于编写浏览器在网页中执行的程序。在服务器中，JavaScript可以用于编写网页服务器程序，网页服务器程序用于处理浏览器页面提交的各种信息并相应地更新浏览器的显示。JavaScript是一种由对象和事件驱动且具有良好安全性能的脚本语言。

在网页中使用JavaScript，可以与HTML一起实现在一个网页中链接多个对象，实现交互功能，并且JavaScript是通过嵌入或调入标准的HTML来使用的，弥补了HTML的缺陷。在使用JavaScript时，可以直接在HTML文档中添加脚本，无须单独编译解释，在预览网页时可以直接读取脚本执行指令。JavaScript使用简单、方便、运行速度快，适用于开发简单应用。

综合实战　使用计算机录制音频并转换文件格式

米拉在熟悉多媒体的相关知识时，临时接到老洪的通知，要求她尽快根据其他同事提供的资料来采集符合需求的音频，以协助其他同事完成宣传片的制作任务。米拉决定直接使用计算机自带的程序进行录制，提升工作效率。

实战描述

实战背景	某学校为扩大生源和知名度，准备制作宣传片投放到当地媒体上。现需要设计师根据提供的宣传语文本资料制作MP3格式的音频，完成宣传片的配音工作
实战目标	① 利用计算机中的程序录制音频，要求音频语速正常，吐词清晰
	② 利用多媒体辅助软件将录制的WAV格式音频转换为MP3格式，然后重命名该音频文件，增强音频的可识别性
知识要点	"录音机"程序、格式工厂、重命名文件

本实战的参考效果如图1-39所示。

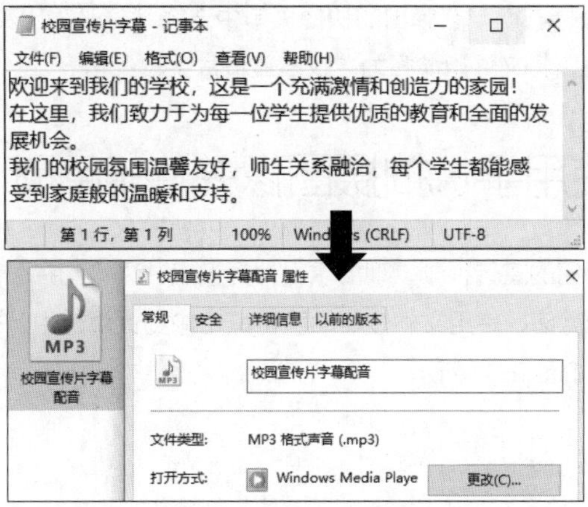

图1-39　录制音频并转换文件格式的参考效果

素材位置： 素材\项目1\校园宣传片字幕.txt
效果位置： 效果\项目1\校园宣传片字幕配音.mp3

设计素养

设计师在采集音频时应具备基本的语速常识，提升对音频的敏感性和把控能力，遵循相关的技术规范和使用标准。设计师需要根据采集场景和需求选用合适的设备和方法，控制环境噪声，调整音量、采集位置等因素，以确保音频采集的质量和可用性，制作出高质量、兼容性强的音频素材。

思路及步骤

根据提供的文本资料使用"录音机"程序录制音频，按照每秒3～5字的语速阅读文字资料，然后使用格式工厂转换文件格式，本例的制作思路如图1-40所示，参考步骤如下。

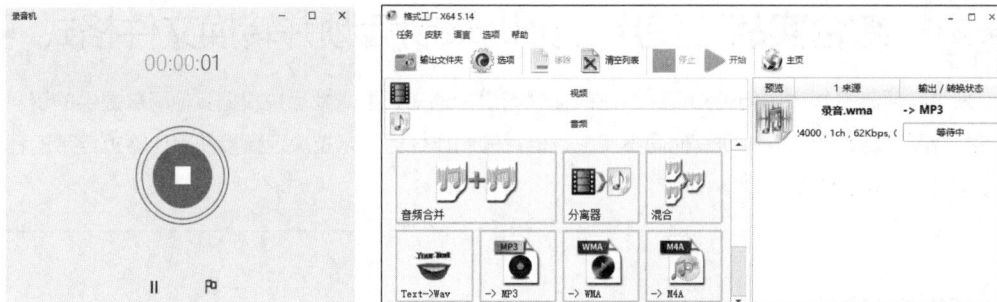

① 录制音频   ② 转换文件格式

图1-40 使用计算机录制音频并转换文件格式的思路

（1）打开"校园宣传片字幕.txt"素材，打开"录音机"程序，单击 图标后，阅读素材中的文本并进行录制。

（2）阅读完毕后，单击 按钮结束录制，在软件左侧将自动生成"录音.wav"文件，在该文件上单击鼠标右键，在弹出的快捷菜单中选择"打开文件位置"命令，将自动打开文件所在位置。

（3）打开"格式工厂"软件，选择"音频"栏中的"MP3"选项，进入工作界面，将录制的音频文件拖曳至其中，再单击 确定 按钮返回首页，单击 开始 按钮开始转换。

（4）转换完成后在音频文件上单击鼠标右键，在弹出的快捷菜单中选择"打开输出文件夹"命令，将自动打开转换后文件所在的位置，将文件重命名为"校园宣传片字幕配音"。

微课视频

使用计算机录制音频并转换文件格式

课后练习 使用手机拍摄图像并传输到计算机中

某客户需要制作一个关于花卉介绍的宣传视频，现要求设计师拍摄并采集花卉图像素材。设计师可使用手机拍摄图像素材，然后登录微信，使用文件传输助手将其传输到计算机中，在计算机中保存该图像，并修改文件名称，参考效果如图1-41所示。

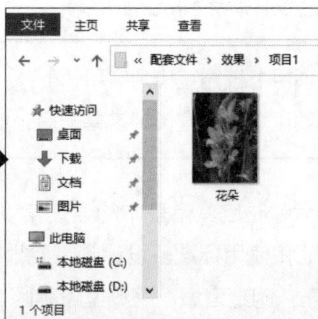

效果预览

图1-41 使用手机拍摄图像并传输到计算机中的参考效果

效果位置： 效果\项目1\花朵.jpg

PROJECT 2

项目2

应用 Photoshop 处理图像

情景描述

　　米拉完成老洪交给她的一些简单任务后，为了尽快适应岗位，她主动找到老洪，申请承担更多的设计任务。

　　老洪对米拉说："Photoshop是一款专业的图像处理软件，它具有强大的功能，并且能与其他软件协同操作。因此，掌握Photoshop的基本操作是成为一名合格的多媒体设计师的基本要求。我这里刚好有一些需要使用该软件完成的设计任务，如制作全屏Banner、商品主图、人物杂志封面和招贴等。在完成这些任务的过程中，可以提升Photoshop的操作能力，为未来的工作奠定坚实的基础。"

学习目标

知识目标

- 熟悉 Photoshop 工作界面
- 掌握 Photoshop 的基本操作
- 掌握应用 Photoshop 处理图像的各种方法

素养目标

- 培养认识和创造美的能力，提升专业水平，发掘创意才华
- 将中国传统元素应用于现代设计中，树立文化自信
- 培养耐心、细致、认真的工作态度

任务2.1 制作月饼全屏Banner

临近中秋节，公司承接了许多与中秋节相关的电商设计任务，老洪将制作月饼全屏Banner的设计任务交给米拉，希望她能够熟悉电商类型的设计任务，同时可以熟练运用Photoshop中的图层、选区和文本功能来完成月饼全屏Banner的制作。

🔍 任务描述

任务背景	全屏Banner通常放置在网店首页导航栏下方的区域，是网店首页中较为明显的展示窗口，用于展示新款商品、热销商品等，对宣传商品起到了重要的作用。某网店以销售各式中式糕点为主营业务，在中秋节来临之际准备上新一款五仁月饼，现需要设计师为其制作全屏Banner展示在网店首页中
任务目标	① 制作尺寸为1920像素×900像素，分辨率为72像素/英寸（1英寸≈2.54厘米）的全屏Banner
	② 运用图层功能调整装饰图像的位置和大小，运用选区功能抠取月饼图像，运用文本功能添加商品信息，使全屏Banner内容丰富、布局美观
	③ 全屏Banner的图像以月饼为主，用桂花、传统云纹等素材加以装饰，色彩以代表平和、宁静和清新的蓝绿色为主，整体视觉效果要具有浓厚的传统文化气息和中秋节氛围
知识要点	"图层"面板、链接图层、变换图像、"主体"命令、快速选择工具、魔棒工具、收缩选区、描边选区、横排文字工具

本任务的参考效果如图2-1所示。

图2-1 月饼全屏Banner参考效果

素材位置： 素材\项目2\月饼全屏Banner素材\

效果位置： 效果\项目2\月饼全屏Banner.psd

✣ 知识准备

米拉注意到公司计算机中安装的 Photoshop 版本与自己常用的版本不同，为了提升制作效率，她决定先熟悉这个版本的工作界面和基本操作，然后再制作全屏 Banner。

1. 认识 Photoshop 工作界面

在计算机桌面中双击 Photoshop 图标可启动软件，Photoshop 2021 的工作界面如图 2-2 所示，包括菜单栏、标题栏、浮动面板、图像编辑区、状态栏、工具箱、工具属性栏等部分，各个部分的作用如下。

图 2-2　Photoshop 2021 的工作界面

- **菜单栏：** 由"文件""编辑""图像""图层""文字""选择""滤镜""3D""视图""窗口""帮助"11 个菜单组成，每个菜单下包括多个命令。若命令右侧标有 ▶ 符号，则表示该命令还有子菜单。若某些命令呈灰色显示，则表示该命令没有激活或当前不可用。
- **标题栏：** 用于显示已打开或已创建图像文件的名称、格式、显示比例、颜色模式、通道位数、图层状态，以及"关闭"按钮 ✕ 。
- **浮动面板：** 用于进行选择颜色、编辑图层、新建通道、编辑路径和撤销编辑等操作。在"窗口"菜单中选择某个面板对应的命令后，该面板将被添加到浮动面板中（以缩略按钮的形式显示），并且可通过拖曳的方法来调整该面板的位置。
- **图像编辑区：** 用于查看与编辑图像，也是浏览当前图像的主要区域，所有的图像处理结果都在图像编辑区中显示。
- **状态栏：** 用于查看当前图像在图像编辑区中的显示比例或文件的其他信息。
- **工具箱：** 用于存放 Photoshop 的所有工具，如图 2-3 所示。单击工具箱顶部的展开按钮 ▶▶，可以将工具箱中的工具以双列方式排列。单击工具箱中的工具按钮，可选择该工具。若工具按钮右下角有黑色小三角形 ◢，则表示该工具位于一个工具组中，工具组还包括隐藏的工具。在这类工具按钮上按住鼠标左键不放或单击鼠标右键，可显示该工具组中隐藏的工具。
- **工具属性栏：** 用于设置所选工具的参数和属性。选择工具箱内的工具后，工具属性栏中会显示该工具对应的设置选项。

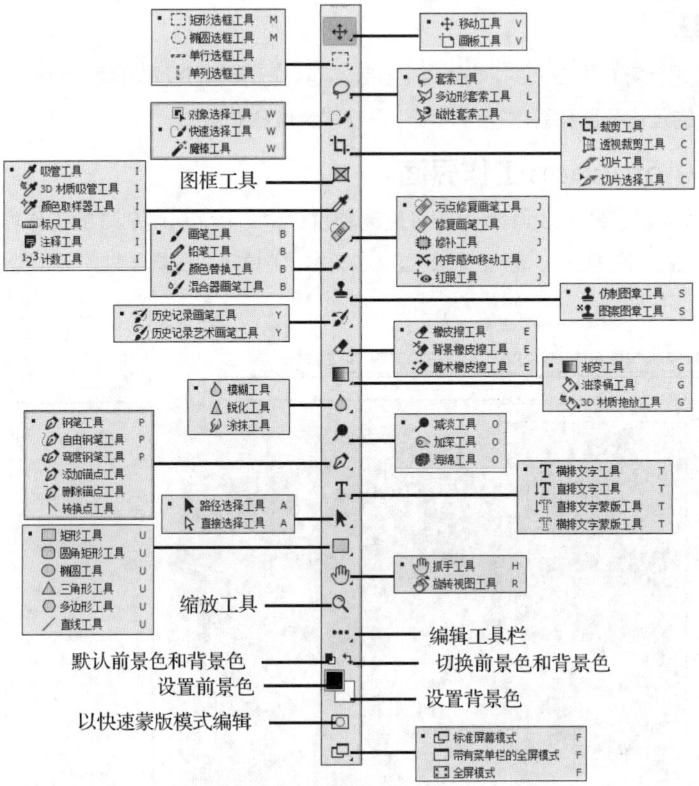

矩形选框工具 M
椭圆选框工具 M
单行选框工具
单列选框工具

移动工具 V
画板工具 V

套索工具 L
多边形套索工具 L
磁性套索工具 L

对象选择工具 W
快速选择工具 W
魔棒工具 W

裁剪工具 C
透视裁剪工具 C
切片工具 C
切片选择工具 C

吸管工具 I
3D 材质吸管工具 I
颜色取样器工具 I
标尺工具 I
注释工具 I
计数工具 I

图框工具

污点修复画笔工具 J
修复画笔工具 J
修补工具 J
内容感知移动工具 J
红眼工具 J

画笔工具 B
铅笔工具 B
颜色替换工具 B
混合器画笔工具 B

仿制图章工具 S
图案图章工具 S

历史记录画笔工具 Y
历史记录艺术画笔工具 Y

橡皮擦工具 E
背景橡皮擦工具 E
魔术橡皮擦工具 E

模糊工具
锐化工具
涂抹工具

渐变工具 G
油漆桶工具 G
3D 材质拖放工具 G

钢笔工具 P
自由钢笔工具 P
弯度钢笔工具 P
添加锚点工具
删除锚点工具
转换点工具

减淡工具 O
加深工具 O
海绵工具 O

横排文字工具 T
直排文字工具 T
直排文字蒙版工具 T
横排文字蒙版工具 T

路径选择工具 A
直接选择工具 A

矩形工具 U
圆角矩形工具 U
椭圆工具 U
三角形工具 U
多边形工具 U
直线工具 U

抓手工具 H
旋转视图工具 R

缩放工具

编辑工具栏

默认前景色和背景色
设置前景色
以快速蒙版模式编辑

切换前景色和背景色
设置背景色

标准屏幕模式 F
带有菜单栏的全屏模式 F
全屏模式 F

图2-3　工具箱

2. Photoshop 的基本操作

Photoshop的基本操作包括新建和打开文件、置入和导出文件、保存和关闭文件、选取颜色以及使用辅助工具。

（1）新建和打开文件

使用Photoshop处理图像前，需要新建或打开文件。

- **新建文件：** 启动 Photoshop 后进入开始界面，单击该界面左侧的〖新建〗按钮，或选择【文件】/【新建】命令，或按【Ctrl+N】组合键，打开"新建文档"对话框，在其中设置相关参数后，单击〖创建〗按钮。

- **打开文件：** 启动Photoshop后进入开始界面，单击该界面左侧的〖打开〗按钮，或选择【文件】/【打开】命令，或按【Ctrl+O】组合键，打开"打开"对话框，在其中选择要打开的文件后，单击〖打开(O)〗按钮。另外，在计算机磁盘文件夹中选择文件后，将其拖曳到计算机桌面中的Photoshop图标上也可打开文件。

（2）置入和导出文件

使用Photoshop处理图像时，若需要添加外部的素材美化图像，则需要置入文件；使用Photoshop处理图像后，为便于将作品应用到其他地方，需要导出文件。

- **置入文件：** 选择【文件】/【置入嵌入对象】命令，打开"置入嵌入的对象"对话框，选择要置入的文件后，单击〖置入(P)〗按钮。置入文件后，单击工具属性栏中的"提交变换"按钮 ✓，或按【Enter】键，或在图像编辑区以外的地方单击，都可完成置入，而单击"取消变换"按钮 ⊘ 可取消置入文件。

- **导出文件：**选择【文件】/【导出】命令，在打开的子菜单中可以完成多种导出任务。

（3）保存和关闭文件

使用 Photoshop 处理完图像后，还需要保存和关闭文件。

- **保存文件：**选择【文件】/【存储】命令，或按【Ctrl + S】组合键，打开"另存为"对话框，选定存储位置，单击 保存(S) 按钮。若要将文件以不同名称、格式、存储路径再保存一份，可以选择【文件】/【存储为】命令，或按【Ctrl + Shift + S】组合键，打开"另存为"对话框，在其中重新设置相关参数，单击 保存(S) 按钮。

- **关闭文件：**选择【文件】/【关闭】命令，或按【Ctrl+W】组合键，可关闭当前文件；选择【文件】/【关闭全部】命令，或按【Ctrl+Alt + W】组合键，可关闭当前所有文件；选择【文件】/【退出】命令，或单击 Photoshop 工作界面右上角的 ✕ 按钮，可关闭所有文件和Photoshop 软件。

（4）选取颜色

使用 Photoshop 绘制矢量图形、图像，输入文本时，都需要选取颜色。由于在 Photoshop 中常以前景色作为填充色，因此，这里以选取前景色为例讲解选取方法，选取背景色和设置其他工具填充、描边颜色的方法都与此类似。

- **通过"拾色器"对话框选取：**单击工具箱底部的"前景色"按钮■，在打开的"拾色器（前景色）"对话框（见图 2-4）中拖曳颜色滑块，可改变颜色框中的颜色范围，在颜色框中单击，可选取需要的颜色，颜色值将显示在右下方的 # ▭▭▭ 中；或者直接在 # ▭▭▭ 中输入颜色文本，颜色框中将自动选中相应的颜色，最后单击 确定 按钮完成设置。

- **通过"颜色"面板选取：**选择【窗口】/【颜色】命令，打开"颜色"面板（见图 2-5），单击"前景色"按钮■，拖曳颜色滑块，可改变颜色框中的颜色范围，在颜色框中单击，可选取需要的颜色。

- **通过"色板"面板选取：**选择【窗口】/【色板】命令，打开"色板"面板，展开所需的颜色文件夹（见图 2-6），单击以选取所需的颜色色块。

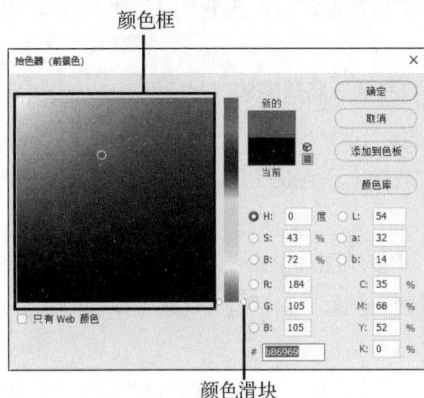

图2-4 "拾色器（前景色）"对话框   图2-5 "颜色"面板   图2-6 "色板"面板

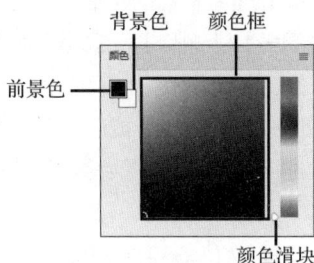

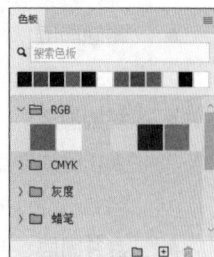

（5）使用辅助工具

当需要精准定位对象时，可以使用 Photoshop 中的辅助工具，如标尺、参考线和网格。

- **标尺：**选择【视图】/【标尺】命令，或按【Ctrl+R】组合键，图像编辑区上方和左侧将分别显示水平标尺和垂直标尺。再次选择该命令，或按【Ctrl+R】组合键，将隐藏标尺。

- **参考线：** 将鼠标指针移至标尺上，按住鼠标左键不放，向下或向右拖曳；或选择【视图】/【新建参考线】命令，打开"新建参考线"对话框，在其中设置相关参数后，单击 确定 按钮，创建水平或垂直参考线。

- **网格：** 选择【视图】/【显示】/【网格】命令，或按【Ctrl+'】组合键，图像编辑区将自动显示网格。再次选择该命令，或按【Ctrl+'】组合键，将隐藏网格。

3. 使用图层

简单来说，图层是Photoshop中存放图像、文本等内容的载体，并且上方图层的内容会遮挡住下方图层的内容，若上方图层存在透明区域，则可以透出下方图层的内容。

（1）认识"图层"面板

图层是Photoshop中最重要和常用的功能之一，设计师若想查看和管理图层中的内容，则离不开"图层"面板，该面板可以清晰地展现图层的类型及图层状态。"图层"面板部分选项的作用如图2-7所示。

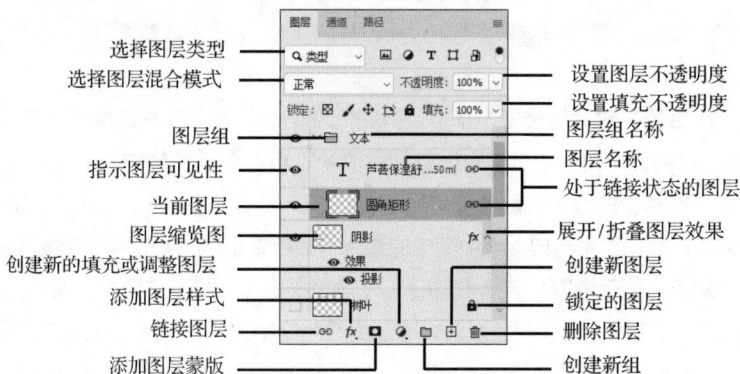

图2-7 "图层"面板

（2）图层的基本操作

图层的基本操作包括新建图层、删除图层、复制图层等，需要注意的是，在进行除新建图层以外的操作前，都需要选中所要操作的图层。

- **新建图层：** 选择【图层】/【新建】/【图层】命令，在打开的"新建图层"对话框中自行设置后，单击 确定 按钮；或单击"图层"面板中的"创建新图层"按钮 ⊞。

- **删除图层：** 选择【图层】/【删除】/【图层】命令；或按【Delete】键；或单击"图层"面板中的"删除图层"按钮 🗑。

- **复制图层：** 按【Ctrl + J】组合键；或选择【图层】/【复制图层】命令（或单击鼠标右键，在弹出的快捷菜单中选择"复制图层"命令），打开"复制图层"对话框，在其中设置相关参数后单击 确定 按钮。

- **合并图层：** 选择【图层】/【向下合并图层】命令，或按【Ctrl+E】组合键，或单击鼠标右键，在弹出的快捷菜单中选择"合并图层"命令。

- **栅格化图层：** 单击鼠标右键，在弹出的快捷菜单中选择"栅格化图层"命令。

- **对齐图层：** 选择【图层】/【对齐】命令，在弹出的子菜单中可选择对齐方式。

- **分布图层：** 选择【图层】/【分布】命令，在弹出的子菜单中可选择分布方式。

- **链接图层：** 选择【图层】/【链接图层】命令，或单击"图层"面板中的"链接图层"按钮 ∞。

● **调整图层堆叠顺序:** 向上或向下拖曳,当显示移动的横线到达目标位置后释放鼠标,如图2-8所示。

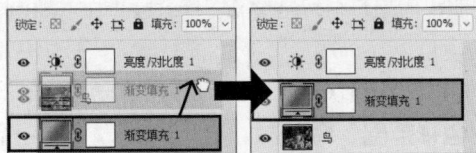

图2-8 调整图层堆叠顺序

4. 使用选区

选区是指用于限定操作范围的闭合区域,使用选区可保护选区外的图像不受影响,编辑操作只会作用于选区内的图像。常用选框工具组、套索工具组和魔棒工具组内的工具,以及"主体"命令、"色彩范围"命令来创建选区。

(1)选框工具组

当需要创建形状规则的选区时,可使用选框工具组中的工具创建。其中,矩形选框工具 用于创建矩形选区,椭圆选框工具 用于创建椭圆形选区,这两个工具任选其一,在图像编辑区中按住鼠标左键不放并拖曳,即可创建选区;单行选框工具 用于创建高度为1像素的选区,在图像编辑区单击便可创建选区;单列选框工具 用于创建宽度为1像素的选区,在图像编辑区单击便可创建选区。

(2)套索工具组

若需创建形状不规则、边缘复杂的选区,可使用套索工具组中的工具,包括套索工具 、多边形套索工具 和磁性套索工具 。

● **套索工具:** 选择该工具,在图像中按住鼠标左键不放并拖曳,将沿着拖曳轨迹生成选区线,重新回到起点后释放鼠标,生成的选区线将自动闭合并形成选区。

● **多边形套索工具:** 选择该工具,单击以创建选区起点,沿着需要选取的图像边缘移动鼠标指针,并在转折处依次单击,当鼠标指针回到起点时,将变为 形状,此时单击可闭合选区线,形成选区,如图2-9所示。

● **磁性套索工具:** 选择该工具,在图像中单击以创建起始锚点,沿图像轮廓拖曳,Photoshop将自动捕捉图像中对比度较大的边缘并产生磁性锚点,当鼠标指针重新回到起始锚点处时,将变为 形状,此时单击即可闭合选区线,形成选区,如图2-10所示。

图2-9 使用多边形套索工具创建选区

图2-10 使用磁性套索工具创建选区

(3)魔棒工具组

如果需要抠取指定区域的图像并创建选区,可使用魔棒工具组中的工具,包括对象选择工具 、快速选择工具 、魔棒工具 。选择其中任意一个工具,并在工具属性栏中设置需要的参数后,具体操作方法如下。

- **对象选择工具：**在图像中按住鼠标左键不放并拖曳，绘制一个框选区域，Photoshop将自动为区域中明显的图像创建选区。
- **快速选择工具：**在图像中按住鼠标左键不放并拖曳，Photoshop将自动为拖曳轨迹下方的图像创建选区。
- **魔棒工具：**在图像中单击，Photoshop将自动根据单击点下方的像素创建选区。

（4）"主体"命令和"色彩范围"命令

当需要为主体明确，且颜色与背景有反差的图像创建选区时，可使用"主体"命令；当需要根据图像的颜色范围创建选区时，可使用"色彩范围"命令。

- **"主体"命令：**选择【选择】/【主体】命令，Photoshop可以自动识别图像中的主体对象，并为其创建选区。
- **"色彩范围"命令：**选择【选择】/【色彩范围】命令，打开"色彩范围"对话框，将鼠标指针移至图像中，单击以采样颜色，在对话框中调整相关参数后，单击 确定 按钮。

（5）编辑选区

创建选区后，选区边缘会出现由不断闪动的虚线构成的封闭边框，此时仅可以对选区内的区域进行变换、修改、填充和描边等编辑操作，而无法对选区外的区域进行编辑操作。

- **反向选区：**选择【选择】/【反选】命令，或按【Shift + Ctrl+I】组合键可反向选择选区。
- **取消选区：**选择【选择】/【取消选择】命令，或按【Ctrl+D】组合键可取消选区。
- **变换选区：**选择【选择】/【变换选区】命令，选区的四周将出现变换框，并且框上存在控制点。当鼠标指针在选区内变为▶形状时，按住鼠标左键不放并拖曳控制点，可以只变换选区边框的形状，不影响选区中的图像，如图2-11所示。变换完成后需按【Enter】键确定操作，按【Esc】键可取消操作，取消后选区将恢复到调整前的状态。

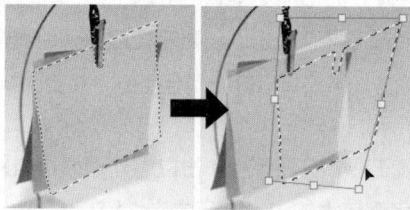

图2-11 变换选区

- **填充选区：**选择【编辑】/【填充】命令，或单击鼠标右键，在弹出的快捷菜单中选择"填充"命令，打开"填充"对话框，在其中可以设置是用色彩还是用图案填充选区的内部区域，如图2-12所示。

图2-12 填充选区

- **描边选区：**选择【编辑】/【描边】命令，或单击鼠标右键，在弹出的快捷菜单中选择"描边"命令，打开"描边"对话框，在其中可以设置颜色和位置参数来调整选区的边缘。

- **修改选区**：选择【选择】/【修改】命令，在弹出的子菜单中可选择"边界""平滑""扩展""收缩""羽化"命令来修改选区，并且在打开的对话框中可以设置相应的参数。

5. 变换图像

在使用 Photoshop 处理图像时，运用变换图像的操作可以调整图层和选区中的图像，使其更符合需求。变换图像前需要选中图层，或创建选区选取图像，变换完成后需按【Enter】键确定操作。此外，按【Esc】键可取消变换图像，取消后图像将恢复到变换前的状态。

- **缩放图像**：选择【编辑】/【变换】/【缩放】命令，或按【Ctrl + T】组合键，可显示图像定界框，将鼠标指针移至定界框右上角的控制点上，当其变成⤢形状时，按住鼠标左键不放并拖曳，可缩放图像，如图2-13所示。
- **旋转图像**：选择【编辑】/【变换】/【旋转】命令，或按【Ctrl + T】组合键，将鼠标指针移至定界框的任意一角上，当其变为↶形状时，按住鼠标左键不放并拖曳可旋转图像，如图2-14所示。
- **斜切图像**：选择【编辑】/【变换】/【斜切】命令，或按【Ctrl + T】组合键，单击鼠标右键，在弹出的快捷菜单中选择"斜切"命令，将鼠标指针移至定界框的任意一边上，当其变为▷形状时，按住鼠标左键不放并拖曳，可使图像朝垂直或水平方向倾斜，如图2-15所示。

图2-13　缩放图像　　　　图2-14　旋转图像　　　　图2-15　斜切图像

- **透视图像**：选择【编辑】/【变换】/【透视】命令，或按【Ctrl + T】组合键，单击鼠标右键，在弹出的快捷菜单中选择"透视"命令，将鼠标指针移至定界框的任意一角上，当其变为形状时，按住鼠标左键不放并拖曳，可改变图像的透视角度，如图2-16所示。
- **扭曲图像**：选择【编辑】/【变换】/【扭曲】命令，或按【Ctrl + T】组合键，单击鼠标右键，在弹出的快捷菜单中选择"扭曲"命令，将鼠标指针移至定界框的任意一角上，当其变为▷形状时，按住鼠标左键不放并拖曳，可以扭曲图像，如图2-17所示。
- **变形图像**：选择【编辑】/【变换】/【变形】命令，或按【Ctrl + T】组合键，单击鼠标右键，在弹出的快捷菜单中选择"变形"命令，图像定界框上将出现控制杆，鼠标指针将变为形状，拖曳每个端点上的控制杆，可以使图像产生变形效果，如图2-18所示。

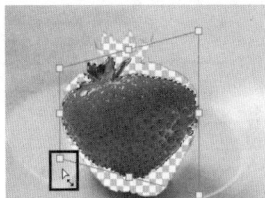

图2-16　透视图像　　　　图2-17　扭曲图像　　　　图2-18　变形图像

6. 添加文本

文本是传达信息的重要方式，在图像中添加文本也是处理图像的常用操作。

（1）文字工具组

若要在Photoshop中输入文本内容，可使用文字工具组中的工具，包括横排文字工具 **T** 、直排文字工具 **↓T** 、横排文字蒙版工具 和直排文字蒙版工具 ，分别用于输入不同显示形态的文本。

- **横排文字工具：** 用于输入排列方向平行于水平线的文本。
- **直排文字工具：** 用于输入排列方向垂直于水平线的文本。
- **横排文字蒙版工具：** 用于输入排列方向平行于水平线，且带有选区效果的文本。
- **直排文字蒙版工具：** 用于输入排列方向垂直于水平线，且带有选区效果的文本。

（2）创建文本

文本可分为点文本和段落文本两种类型，其中点文本是指单击插入文本定位点后，从该点开始输入的文本，并且输入的文本不会自动换行，只允许在同一方向继续输入文本；段落文本是指在文本定界框中输入的、可自动换行的文本，通过调整文本定界框的大小可以调整每行文本的字符数量。另外，创建点文本和段落文本的方法也有所不同。

- **创建点文本：** 选择横排文字工具 **T** 或直排文字工具 **↓T** ，在工具属性栏中根据具体需求设置相关参数后，在图像中单击插入文本定位点后可输入点文本，如图2-19所示。
- **创建段落文本：** 选择横排文字工具 **T** 或直排文字工具 **↓T** ，在工具属性栏中根据具体需求设置相关参数后，在图像中按住鼠标左键不放并拖曳，生成文本定界框，在框内可输入段落文本，如图2-20所示。

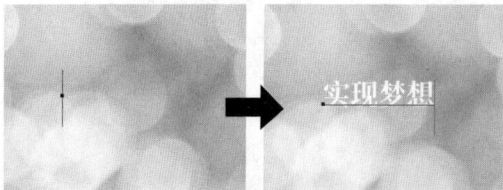

图2-19 创建点文本

图2-20 创建段落文本

（3）设置文本和段落格式

如果创建文本后需要再次设置文本或段落的格式，可使用"字符"面板或"段落"面板。

- **"字符"面板：** 用于设置文本的字符属性。选择【窗口】/【字符】命令，可打开"字符"面板。"字符"面板部分选项的作用如图2-21所示。
- **"段落"面板：** 用于设置段落的对齐方式、缩进方式、避头尾法则和间距组合等属性。选择【窗口】/【段落】命令，可打开"段落"面板；在"字符"面板上单击"段落"选项卡也可切换到"段落"面板。"段落"面板部分选项的作用如图2-22所示。

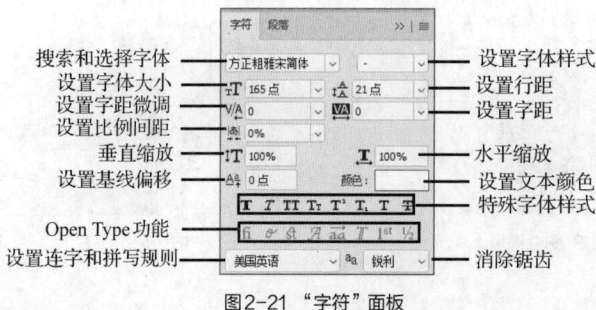

图2-21 "字符"面板

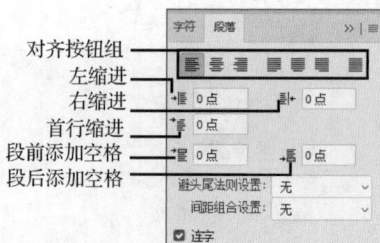

图2-22 "段落"面板

✂ 任务实施

1. 置入并调整图像素材

微课视频

置入并调整图像素材

米拉在翻阅客户提供的资料后，在互联网上搜集了不少图像素材。她准备先将这些图像素材置入文件中，接着调整某些图像素材，如调整图像大小，复制图像等，使Banner布局美观，具体操作如下。

（1）启动Photoshop进入开始界面，单击 新建 按钮，打开"新建文件"对话框，新建尺寸为"1920像素×900像素"，分辨率为"72像素/英寸"，名称为"月饼全屏Banner"的文件。

（2）选择【文件】/【置入嵌入对象】命令，打开"置入嵌入对象"对话框，选择"月饼背景.jpg"素材，单击 置入(P) 按钮，按【Enter】键完成置入。接着依次置入"线框.png""桂花.png""盘子投影.png""月饼投影.png""中秋佳节.png""勺子投影.png""勺子.png"图像素材。

（3）按住【Ctrl】键不放依次选择所有图层，单击鼠标右键，在弹出的快捷菜单中选择"栅格化图层"命令，如图2-23所示。

（4）选择"桂花"图层，按【Ctrl+T】组合键进入自由编辑状态，将鼠标指针移至桂花图像上，按住鼠标左键不放并拖曳，将其移至画面右上角处后释放鼠标，按【Enter】键完成移动。

（5）保持"桂花"图层的选中状态，按【Ctrl+J】组合键复制图层，选择"桂花 拷贝"图层，按【Ctrl+.T】组合键进入自由编辑状态，再单击鼠标右键，在弹出的快捷菜单中选择"水平翻转"命令，接着单击鼠标右键，在弹出的快捷菜单中选择"垂直翻转"命令，然后将图像移至画面左下角，按【Enter】键确认变换，效果如图2-24所示。

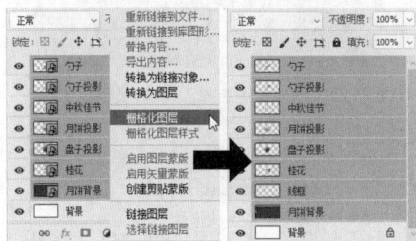

图2-23 栅格化图层

图2-24 调整桂花图像的方向和位置

（6）选择"勺子阴影"图层，按【Ctrl+T】组合键进入自由编辑状态，将鼠标指针移至定界框的任意一角上，当其变为 ↰ 形状时，按住鼠标左键不放并拖曳以旋转图像，然后拖曳图像调整位置，按【Enter】键确认变换。

（7）选择"勺子"图层和"勺子投影"图层，单击"图层"面板底部的"链接图层"按钮 ⊖，如图2-25所示。接着使用移动工具 ✛ 拖曳勺子图像至画面右下角，勺子阴影将自动跟随移动，如图2-26所示。

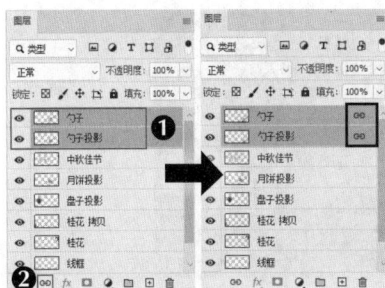

图2-25 链接图层

图2-26 移动链接的图层

2. 抠取并移动图像

全屏Banner的画面布局已大致完成，米拉还需要在其中添加月饼和盘子图像。由于月饼和盘子图像自带背景，因此需要米拉将月饼和盘子分别从背景中抠取出来，再将抠取的图像移至"月饼全屏Banner"文件中，具体操作如下。

微课视频

抠取并移动图像

（1）打开"盘子.jpg"素材，观察图像可发现，背景颜色与盘子颜色较为明显。选择魔棒工具 ⚲ ，在工具属性栏中设置容差为"10"，将鼠标指针移至背景区域并单击，Photoshop将自动创建选区，且鼠标指针将变为 🔲 形状，如图2-27所示。

（2）选择快速选择工具 ⚲ ，在工具属性栏中单击"从选区减去"按钮 ⚲ ，设置画笔大小为"4像素"，沿着盘子图像中的选区拖曳以减去该图像中的选区，如图2-28所示。

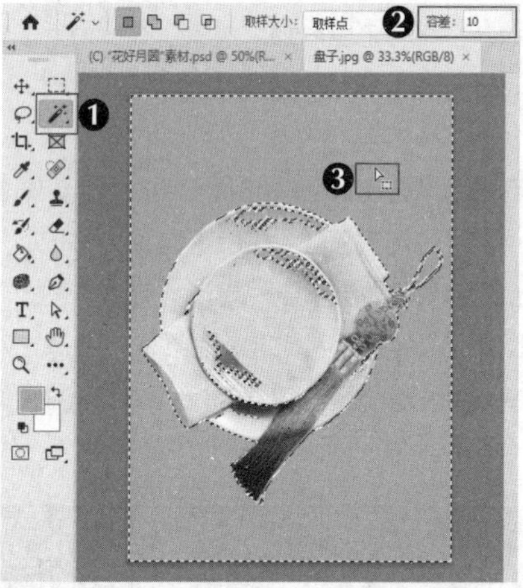

图2-27 使用魔棒工具创建选区

图2-28 使用快速选择工具减去选区

快速选择工具 ⚲ 工具属性栏中 ⚲ ⚲ ⚲ 按钮组的作用

知识补充

"新选区"按钮 ⚲ 默认处于选中状态，用于创建选区；"添加到选区"按钮 ⚲ 用于在已有选区的基础上新增选区，若新创建的选区与原选区交叉则将自动合并为一个选区；"从选区减去"按钮 ⚲ 用于从已有选区范围中减去部分选区。

（3）按【Shift+Ctrl+I】组合键反向选区，再选择【选择】/【修改】/【收缩】命令，打开"收缩选区"对话框，设置收缩量为"1"，单击 确定 按钮，去除流苏区域残留的背景图像，如图2-29所示。

（4）打开"月饼.jpg"素材，观察画面可知位于画面中部的月饼图像比较突出，选择【选择】/【主体】命令，Photoshop将自动为其创建选区，如图2-30所示。

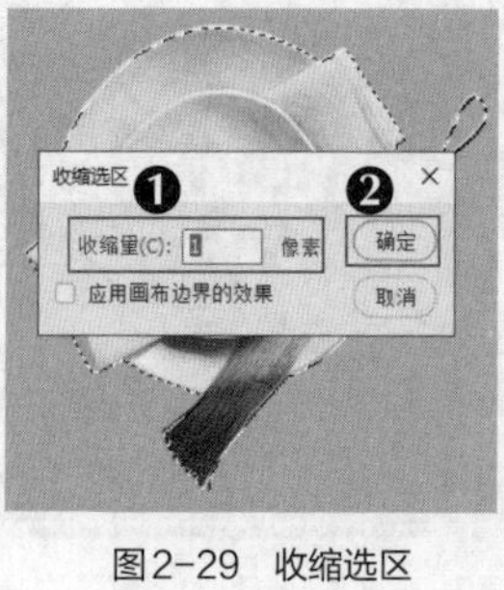

图2-29 收缩选区

图2-30 使用"主体"命令创建选区

（5）切换到"盘子"文件中，选择移动工具＋，将鼠标指针移至选区中，按住鼠标左键不放并拖曳到"月饼全屏Banner"文件标题栏处，实现图像的跨文件移动，接着按【Ctrl＋T】组合键进入自由编辑状态，调整图像的大小和位置，然后按【Enter】键确认变换，再双击该图层的名称，将其重命名为"盘子"。

（6）按照与步骤（5）相同的方法将抠取的月饼图像移至"月饼全屏Banner"文件中，并调整其大小和位置，如图2-31所示，将图层重命名为"月饼"。

（7）将"月饼投影"图层移至"月饼"图层下方，并设置该图层的不透明度为"46%"，将"中秋佳节"图层移至"月饼投影"图层下方，"勺子""勺子投影"图层移至"月饼"图层上方，如图2-32所示。

图2-31　移动选区内的图像

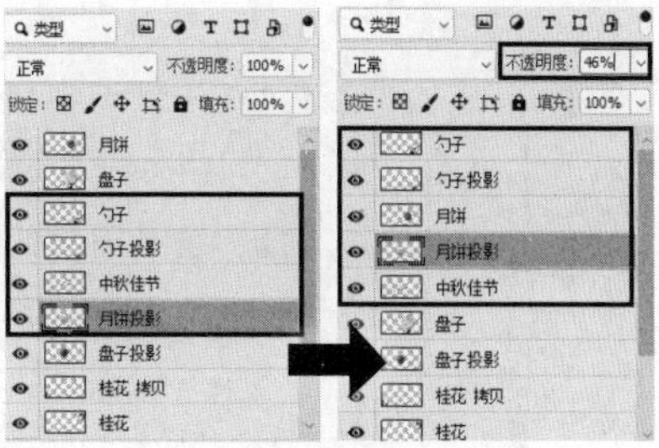

图2-32　调整图层堆叠顺序和不透明度

3. 添加与编辑文本

　　米拉准备先调整余下的投影和标题文本图像，再添加与商品销售信息有关的文本，丰富画面内容的同时，向消费者传达商品的优惠信息，具体操作如下。

微课视频

添加与编辑文本

（1）分别调整两处投影图像的大小和位置，再左移标题文本图像。选择横排文字工具 T，在工具属性栏中设置字体为"字魂扁桃体"，字体大小为"72点"，文本颜色为"#ffffff"，在标题文本图像下方输入"新品五仁月饼 五折优惠"文本，如图2-33所示。单击工具属性栏中的✓按钮完成输入。

（2）复制文本所在图层，修改文本内容为"点击查看 ＞＞＞"，选择【窗口】/【字符】命令，打开"字符"面板，修改字体大小为"60点"，单击"仿斜体"按钮 T，如图2-34所示。

图2-33　输入点文本

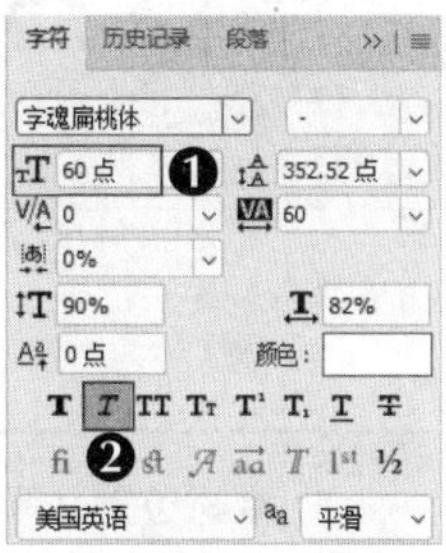

图2-34　修改文本属性

（3）单击"图层"面板中的"新建图层"按钮 ⊞，选择矩形选框工具 ⊡，拖曳鼠标指针在"点击查看 ＞＞＞"文本周围绘制矩形选区，然后单击鼠标右键，在弹出的快捷菜单中选择"描边"命令，打开"描边选区"对话框，设置宽度为"2像素"，颜色为"#fae26c"，如图2-35所示，单击 确定 按钮。

（4）按照与步骤（1）相同的方法，输入字体大小为"36点"的"活动时间：9月23号～10月8号"

文本，其余设置不变。选择【文件】/【存储】命令，打开"另存为"对话框，设置好存储位置后，单击 保存(S) 按钮完成制作，效果如图2-36所示。

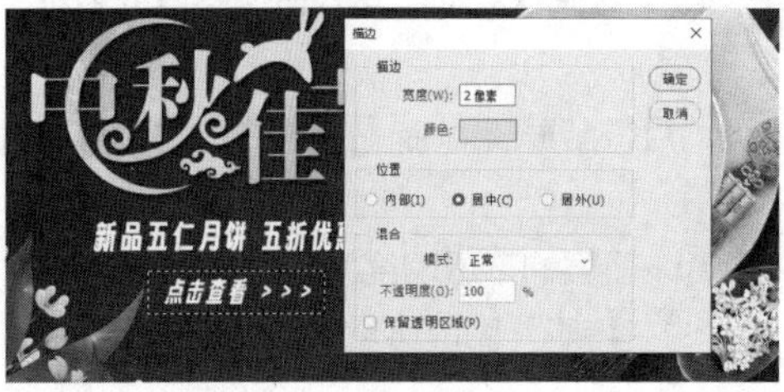

图2-35　描边选区

图2-36　月饼全屏Banner效果

设计素养　　设计师在设计与中秋节相关的作品时，可在作品中添加与习俗相关的元素，如月亮、兔子、月饼、桂花等。另外，设计师作为文化传播者和创意策划者，扮演着宣传、传承和发扬传统节日文化的重要角色，应该以积极的态度，通过设计作品来传播和弘扬传统节日所代表的文化内核，为保护和传承传统文化贡献自己的力量。

制作女包全屏Banner

课堂练习　　新建文件并置入提供的素材文件，通过调整图层堆叠顺序、图层不透明度和变换图像来布局女装全屏Banner画面；然后综合运用抠图工具和命令抠取素材图像，并将其移至布局完成的画面中；再使用文字工具组中的工具输入相关文本，丰富Banner内容，使其具有较强的视觉美观性。素材及参考效果如图2-37所示。

图2-37　女包全屏Banner参考效果

素材位置： 素材\项目2\女包素材\
效果位置： 效果项目2\女包全屏Banner.psd

任务2.2　制作玻璃茶壶主图

为考察米拉在绘制图像和图形、处理具有透明材质类物品图像的能力，老洪特意将制作玻璃茶壶主图的任务交给米拉，要求她制作出既符合客户要求，视觉效果又美观的设计作品。

任务描述

任务背景	主图是展示商品外观的主要图片，常在搜索页、个性化推荐页和商品详情页中出现，有助于提升商品销量，因此在主图的设计中需着重体现商品的卖点。晨昊生活用品专营店预备上新一款玻璃茶壶商品，需要设计师为其制作主图，并在主图中展示活动内容，从而吸引消费者购买该商品
任务目标	① 制作尺寸为800像素×800像素，分辨率为72像素/英寸的主图
	② 玻璃茶壶属于透明材质类商品，需要使用通道功能去除背景图像，还原其晶莹剔透的外观
	③ 主图内容以商品和文本为主，由于文本较多，可为其添加装饰图形，使画面更加美观，同时也便于消费者浏览文本内容
知识要点	"通道"面板、复制通道、"计算"命令、画笔工具、裁剪工具、"图像大小"命令、矩形工具、钢笔工具、圆角矩形工具

本任务的素材及参考效果如图2-38所示。

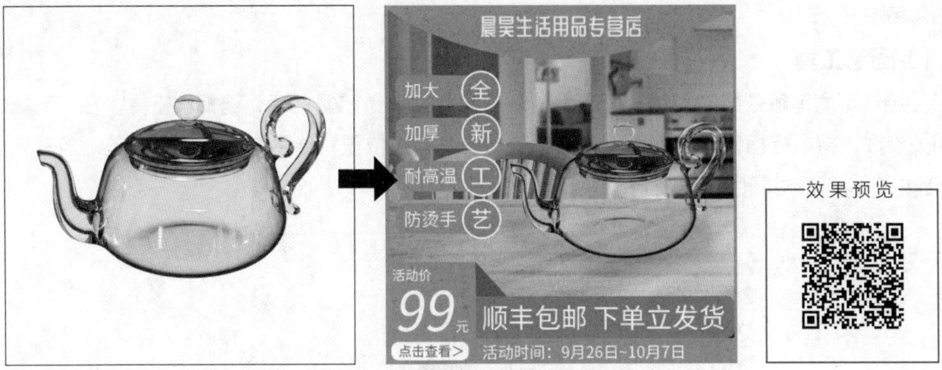

图2-38 玻璃茶壶主图素材及参考效果

素材位置： 素材\项目2\玻璃茶壶.jpg、厨房.jpg、桌子.png

效果位置： 效果\项目2\玻璃茶壶主图.psd

知识准备

米拉注意到客户提供的玻璃茶壶图像皆为白底图，若直接制作主图效果会比较单调，同时茶壶的材质具有透明的特质。考虑到这些特性，米拉决定使用Photoshop提供的调整图像尺寸、绘制图像和图形、路径、通道等功能制作玻璃茶壶主图。

1. 调整图像尺寸

若图像的尺寸不符合需求，可使用"图像大小"命令和裁剪工具组中的工具来解决，其中裁剪工具组包括裁剪工具 🔲 和透视裁剪工具 🔲 。

- **"图像大小"命令：** 选择【图像】/【图像大小】命令，打开"图像大小"对话框，在其中可设置图像尺寸及分辨率，设置完毕后单击 确定 按钮。
- **裁剪工具：** 用于裁剪无透视问题的图像。选择该工具，在工具属性栏中设置相关参数，此时图像上将出现一个裁剪框，将鼠标指针移至裁剪框的边界上，当鼠标指针变为 ←║► 形状时，拖曳可调整裁剪框大小，按【Enter】键或单击 ✔ 按钮将执行裁剪操作。

- **透视裁剪工具：** 用于裁剪并校正存在透视问题的图像。选择该工具，将鼠标指针移至图像中，单击确定第一个点，然后再确定其他3个点，从而创建矩形裁剪框，按【Enter】键或单击 ✔ 按钮将执行裁剪操作，如图2-39所示。

原图　　　　　　创建矩形裁剪框　　　　　　裁剪效果

图2-39　使用透视裁剪工具裁剪图像

2. 绘制图像和图形

Photoshop提供了画笔工具 ✐ 、形状工具组和钢笔工具组，设计师可以利用这些工具绘制出形态各异的图像和图形。

（1）画笔工具

若要绘制不同笔触效果的图像，可使用画笔工具 ✐ 。设置前景色后，选择该工具，在工具属性栏中设置相关参数，将鼠标指针移到图像编辑区中并单击，相应位置将出现与前景色、画笔对应的色块，通过不断绘制色块可形成图像，如图2-40所示。

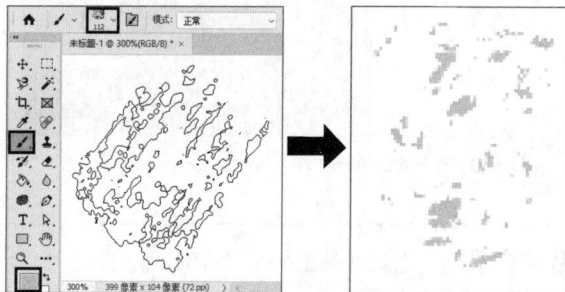

图2-40　使用画笔工具绘制图像

"画笔设置"面板和"画笔"面板中各个选项的作用

知识补充

"画笔设置"面板用于自定义画笔工具 ✐ 的画笔笔尖形状样式，并添加特殊笔触效果。"画笔"面板用于设置画笔工具 ✐ 的画笔大小和画笔的样式，或更改已选画笔的形状。两个面板中各个选项的作用可扫描右侧二维码查看。

知识补充

"画笔设置"面板和"画笔"面板中各个选项的作用

（2）形状工具组

若需要绘制不同形状的几何图形，可使用形状工具组中的工具，包括矩形工具 ▢ 、圆角矩形工具 ▢ 、椭圆工具 ◯ 、三角形工具 △ 、多边形工具 ⬠ 、直线工具 ╱ 和自定义工具 ✿ 。

形状工具组内工具的使用方式都比较相似，选择任一工具，保持工具属性栏中的模式为"形状"，在图像编辑区中拖曳，可生成对应的图形。

（3）钢笔工具组

若想绘制形状不规则的矢量图形，可以使用钢笔工具组中的工具，包括钢笔工具 ⌀、自由钢笔工具 ⌀、弯度钢笔工具 ⌀、添加锚点工具 ⌀、删除锚点工具 ⌀、转换点工具 ∧，各个工具的作用和使用方法如下。

- **钢笔工具：** 用于绘制由直线段或曲线段组成的图形。选择该工具，在工具属性栏中设置模式为 "形状"，其他参数根据具体需求设置，在图像编辑区中单击以创建锚点，然后移动鼠标指针，再次单击可创建直线段；单击后，按住鼠标左键不放并拖曳，可创建曲线段，当鼠标指针重回初始锚点时，将变为 形状，单击该锚点可闭合图形。

- **自由钢笔工具：** 用于绘制形状更加自然、随意的图形。选择该工具，在工具属性栏中设置模式为 "形状"，其他参数根据具体需求设置，在图像编辑区内单击以创建锚点，然后直接移动鼠标指针，将顺着移动轨迹自动创建锚点并生成线段，当鼠标指针重回初始锚点并变为 形状，单击初始锚点可闭合图形，如图2-41所示。

- **弯度钢笔工具：** 用于绘制由平滑的曲线段和直线段构成的图形。选择该工具，在工具属性栏中设置模式为 "形状"，其他参数根据具体需求设置，在图像编辑区中创建两个锚点后，单击创建第3个锚点时，Photoshop 将自动连接3个锚点，形成平滑的曲线段，如图2-42所示，当鼠标指针重回初始锚点并变为 形状，单击该锚点可闭合图形。

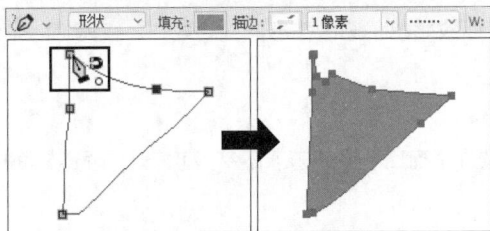

图2-41　使用自由钢笔工具绘制图形　　　　图2-42　使用弯度钢笔工具创建锚点

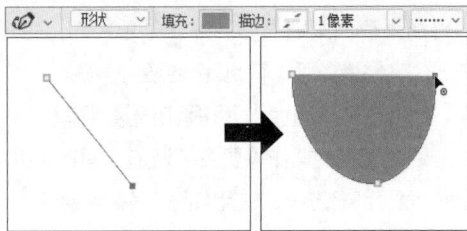

- **添加锚点工具和删除锚点工具：** 用于在绘制的线段上添加锚点或删除锚点。选择添加锚点工具 ⌀ 或删除锚点工具 ⌀ 后，将鼠标指针移动到路径或锚点上，当鼠标指针变为 或 形状时单击，可在单击处添加或者删除锚点。

- **转换点工具：** 用于转换锚点来调整线段形状，在平滑点（指连接曲线段的锚点）上单击，平滑点将被转换为角点（指连接直线段或转角曲线段的锚点）；在角点上单击，角点将被转换为平滑点。

3. 使用路径

钢笔工具组中的工具也常用于绘制路径，通过描边与填充路径可以生成复杂的图像。除此之外，将路径转换为选区也能实现图像的抠取，因此钢笔工具组中的工具还常用于抠取图像。

（1）认识路径

路径是一种不包括像素的轮廓，可以根据起点与终点的情况分为开放式路径和闭合式路径。另外，绘制多个闭合路径可以构成更为复杂的图形，而这些路径又可以称为"子路径"。从外观上看，路径由线段、锚点、控制柄等组成，如图2-43所示。

图2-43　路径的组成

- **线段：** 路径上的线段可分为直线段和曲线段两种。
- **锚点：** 路径上连接直线段或曲线段的小正方形就是锚点，当锚点显示为实心小正方形时，表示该锚点处于选中状态。
- **控制柄：** 控制柄由方向线和控制点组成，选择锚点后，该锚点上将显示控制柄，拖曳控制点可调整方向线的位置、长短等，从而修改对应线段的形状和弧度。

（2）路径的基本操作

绘制完路径后，可将路径转换为选区，或通过填充和描边路径生成图形，操作方法如下。

- **转换路径为选区：** 选中路径后，按【Ctrl+Enter】组合键；或单击鼠标右键，在弹出的快捷菜单中选择"建立选区"命令，在打开的"建立选区"对话框中设置相关参数后，单击 确定 按钮。
- **填充路径：** 在路径上单击鼠标右键，在弹出的快捷菜单中选择"填充路径"命令，在打开的"填充路径"对话框中设置相关参数后，单击 确定 按钮。
- **描边路径：** 在路径上单击鼠标右键，在弹出的快捷菜单中选择"描边路径"命令，在打开的"描边路径"对话框中设置相关参数后，单击 确定 按钮。

4. 使用通道

通道是存储颜色信息的独立颜色平面，也是用于存放颜色和选区信息的重要载体。在Photoshop中，一个文件最多可以有56个通道。

（1）认识"通道"面板和通道类型

与通道相关的操作需要在"通道"面板中进行，选择【窗口】/【通道】命令，可打开"通道"面板。"通道"面板部分选项的作用如图2-44所示。

通道包括复合通道、颜色通道、专色通道和Alpha通道4种类型，各自的作用如下。

- **复合通道：** 用于预览和保存图像的综合颜色信息。
- **颜色通道：** 用于记录图像内容和颜色信息。
- **专色通道：** 用于特殊印刷。
- **Alpha通道：** 用于保存图像的选区，可以将选区存储为灰度图像，便于通过画笔、滤镜等修改选区，还可以从Alpha通道中载入选区。

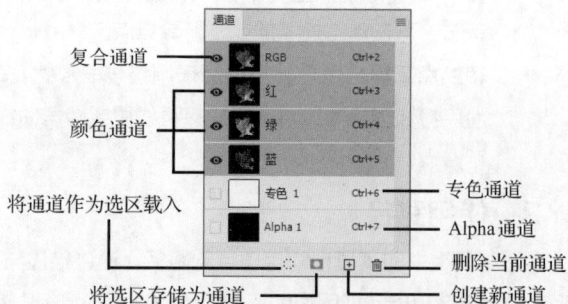

（2）通道运算

通过通道运算可混合一个或多个图像中的通道，得到合成的新图像。常用

图2-44　"通道"面板

的通道运算有"应用图像"命令和"计算"命令。

● **"应用图像"命令：** 用于运算两个图像的通道。将需要进行通道运算的两个图像素材添加到同一个图像文件的不同图层中；或将需要进行通道运算的两个图像素材的大小调整为一致，然后选择所要操作的图层，选择【图像】/【应用图像】命令，打开"应用图像"对话框，在其中调整相关参数后，单击 确定 按钮。

● **"计算"命令：** 用于运算同一个图像文件或多个图像文件中的通道。在Photoshop中打开要运算的图像文件，选择【图像】/【计算】命令，打开"计算"对话框，在其中调整相关参数后，单击 确定 按钮。

✕ 任务实施

1. 抠取玻璃茶壶图像

米拉从客户提供的玻璃茶壶图像中挑选了一张茶壶侧面的图像，但她发现该图像中玻璃茶壶壶身反射了较多的背景图像，需要将其去除。因此她决定结合使用快速选择工具和通道功能抠取该图像，具体操作如下。

（1）打开"玻璃茶壶.jpg"素材，选择快速选择工具 ✎，在工具属性栏中设置画笔大小为"8"，拖曳鼠标，为图像创建选区。按【Ctrl＋J】组合键复制选区内的图像，再隐藏背景图层，效果如图2-45所示。

（2）此时茶壶内部残留较多的背景图像，需要将其去除。选择"图层1"图层，选择【窗口】/【通道】命令，打开"通道"面板，单击颜色通道查看黑白比较明显的通道，由于"蓝"通道中的颜色对比较明显，因此选择"蓝"通道，单击鼠标右键，在弹出的快捷菜单中选择"复制通道"命令，然后隐藏"蓝"通道，选择并显示"蓝 拷贝"通道，如图2-46所示。

图2-45 抠取图像

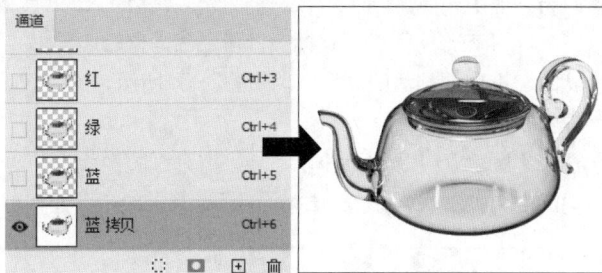

图2-46 选择并显示"蓝 拷贝"通道

（3）选择【图像】/【计算】/命令，打开"计算"对话框，设置混合为"线性加深"，单击 确定 按钮，"通道"面板中将自动添加"Alpha"通道，如图2-47所示。

图2-47 使用"计算"命令运算通道

（4）观察画面可发现茶壶边缘的黑色较少，为保证茶壶抠取效果，设置前景色为"#000000"；选择画笔工具 ✐，在工具属性栏中设置画笔大小为"18像素"，画笔样式为"硬边圆"，拖曳鼠标，将茶壶边缘处涂黑，如图2-48所示。

（5）单击"通道"面板中的"将选区作为通道载入"按钮 ⊙，此时画面中非黑色区域被创建为选区，如图2-49所示。

（6）按【Shift＋Ctrl＋I】组合键反向选区，然后选择"RGB"通道，切换到"图层"面板，按【Ctrl＋J】组合键复制图层，此时茶壶含有背景图像的部分基本已被去除，如图2-50所示。

图2-48 使用画笔工具涂抹茶壶边缘　　　　图2-49 创建选区　　　　图2-50 抠取效果

2. 合成背景图像

客户要求制作尺寸为800像素×800像素、比例为1：1的主图，但搜集的背景图像素材不符合此要求，因此米拉需要使用裁剪工具和"图像大小"命令将搜集的素材调整为正确的大小，再添加其他素材合成主图的背景图像，具体操作如下。

微课视频

合成背景图像

（1）打开"厨房.jpg"素材，选择裁剪工具 ⛏，在工具属性栏中设置比例为"1:1（方形）"，将鼠标指针移至裁剪框的边界上，当鼠标指针变为 ↔ 形状时，拖曳调整裁剪框大小，如图2-51所示，然后按【Enter】键执行裁剪操作。

（2）选择【图像】/【图像大小】命令，打开"图像大小"对话框，设置宽度为"800像素"，高度将自动变为"800像素"，单击 确定 按钮，如图2-52所示。

图2-51 使用裁剪工具裁剪图像　　　　图2-52 使用"图像大小"命令调整图像大小

（3）选择【文件】/【置入嵌入对象】命令，在打开的"置入嵌入的对象"对话框中选择"桌子.png"素材，单击 置入(P) 按钮，如图2-53所示；接着调整图像的大小和位置，按【Enter】键完成置入，置入素材前后的对比效果如图2-54所示。

<table>
<tr><td>图2-53 使用"置入嵌入对象"命令置入图像</td><td>图2-54 置入素材前后的对比效果</td></tr>
</table>

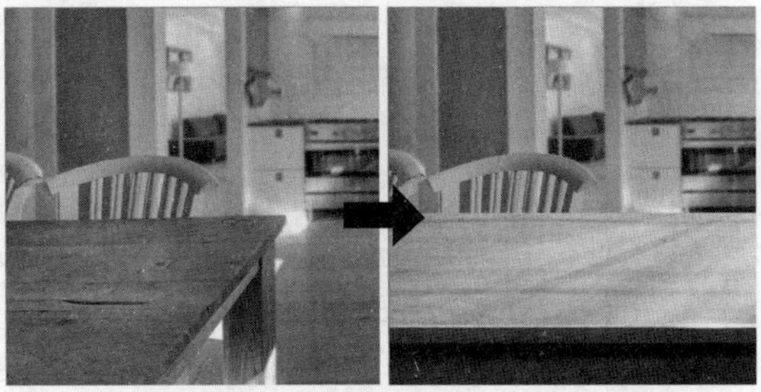

3. 绘制装饰图形

项目2 应用Photoshop 处理图像

51

米拉准备先在新的背景图像中绘制装饰图形，再添加抠取出的玻璃茶壶，并输入文本，从而制作出完整的主图。为了得到丰富的画面效果，米拉准备结合使用钢笔工具组和形状工具组中的工具进行绘制，具体操作如下。

微课视频

绘制装饰图形

（1）选择矩形工具 □，在工具属性栏中设置填充为"无"，描边为"#55b155"，宽度为"10像素"，拖曳鼠标，绘制与图像编辑区等大的矩形，如图2-55所示。

（2）新建两个图层，在工具属性栏中设置填充为"#55b155"，描边为"无"，分别在图像编辑区下方绘制两个矩形。

（3）选择钢笔工具 ✐，在工具属性栏中设置模式为"形状"，填充为"#55b155"，描边为"无"，在图像编辑区左上角单击以创建锚点，在右上角创建第2个锚点并拖曳鼠标，调整路径形状，接着单击首个锚点闭合路径，如图2-56所示。新建图层，将鼠标指针移至左下角矩形处，绘制一个填充为"#3a813a"的直角三角形。

图2-55 绘制描边矩形

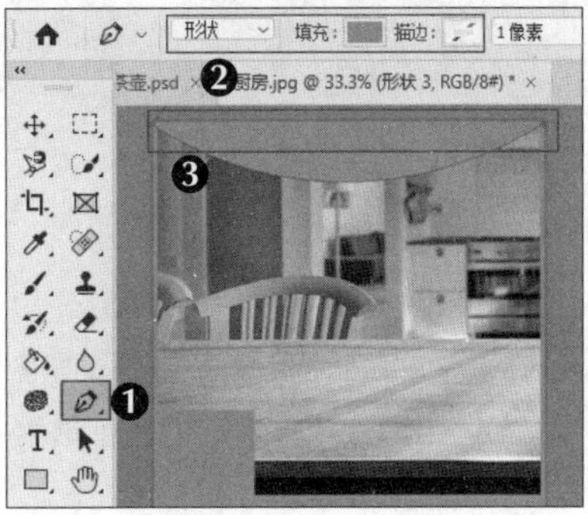

图2-56 绘制不规则形状

（4）选择圆角矩形工具 ◻，在工具属性栏中设置填充为"#4f96bf"，描边为"无"，半径为"20像素"，在直角三角形下方拖曳鼠标，绘制一个圆角矩形，如图2-57所示。再将该图形所在的图层移至"矩形1"图层下方。

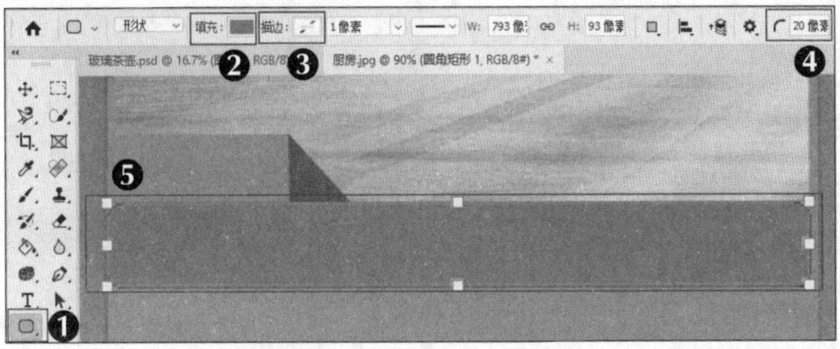

图2-57 绘制圆角矩形

（5）按照与步骤（4）相同的方法，绘制4个填充为"#55b155"和1个填充为"#ffffff"的圆角矩形。再将抠取的玻璃茶壶图像移至画面右侧，调整大小和位置，效果如图2-58所示。

（6）此时画面中矩形较多，为丰富形状的类型，选择椭圆工具 ○，在工具属性栏中设置填充为"#55b155"，描边为"#ffffff"，宽度为"4像素"，按住【Shift】键不放并拖曳鼠标，在绿色的圆角矩形右侧绘制圆形，如图2-59所示。复制3个相同的圆形，并分别调整至其他绿色圆角矩形的右侧。

图2-58　移动抠取的图像

（7）选择"桌子"图层，新建图层。选择画笔工具 ✐，设置前景色为"#564d42"，在茶壶图像下方拖曳鼠标，绘制投影，如图2-60所示。然后设置该图层的不透明度为"20%"。

（8）选择横排文字工具 T，设置字体为"站酷庆科黄油体"，字体大小为"50点"，字体颜色为"#e5fde2"，输入"晨昊生活用品专营店"文本；新建图层，修改字体为"思源黑体 CN"，字体颜色为"#ffffff"，调整字体大小，输入图2-61所示的文本。

（9）按【Shift＋Ctrl＋S】组合键另存文件，设置文件名称为"玻璃茶壶主图"。

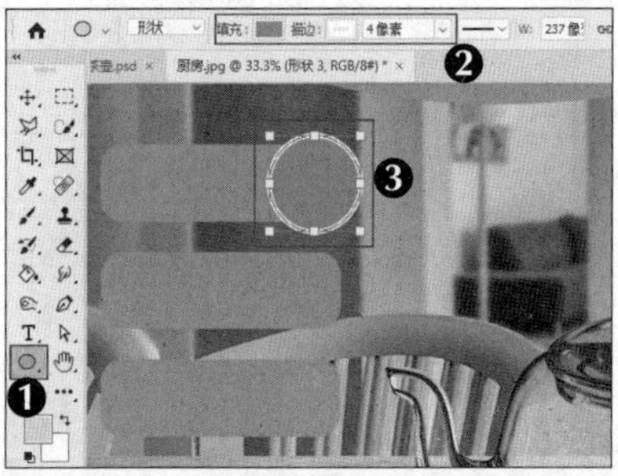

图2-59　绘制圆形

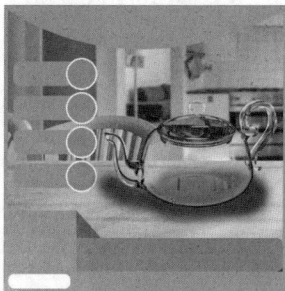

图2-60　绘制茶壶投影

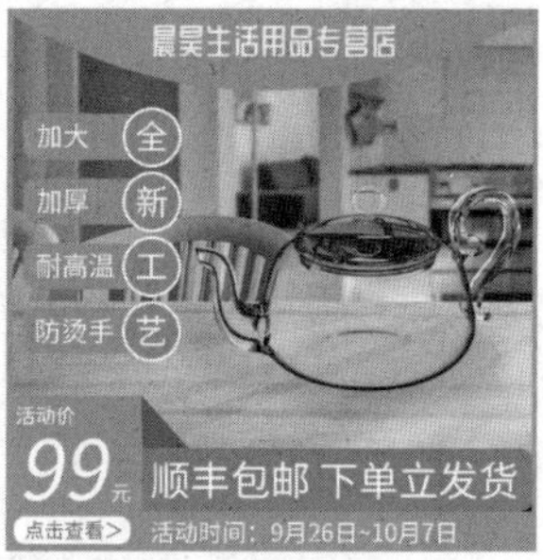

图2-61　输入主图文本

制作玻璃杯主图

课堂练习

综合运用通道功能和画笔工具抠取提供的杯子图像，再裁剪提供的背景图像，运用形状工具组和钢笔工具组中的工具绘制装饰图形。制作玻璃杯主图前后的对比效果如图2-62所示。

图2-62　制作玻璃杯主图前后的对比效果

素材位置：素材\项目2\厨房远景.jpg、玻璃杯.jpg

效果位置：效果\项目2\玻璃杯主图.psd

任务2.3　制作《艺术美学》杂志封面

经过前两个任务的制作，老洪认可了米拉在应用图层与文本、抠取与绘制图像等方面的能力，于是交给她制作杂志封面的任务，以考察她在美化图像方面的能力。米拉拿到了客户提供的人物照片后，发现照片的视觉效果不尽如人意，人物脸部存在瑕疵，照片色彩不鲜明。因此她决定先处理人物照片，再用其制作杂志封面。

🔍 任务描述

任务背景	杂志封面作为杂志的第一视觉区，能起到突出杂志内容、展现杂志特点的作用。《艺术美学》是一本专注于潮流资讯、日常街拍与经典艺术美学的杂志，针对10月份发行的杂志，目前杂志社已完成封面人物的拍摄，拟定好了封面文案，需要设计师处理人物照片并设计10月份的杂志封面
任务目标	① 制作尺寸为21厘米×28.5厘米，分辨率为300像素/英寸的杂志封面
	② 灵活运用修复与修补工具处理模特脸部的瑕疵
	③ 分析人物图像的色彩问题，使用调色命令调整人物肤色、发色、唇色等，校正偏色
	④ 将图像色调由暖色调调整为冷色调，使其呈现出清凉、宁静、沉稳的氛围
知识要点	污点修复画笔工具、修复画笔工具、"曲线"命令、"色阶"命令、加深工具、"色相/饱和度"命令、"色彩平衡"命令

本任务的素材及参考效果如图2-63所示。

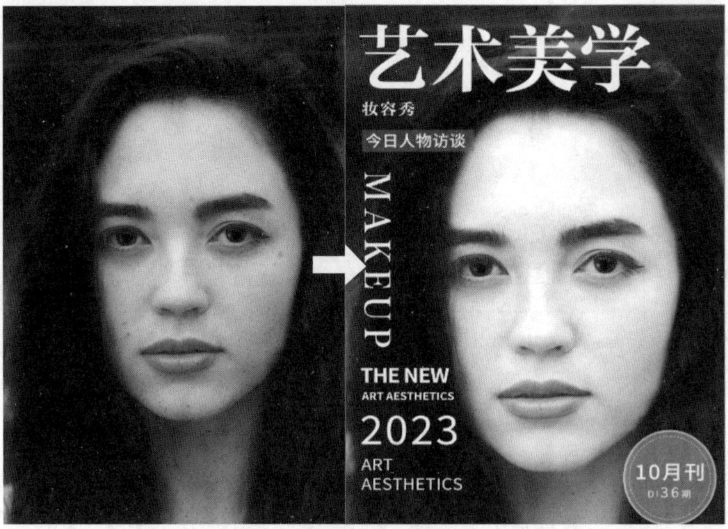

图2-63 《艺术美学》杂志封面素材及参考效果

素材位置： 素材\项目2\人物.jpg

效果位置： 效果\项目2\《艺术美学》杂志封面.psd

知识准备

米拉知道Photoshop提供了许多用于调整图像色彩的命令，以及用于修复与修补图像的工具组。她准备先回顾这些命令与工具的基本用法，再选择合适的命令与工具来处理人物照片。

1. 调整图像色彩

如果想要调整图像的明暗度、对比度、颜色和色调（色调是指图像的整体色彩效果或整体颜色调性，用于把控图像的整体氛围），可以使用Photoshop提供的调色命令。调色命令的使用方法都较为相似，选择【图像】/【调整】命令，在弹出的子菜单中选择所需命令，在打开的对话框中自行设置后，单击 确定 按钮。常用的命令及其作用如下。

- **"亮度/对比度"命令：** 用于调整图像的亮度和对比度。在"亮度/对比度"对话框中向左拖曳"亮度"滑块可以降低亮度，扩展阴影，向右拖曳"亮度"滑块可以提高亮度，扩展高光。向左拖曳"对比度"滑块可减小对比度，向右拖曳"对比度"滑块可以增大对比度。

- **"曝光度"命令：** 用于调整曝光不足或曝光过度的图像。在"曝光度"对话框中设置曝光度能够调整图像中的亮度强弱，该数值越大，图像亮度越高；设置位移能够调整图像中的灰度，设置灰度系数校正能够减淡或加深图像中的灰色，使图像颜色变得平衡并提高画面的通透度。

- **"曲线"命令：** 用于综合调整图像的亮度和对比度，使图像的色彩更具质感。在"曲线"对话框中，初始图像的颜色信息显示为一条对角线，左下方表示阴影，右上方表示高光，为对角线添加控制点并拖曳控制点时，曲线会发生相应的变化，同时图像色彩也会得到相应的调整。

- **"色阶"命令：** 用于调整图像的明暗对比效果、阴影、高光和中间调。色阶是指图像中亮度的强弱，在Photoshop中，8位通道里有256个色阶，0表示最暗的黑色，255表示最亮的白色。在"色阶"对话框中设置输入色阶的3个数值可分别调整图像的阴影、中间调和高光，如图2-64所示。

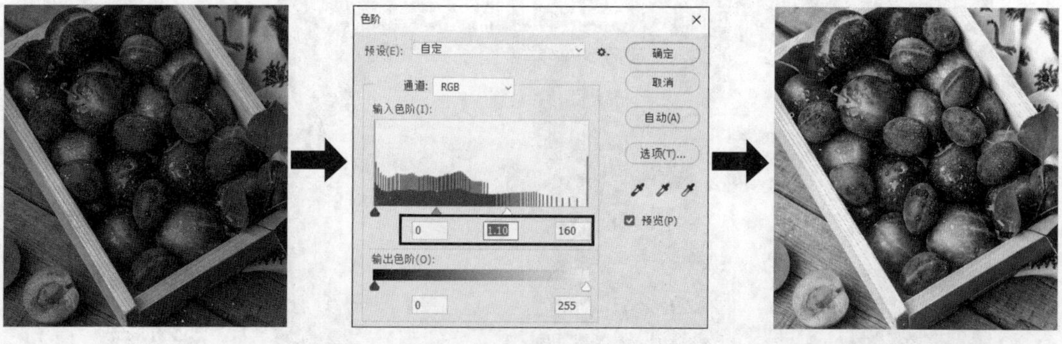

图2-64 使用"色阶"命令

- **"自然饱和度"命令：** 用于细微调整图像中色彩饱和度较高的像素，大幅度调整色彩饱和度较低的像素。在"自然饱和度"对话框中，设置自然饱和度可调整颜色的自然饱和度（指物体所呈现的颜色在自然光照下的最大饱和程度），避免色调失衡，该数值越小，图像的自然饱和度越低；设置饱和度可调整图像中所有颜色的饱和度，该数值越小，图像的饱和度越低。

- **"色相/饱和度"命令：** 用于调整图像中不协调的单个颜色，以及全图或单个通道的色相、饱和度和明度。在"色相/饱和度"对话框中单击 全图 按钮，可在打开的下拉列表中选择需要调整的颜色；在"色相/饱和度"对话框中设置色相、饱和度和明度可分别调整图像色彩的色相、饱和度和明度。

色相、饱和度和明度

知识补充　　色相、饱和度和明度是色彩的3个基本属性。色彩由光的波长决定，而色相是指不同波长的颜色情况，常用于称呼色彩的颜色，如红色、蓝色；饱和度是指色彩的纯净或鲜艳程度，当饱和度为0时，图像为黑白灰色；明度是指色彩的明亮程度。

- **"色彩平衡"命令：** 用于调整图像中整体色彩的分布，以校正图像中的偏色。在"色彩平衡"对话框中，下方的颜色条两端互为互补色，通过拖曳滑块来调整色彩在图像中的占比；设置色调平衡可调整色彩平衡的区域。
- **"替换颜色"命令：** 用于改变图像中选定区域内的色相、饱和度和明暗度。打开"替换颜色"对话框后，鼠标指针将变为 ✐ 形状，在图像中单击可吸取想要调整的颜色，再调整色相、饱和度、明度参数来改变所吸取的颜色。

另外，单击"图层"面板中的"创建新的填充或调整图层"按钮，在弹出的下拉菜单中选择所需命令，将自动打开"属性"面板，并在"图层"面板中创建调整图层，此时在"属性"面板中设置相关参数也可调整图像色彩，如图2-65所示。需要注意的是，这种方式调整的将是调整图层下方所有图层中的图像，并且参数可以二次修改。

原图　　　　创建"亮度/对比度"调整图层并设置参数　　　　调整图像亮度和对比度的效果

图2-65　通过创建调整图层来调整图像的亮度和对比度

2. 修饰与修复图像

若需要修饰图像的细节、去除图像中的污点、移除杂物或修正红眼睛等，可使用修饰工具组、修复工具组中的工具和"内容识别填充"命令。

(1) 修饰工具组

当需要修饰图像，或美化局部细节，以及突显图像主体时，可以使用修饰工具组中的工具，包括模糊工具 ○、锐化工具 △、涂抹工具 ∅、加深工具 ◌、减淡工具 ♪ 和海绵工具 ●。

- **模糊工具：** 用于柔化图像中相邻像素之间的对比度，减少图像细节，使图像产生模糊效果。选择该工具，在工具属性栏中根据具体需求设置相关参数后，在图像中单击，或按住鼠标左键不放并拖曳，能使图像产生模糊效果。

- **锐化工具：** 用于强化图像中相邻像素之间的对比度，增加图像细节，使模糊的图像变得更加清晰、细节鲜明，但若反复锐化图像，则易造成图像失真。使用方法与模糊工具 ◌ 一致。
- **涂抹工具：** 用于使图像色彩柔和化，模拟出手指涂抹在图像中产生的颜色流动效果，使图像中不同颜色之间的边界过渡变得自然。选择该工具，在工具属性栏中根据具体需求设置相关参数后，在图像中按住鼠标左键不放并拖曳，将沿着拖曳方向涂抹画面内容，如图2-66所示。

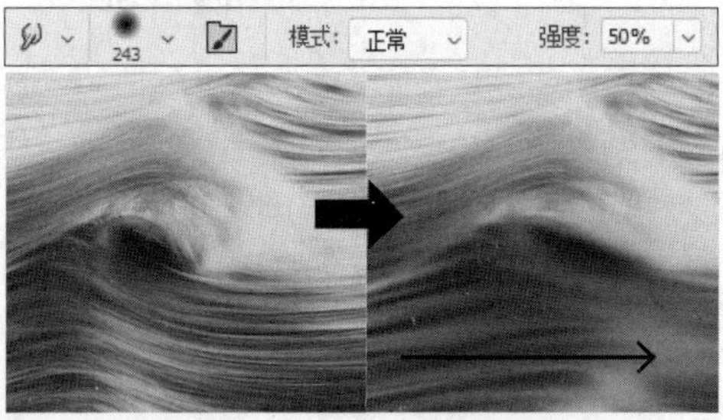

图2-66　涂抹图像前后的对比效果

- **加深工具：** 用于降低图像的曝光度，使图像中的指定区域变暗。选择该工具，在工具属性栏中根据具体需求设置相关参数后，在图像中单击，或按住鼠标左键不放并拖曳，能加深图像。
- **减淡工具：** 作用与加深工具 ◌ 相反，用于提高图像的曝光度，使图像中的指定区域变亮，但使用方式与加深工具一致。
- **海绵工具：** 用于提高或降低指定图像区域的饱和度。选择该工具，在工具属性栏中根据具体需求设置相关参数后，在图像中单击，或按住鼠标左键不放并拖曳，能改变指定图像区域的饱和度。

（2）修复工具组

如果图像有缺失的部分，或有多余的部分需要遮盖，可以使用修复工具组中的工具进行修补，包括污点修复画笔工具 ◌ 、修复画笔工具 ◌ 、修补工具 ◌ 、内容感知移动工具 ✖ 、红眼工具 ⁺◉ 、仿制图章工具 ◌ 和图案图章工具 ✖◌ 。

- **污点修复画笔工具：** 用于快速修复图像中的斑点或小块杂物。选择该工具，在工具属性栏中根据具体需求设置相关参数后，在图像中单击，或按住鼠标左键不放并拖曳，将修复笔触覆盖的区域。
- **修复画笔工具：** 用于利用图像中与被修复区域相似的颜色去修复破损图像。选择该工具，在工具属性栏中根据具体需求设置相关参数后，按住【Alt】键不放，鼠标指针将变为 ⊕ 形状，将其移至取样点，单击以进行取样，松开【Alt】键完成取样；然后在需要修复的位置单击，或按住鼠标左键不放并拖曳。
- **修补工具：** 用于修复较复杂的纹理和瑕疵，可利用样本或者图案遮盖住需要修补的图像区域。选择该工具，为图像中的瑕疵绘制选区，然后将选区内的瑕疵拖曳到样本区域进行修复。
- **内容感知移动工具：** 用于智能填充选区内的图像。选择该工具，在图像中需要修复的范围内创建选区，按住鼠标左键不放并拖曳选区至其他区域，Photoshop将自动填充选区内的图像，如图2-67所示。

- **红眼工具：**用于快速去掉图像中人物眼睛由于闪光灯引发的反光斑点。选择该工具，在图像中出现红眼的区域内单击，可修复红眼图2-68所示为修复红眼前后的对比效果。

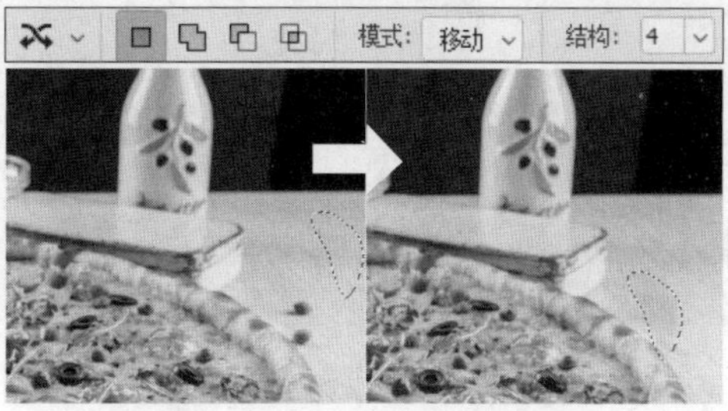

图2-67 修复桌面前后的对比效果

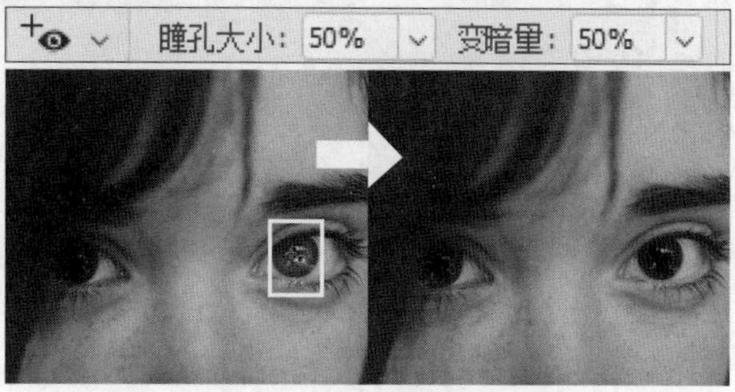

图2-68 修复红眼前后的对比效果

- **仿制图章工具：**用于快速复制选中区域的图像及颜色，并将复制的图像和颜色应用于其他区域。使用方式类似于修复画笔工具 ✍ 。
- **图案图章工具：**用于将Photoshop自带的图案或自定义的图案填充到图像中。选择该工具，在工具属性栏中选择需要的图案，再将鼠标指针移至需要修复的地方进行涂抹，即可进行修复。

（3）"内容识别填充"命令

内容识别填充是指由Photoshop自动识别并进行修复，是一种非常省力、便捷和人性化的修复方法。具体操作方法为：在需要修复的区域建立选区，然后选择【编辑】/【内容识别填充】命令，打开"内容识别填充"界面，此时原图像中会默认叠加显示Photoshop智能识别的取样区域（默认显示为半透明的绿色），如图2-69所示，取样区域中的内容将用于填充原选区。在"内容识别填充"界面左侧的"预览"栏中将显示内容识别后的选区填充效果，设计师可根据预览效果在界面右侧设置相关参数，完成后单击 确定 按钮。

图2-69 智能识别的取样区域

⚒ 任务实施

1. 修复人物脸部瑕疵

米拉查看人物照片后，发现人物脸部有一些明显的痘印，且眼部区域有细纹，直接置于杂志封面效果不够美观。因此，她准备使用污点修复画笔工具 ✍ 和修复画笔工具 ✍ 处理这些瑕疵，具体操作如下。

（1）打开"人物.jpg"素材，复制背景图层。选择污点修复画笔工具 ✍ ，在工具属性栏中设置画笔大小为"53像素"，模式为"替换"，保持 内容识别 按钮处于选中状态，然后放大显示图像，如图2-70所示。

（2）在左侧嘴唇处的痘印上单击，向上拖曳可发现将显示一个灰色笔迹，释放鼠标后可看见修复区域的痘印已经消失，如图2-71所示。

（3）按照与步骤（2）相同的方式修复人脸中的其他痘印，修复全脸痘印前后的对比效果如图2-72所示。

（4）选择修复画笔工具 ✍ ，在工具属性栏中设置画笔大小为"40像素"，模式为"滤色"，保持 取样 按钮处于选中状态，完成后放大右侧眼部，如图2-73所示。

图2-70　设置污点修复画笔工具

图2-71　修复痘印前后的效果

图2-72　修复全脸痘印前后的对比效果

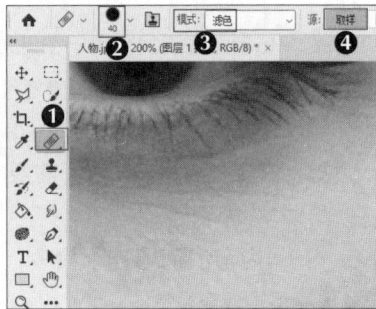

图2-73　设置修复画笔工具

（5）按住【Alt】键的同时，单击下眼皮处相对平滑的区域，再将鼠标指针移动到细纹部分，按住鼠标左键不放并拖曳以修复细纹，如图2-74所示。在使用修复画笔工具 ✐ 时，为了使修复的图像更加完美，在修复过程中需要不断修改取样点和画笔大小。

（6）使用与步骤（4）～（5）相同的方法修复左侧下眼皮细纹和右侧下颚线，修复效果如图2-75所示。

图2-74　取样并修复

图2-75　修复面部瑕疵后的效果

2. 调整人物肤色、发色和面部的立体度

修复完面部瑕疵后，米拉觉得人物的皮肤不够白皙，因此她决定使用"曲线"命令和"色阶"命令来调整人物的肤色，再使用加深工具校正因调色造成的头发偏色问题，并加强人物面部的立体度，具体操作如下。

（1）按【Ctrl+M】组合键打开"曲线"对话框，在曲线中部单击，创建一个控制点，再向上拖曳曲线，调整明暗对比度，单击 确定 按钮，如图2-76所示。

微课视频

调整人物肤色、发色和面部的立体度

（2）按【Ctrl+L】组合键打开"色阶"对话框，设置输入色阶值为"0、1、233"，单击 确定 按钮，如图2-77所示，肤色更加自然。

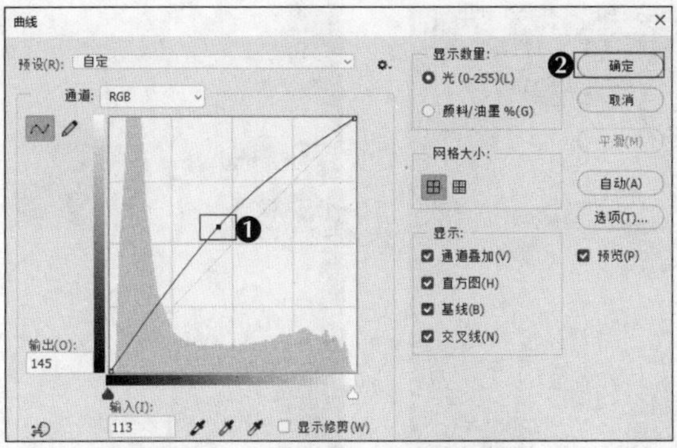

图2-76 使用"曲线"命令调整明暗对比度

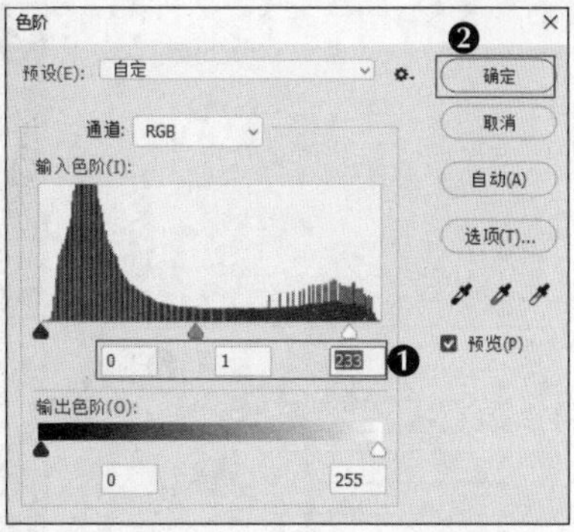

图2-77 使用"色阶"命令调整肤色

"曲线"对话框中各个选项的作用

知识补充

在"曲线"对话框中打开"通道"下拉列表可选择要查看或调整的颜色通道，通常默认选择"RGB"选项（表示调整图像的所有通道），对话框中其他选项的作用可扫描右侧二维码查看。

知识补充

"曲线"对话框中各个选项的作用

（3）此时头发有些偏色，选择加深工具 ，在工具属性栏中设置画笔大小为"95像素"，曝光度为"80%"，在头发处按住鼠标左键不放并拖曳，沿着头发偏色的区域涂抹以降低亮度，效果如图2-78所示。

（4）在工具属性栏中调整曝光度为"40%"，涂抹人物的额头、鼻子高光和侧影、眉毛，加强面部的立体程度，在涂抹过程中需要不断修改画笔大小，效果如图2-79所示。

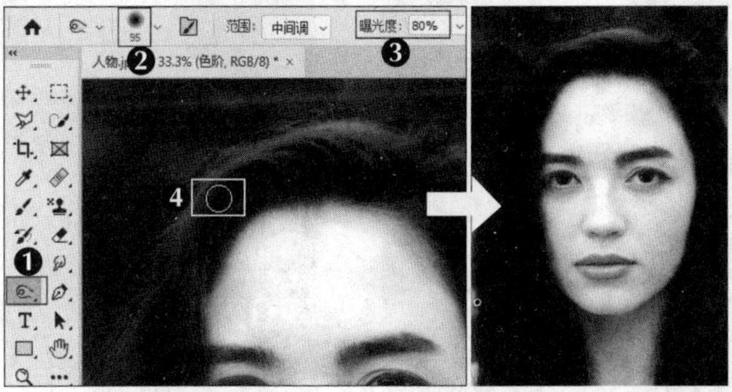

图2-78 使用加深工具调整头发颜色

图2-79 加强面部立体程度的效果

3. 调整图像色彩并排版布局

米拉准备通过调色命令使图像变为冷色调，使画面具有清冷的氛围，再排版布局杂志封面，具体操作如下。

（1）观察画面可知图像有些偏暖色调，不符合设计要求，选择【图像】/【调整】/【色彩平衡】命令，打开"色彩平衡"对话框，设置色阶为"-48、0、+44"，单击 确定 按钮，如图2-80所示。

微课视频

调整图像色彩并排版布局

（2）此时人物的嘴唇发紫，使用快速选择工具 为唇部创建选区，选区可超出唇部范围，如图2-81所示。

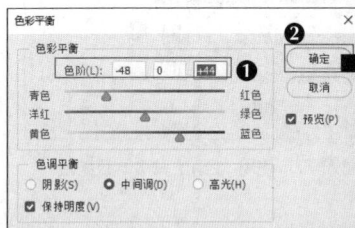

图2-80 调整图像色彩偏向

图2-81 创建唇部选区

（3）选择【图像】/【调整】/【色相/饱和度】命令，打开"色相/饱和度"对话框，设置通道为"红色"，色相为"＋16"，单击 确定 按钮，如图2-82所示。按【Ctrl＋D】组合键取消选区。

（4）新建尺寸为"21厘米×28.5厘米"，分辨率为"300像素/英寸"，名称为"《艺术美学》杂志封面"的文件，将调整好的图像移至其中，并调整大小和位置。

（5）使用横排文字工具 T 输入文本，使用矩形工具 和椭圆工具 分别绘制文本装饰框。

（6）按【Ctrl＋S】组合键打开"另存为"对话框，设置保存位置后，单击 保存(S) 按钮，效果如图2-83所示。

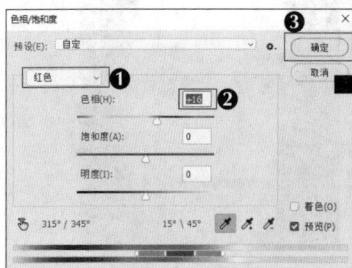

图2-82 调整唇部色彩

图2-83 杂志封面效果

制作地理书籍封面

课堂练习

分析图像素材存在的问题，使用修复与修补工具去除图像中的瑕疵，再优化图像色彩，添加装饰素材和文本，制作地理书籍封面。本练习的素材及参考效果如图2-84所示。

图2-84　地理书籍封面素材及参考效果

素材位置：素材\项目2\风景.jpg、书籍封面.psd
效果位置：效果\项目2\地理书籍封面.psd

任务2.4　制作"中国陶瓷"艺术展招贴

在"十一"长假期间，各类展览不断，公司承接了许多与展览相关的招贴设计任务。老洪将制作艺术展招贴的任务交给米拉，并叮嘱她在设计时要特别注重视觉效果的创意性。为此，米拉决定先在互联网上浏览同类型的招贴设计作品，以寻找灵感。

任务描述

任务背景	招贴是户外广告的一种常见形式，"招"即"招引注意"，"贴"即"张贴"，它通常是将商品、活动、服务或政治文化等信息，以图像和文本的形式印刷在纸张等材料上，通过张贴在街头、车站、商店等人流密集的地方进行宣传和推广。某展览中心作为"中国陶瓷"艺术展的承办方，需要设计师制作招贴来投放在车站、写字楼等场所中，以此宣传展览活动，吸引更多人前来观展
任务目标	① 制作尺寸为60厘米×80厘米，分辨率为300像素/英寸的招贴
	② 采用剪纸风格，合成立体的招贴背景，制作特殊样式的标题文本和陶瓷图像投影，使招贴设计富有新意
	③ 装饰图形层层环绕主题图像和展览的信息文本，观众一眼就能看到招贴的核心内容
知识要点	创建剪贴蒙版、图层混合模式、图层样式、复制图层样式、"波浪"滤镜、"动感模糊"滤镜、图层蒙版

本任务的参考效果如图2-85所示。

图2-85 "中国陶瓷"艺术展招贴参考效果

素材位置： 素材\项目2\质感.jpg、陶瓷.jpg、青花.png、陶瓷艺术展
信息.txt

效果位置： 效果\项目2\"中国陶瓷"艺术展招贴.psd

知识准备

米拉从互联网上的优秀展览招贴中获取了不少设计灵感，她发现具有创意性的设计作品大多都会使用到Photoshop中的图层混合模式、图层样式、图层蒙版、滤镜等功能，画面视觉效果新颖而独特。因此，她决定先深入了解这些功能的原理，再选择合适的功能运用到艺术展招贴设计中。

1. 设置图层混合模式

若需要混合所选图层与其下方图层中的颜色，可使用图层混合模式功能。通常用基色代表下方图层中的颜色，混合色代表所选图层中的颜色，结果色代表混合后得到的颜色。

在"图层"面板的"混合"下拉列表中可以选择所需的图层混合模式，各模式的含义如下。

- **正常：** 默认模式，混合色完全遮盖基色。
- **溶解：** 如果所选图层中的图像具有柔和的半透明效果，那么结果色由基色或混合色随机替换。
- **变暗：** 查看所选图层与其下方图层中所有通道的颜色信息，选择基色或混合色中较暗的颜色作为结果色。
- **正片叠底：** 将基色与混合色混合，得到比原来的两种颜色更深的第3种颜色。
- **颜色加深：** 查看所选图层与其下方图层中所有通道的颜色信息，并通过增加对比度使基色变暗，以反映混合色。
- **线性加深：** 查看所选图层与其下方图层中所有通道的颜色信息，并通过降低亮度使基色变暗，以反映混合色。
- **深色：** 比较混合色和基色的所有通道值的总和，并显示值较小的颜色。
- **变亮：** 查看所选图层与其下方图层中所有通道的颜色信息，并选择基色或混合色中较亮的颜色作为结果色。

- **滤色：** 查看所选图层与其下方图层中所有通道的颜色信息，并将混合色的互补色与基色混合，结果色总是较亮的颜色，如图2-86所示。

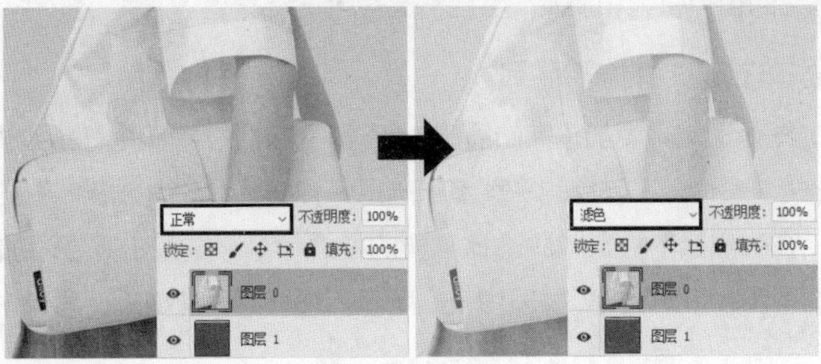

图2-86　滤色效果

- **颜色减淡：** 查看所选图层与其下方图层中所有通道的颜色信息，并通过减小对比度使基色变亮，以反映混合色。

- **线性减淡（添加）：** 查看所选图层与其下方图层中所有通道的颜色信息，并通过提高亮度使基色变亮，以反应混合色。此模式不对黑色产生任何影响。

- **浅色：** 比较混合色和基色的所有通道值的总和，并显示值较大的颜色。

- **叠加：** 将图案或颜色在现有像素上叠加，同时保留基色的明暗对比，不替换基色，但要把基色与混合色混合，以反映原色的亮度或暗度，如图2-87所示。

图2-87　叠加效果

- **柔光：** 根据基色的灰度值来处理混合色中的颜色，使高亮度的区域更亮，暗部更暗，从而产生一种被柔和光线照射的效果，具体效果取决于混合色。

- **强光：** 与"柔光"模式类似，但"强光"模式产生的效果就像有一束强光照射在图像上，具体效果取决于混合色。

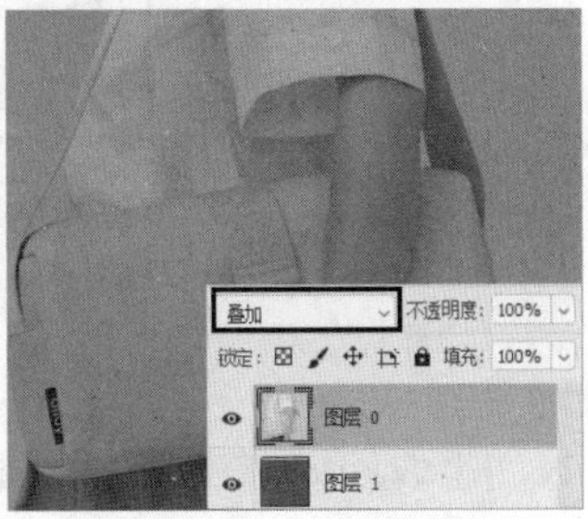

- **亮光：** 通过增加或减小基色与混合色的对比度来加深或减淡颜色，具体效果取决于混合色。

- **线性光：** 通过减小或增加基色与混合色的亮度来加深或减淡颜色，具体效果取决于混合色。

- **点光：** 与"线性光"模式相似，根据所选图层与下方图层的混合色来决定替换部分较暗或较亮像素的颜色。

- **实色混合：** 将混合颜色的红色、绿色及蓝色通道值添加到基色的RGB值中。

- **差值：** 查看所选图层与其下方图层中所有通道的颜色信息，并从基色中减去混合色，或从混合色中减去基色，具体是哪一种方式取决于哪一个颜色的亮度更高。

- **排除：** 由基色的亮度决定是否从混合色中减去部分颜色，得到的效果与"差值"模式相似，只是更柔和一些。

- **减去：** 查看所选图层与其下方图层中所有通道的颜色信息，并从基色中减去混合色，产生结果色。

- **划分：** 若混合色与基色相同，则结果色为白色；若混合色为白色，则结果色为原色；若混合色为黑色，则结果色为白色。

- **色相：** 用基色的亮度、饱和度及混合色的色相创建结果色。

- **饱和度：** 用基色的亮度、色相及混合色的饱和度创建结果色。

● **颜色：** 用基色的亮度及混合色的色相、饱和度创建结果色，这样可以保留图像中的灰阶效果，"颜色"模式对于给单色图像着色和给彩色图像着色都非常有用。

● **明度：** 用基色的色相、饱和度及混合色的亮度创建结果色。

2. 添加图层样式

如果要为图层中的图像、文本添加真实的质感、纹理等特殊效果，可以使用图层样式。选择图层后，选择【图层】/【图层样式】命令，在弹出的子菜单中选择一种样式命令；或在"图层"面板底部单击"添加图层样式"按钮 *fx*，在弹出的下拉菜单中选择需要的样式命令；或双击需要添加图层样式的图层右侧的空白区域，打开"图层样式"对话框，如图2-88所示，设置相关参数后，再单击 确定 按钮。

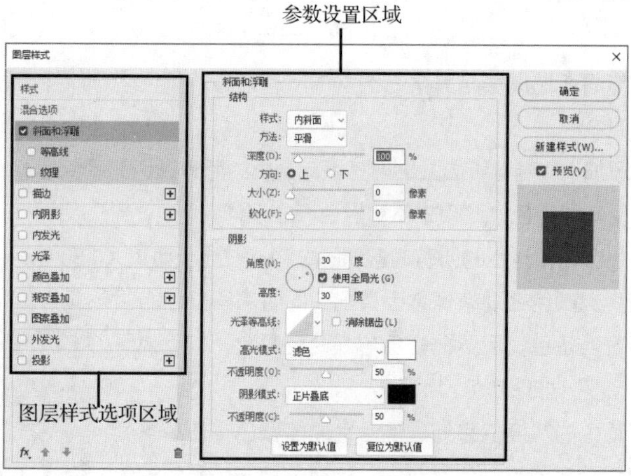

图2-88 "图层样式"对话框

Photoshop提供了11种图层样式供设计师使用，各图层样式的作用如下。

● **混合选项：** 可控制当前图层与其下方图层的混合方式，常用于制作挖空和半透明效果。

● **斜面和浮雕：** 可使图层产生凸出或凹陷的斜面，以及各种雕刻般的立体效果，还可以运用这种样式添加不同的高光和阴影效果，如图2-89所示。

等高线：可设置图层的凹陷、凸起、起伏等多种等高线效果。

纹理：可叠加指定纹理到图层上，并调整纹理的缩放效果。

● **描边：** 可使用颜色、渐变或图案等为图层描边。

● **内阴影：** 可在图层边缘内添加阴影，使其产生凹陷效果。

● **内发光：** 可沿着图层边缘向内添加发光效果。

● **光泽：** 可为图层添加波浪形的内部阴影效果，产生像丝绸或金属一样的光滑质感，如图2-90所示。

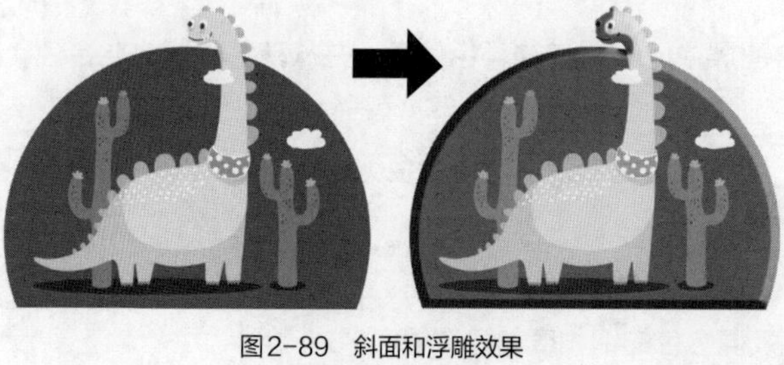

图2-89 斜面和浮雕效果    图2-90 光泽效果

- **颜色叠加：**可将设置后的颜色叠加在图层上，再设置颜色的混合模式和不透明度，以控制叠加效果。
- **渐变叠加：**可在图层上叠加指定的渐变颜色。
- **图案叠加：**可以为图层叠加指定的图案，并调整图案的缩放效果。
- **外发光：**可沿着图层边缘向外添加发光效果。
- **投影：**可为图层添加投影效果，常用于增强图像的立体感。

3.　使用蒙版

当需要控制图像的显示效果，或将图像处理成透明或半透明效果时，可以使用蒙版。蒙版类似于在图层上添加一张隐藏的纸，通过改变纸的外形可控制图像的显示效果。

Photoshop 提供了快速蒙版、图层蒙版、矢量蒙版和剪贴蒙版 4 种蒙版，设计师在处理图像时可根据具体需求进行选择。

（1）快速蒙版

快速蒙版又称为临时蒙版，通过快速蒙版功能可以将选区作为蒙版编辑，还可以使用多种工具和命令来修改蒙版的范围。具体操作方法为：选择图层并在该图层中创建选区，单击工具箱底部的"以快速蒙版模式编辑"按钮■创建快速蒙版，有选区的部分照常显示，没有选区的部分显示为红色，如图 2-91 所示。在非红色区域使用画笔工具✐涂抹图像，可将涂抹区域显示为红色，再次单击处于选中状态的"以快速蒙版模式编辑"按钮■退出编辑模式，此时，涂抹区域将从选区中减去，如图 2-92 所示。

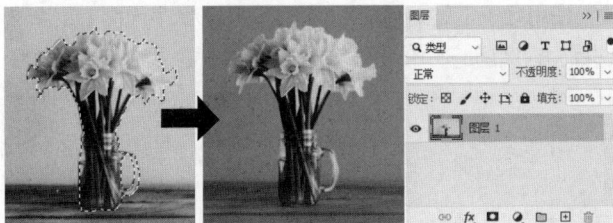

图 2-91　创建快速蒙版　　　　　　　　　　　　图 2-92　调整快速蒙版范围

（2）图层蒙版

图层蒙版可通过控制蒙版中的灰度信息来控制图像的显示效果。具体操作方法为：选择图层，单击"图层"面板中的"添加图层蒙版"按钮■，或选择【图层】/【图层蒙版】/【显示全部】命令，创建一个完全显示图层内容的白色图层蒙版，然后在图像编辑区中使用画笔工具✐将需要隐藏的部分涂黑，如图 2-93 所示。蒙版缩览图中的白色区域完全显示，灰色区域以半透明状态显示，黑色区域完全隐藏。

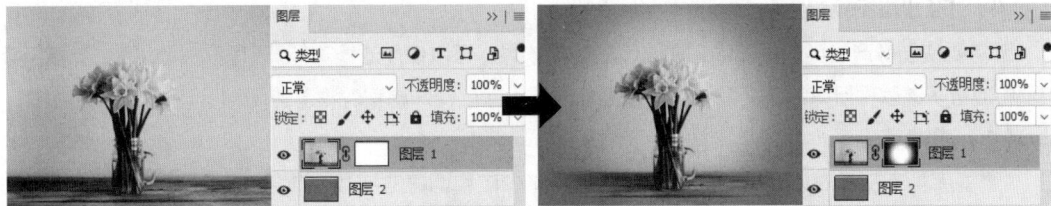

图 2-93　创建图层蒙版

创建完图层蒙版后，若需要调整该蒙版所在的图层位置，可移动蒙版；若需要去除该蒙版，可删除蒙版；若要查看该蒙版的形状，可通过显示通道来查看。

- **移动蒙版：** 只需拖曳图层蒙版的缩览图到目标图层上。
- **删除蒙版：** 在图层蒙版的缩览图上单击鼠标右键，在弹出的快捷菜单中选择"删除图层蒙版"命令。
- **查看蒙版形状：** 按住【Alt】键并单击图层蒙版的缩览图，可进入图层蒙版通道，再次按住【Alt】键并单击图层蒙版的缩览图，则返回图层画面。按住【Alt+Shift】组合键并单击图层蒙版的缩览图，图像窗口中图层蒙版的范围将被红色覆盖。

（3）矢量蒙版

矢量蒙版可通过路径和矢量形状来控制图像的显示区域，由于分辨率不会影响矢量形状的显示，所以无论怎样旋转和缩放矢量蒙版，矢量蒙版都能保持光滑的轮廓。具体操作方法为：选择图层，使用钢笔工具绘制路径，选择【图层】/【矢量蒙版】/【当前路径】命令，将基于当前路径创建矢量蒙版，如图2-94所示。

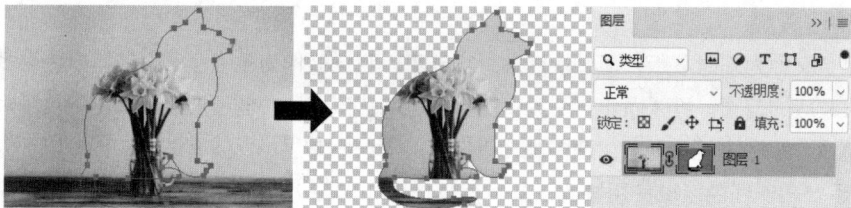

图2-94　创建矢量蒙版

（4）剪贴蒙版

剪贴蒙版主要由基底图层和内容图层组成，使用处于下层图层（基底图层）的形状来限制上层图层（内容图层）的显示状态。具体操作方法为：选择内容图层后，单击鼠标右键，在弹出的快捷菜单中选择"创建剪贴蒙版"命令，可创建以基底图层形状为外观的蒙版，并且内容图层和基底图层的状态也会发生变化，如图2-95所示。

内容图层　　　　　　　　基底图层　　　　　　　　剪贴蒙版效果

图2-95　创建剪贴蒙版

4. 添加滤镜效果

若需要使图像产生类似于玻璃、油画等的特殊效果，可以使用滤镜功能。Photoshop的"滤镜"菜单项中放置了该软件所有的滤镜效果，大致可分为滤镜库、特殊滤镜、滤镜组3类。

（1）滤镜库

"滤镜库"支持同时为图像应用多种滤镜，以减少应用滤镜的次数，节省操作时间。具体操作方法为：选择【滤镜】/【滤镜库】命令，打开"滤镜库"对话框，在滤镜组列表中选择所需的滤镜选项，如图2-96所示，单击 确定 按钮。

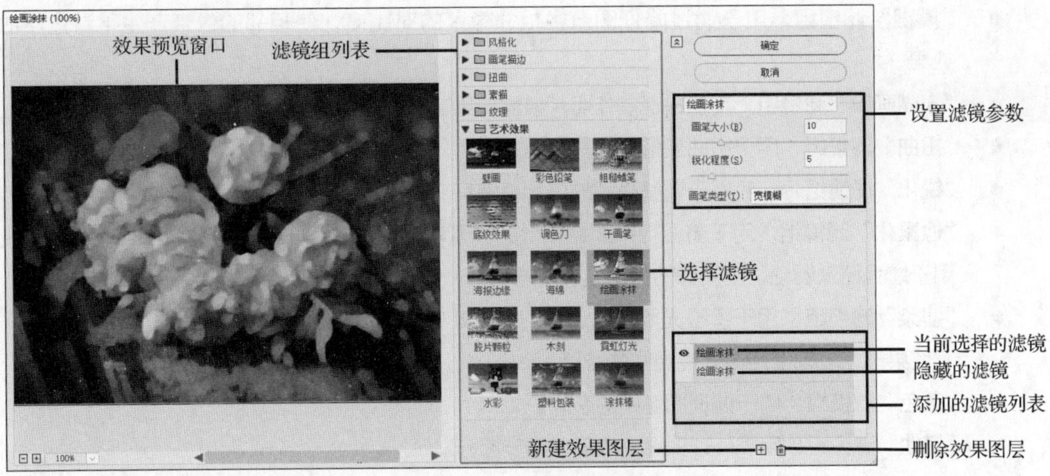

图2-96 "滤镜库"对话框

滤镜库中的滤镜按照效果被分为风格化、画笔描边、扭曲、素描、纹理和艺术效果6种类型,各类型的作用介绍如下。

- **风格化:** 用于生成印象派风格的效果。
- **画笔描边:** 用于模拟用不同画笔或油墨笔刷勾画图像所产生的效果。
- **扭曲:** 用于生成玻璃、海水和光照效果。
- **素描:** 用于生成不同类型的素描效果。
- **纹理:** 用于生成不同类型的纹理效果。
- **艺术效果:** 用于生成传统的手绘图像效果。

(2)特殊滤镜

"滤镜"菜单项中包含5个特殊滤镜,这些滤镜主要是一些不便于分类的独立滤镜,使用方法与滤镜库比较相似。

- **"自适应广角"滤镜:** 用于调整图像的透视关系、完整球面和鱼眼效果等,使图像产生类似使用不同镜头拍摄的效果。
- **"Camera Raw滤镜"滤镜:** 用于调整图像的颜色、色温、色调、曝光、对比度、高光、阴影、清晰度、自然饱和度、饱和度等。
- **"镜头校正"滤镜:** 用于修复因拍摄不当或相机自身问题而出现的图像扭曲问题。
- **"液化"滤镜:** 用于实现图像的各种特殊效果,如推、拉、旋转、反射、折叠和膨胀图像的任意区域。
- **"消失点"滤镜:** 使用该滤镜在选择的图像区域内进行克隆、喷绘、粘贴图像等操作时,会自动应用透视原理,按照透视的角度和比例自适应对图像的修改,大大节约了制作时间。

(3)滤镜组

除特殊滤镜外,还有很多能够制作特殊效果的滤镜,由于制作每类效果的滤镜数量较多,因此被放置在不同类型的滤镜组中。

- **"3D"滤镜组:** 用于模拟照相机的镜头来产生三维变形效果,使得扁平的图像看上去具有立体感。
- **"风格化"滤镜组:** 用于对图像的像素进行位移、拼贴及反色等操作。

- **"模糊"滤镜组：**用于通过降低图像中相邻像素的对比度，使相邻的像素产生平滑过渡的效果。
- **"模糊画廊"滤镜组：**用于快速制作照片模糊效果。
- **"扭曲"滤镜组：**用于扭曲变形图像。
- **"锐化"滤镜组：**一般用于调整模糊的照片，使其变得清晰，但使用过度会造成图像失真。
- **"像素化"滤镜组：**用于将图像中颜色相似的像素转化成单元格，使图像分块或平面化，一般用于增强图像质感，使图像的纹理更加明显。
- **"渲染"滤镜组：**用于模拟光照效果，在制作和处理一些风格照，或模拟不同光源下不同的光照效果时，可以使用该滤镜组中的滤镜。
- **"杂色"滤镜组：**用于处理图像中的杂点。
- **"其他"滤镜组：**用于处理图像中的某些细节部分。

知识补充

各滤镜组内子命令的效果

各个滤镜组的使用方法基本相同，只需打开需要处理的图像，再选择"滤镜"菜单下相应的滤镜子命令，在打开的对话框中设置相关参数，便可完成滤镜的添加。各滤镜组内子命令的效果可扫描右侧二维码查看。

知识补充

各滤镜组内子命令的效果

⚒ 任务实施

1. 合成招贴背景

米拉根据招贴主题搜集了一些素材，准备运用图层混合模式与蒙版合成具有特殊效果的背景图像，具体操作如下。

微课视频

合成招贴背景

（1）新建名称为"'中国陶瓷'艺术展招贴"，大小为"60厘米×80厘米"，分辨率为"300像素/英寸"的文件。设置前景色为"#fafafa"，按【Alt + Delete】组合键填充图层。

（2）选择椭圆工具 ◯，设置填充为"#dde7f9"，描边为"无"，按住【Shift】键不放，分别在图像编辑区的左下角和右上角绘制圆形。使用钢笔工具 ✐ 绘制填充为"#9ec7ea"的背景图形，效果如图2-97所示。

（3）选中"形状1"图层，单击鼠标右键，在弹出的快捷菜单中选择"栅格化图层"命令。置入"质感.jpg"素材，调整素材的大小和位置后，栅格化所在图层。

（4）选中"质感"图层，单击鼠标右键，在弹出的快捷菜单中选择"创建剪贴蒙版"命令，将其设置为背景图形的剪贴蒙版，接着设置"质感"图层的混合模式为"叠加"，不透明度为"42%"，如图2-98所示。

（5）置入"青花.png"图像，按照与步骤（4）相同的方法，将该图像所在的图层设置为背景图形的剪贴蒙版，并设置图层的不透明度为"17%"。

（6）使用钢笔工具 ✐ 依次在背景图形周围绘制填充为"#dde7f9""#ffffff"的其他图形，并将其创建为背景图形的剪贴蒙版，招贴背景效果如图2-99所示。

图2-97　绘制背景图形

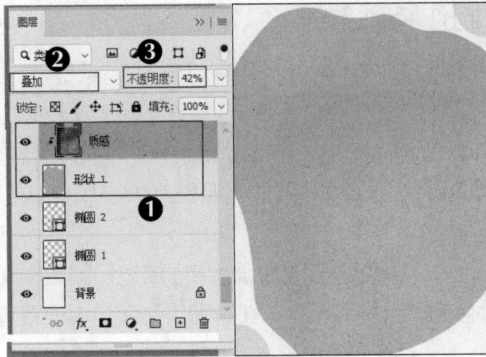

图2-98　背景图形效果

图2-99　招贴背景效果

2. 增强背景的立体感

米拉觉得绘制的招贴背景各个图形之间的边界不明显，需要进行优化，便准备采用添加图层样式的方法来增强背景的立体感，使图形间界限明显，具体操作如下。

（1）在"椭圆1"图层名称的空白处双击，打开"图层样式"对话框，选择"投影"选项，设置投影颜色为"#4077b3"，其余参数的设置如图2-100所示，单击 确定 按钮，效果如图2-101所示。

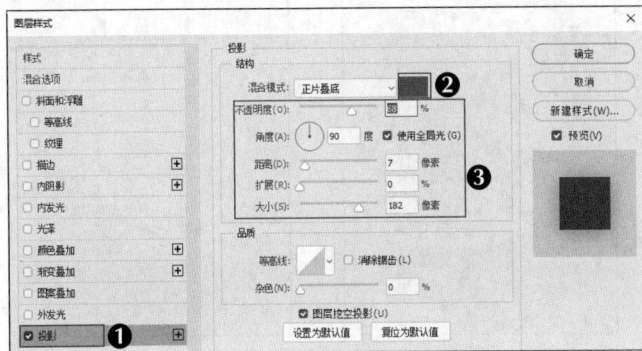

图2-100　设置"投影"图层样式

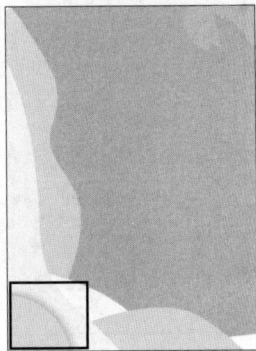

图2-101　投影效果

（2）在"椭圆1"图层上单击鼠标右键，在弹出的快捷菜单中选择"拷贝图层样式"命令；接着在"椭圆2"图层上单击鼠标右键，在弹出的快捷菜单中选择"粘贴图层样式"命令。继续为剩余的形状图层粘贴图层样式，效果如图2-102所示。

（3）按照与步骤（1）相同的方法为"形状1"图层添加"内阴影"图层样式，设置内阴影颜色为"#0e2049"，其余参数的设置如图2-103所示。

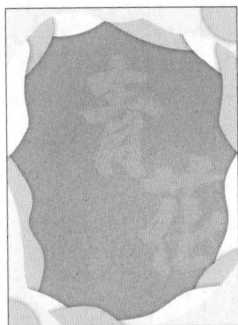

微课视频

增强背景的立体感

图2-102　粘贴图层样式

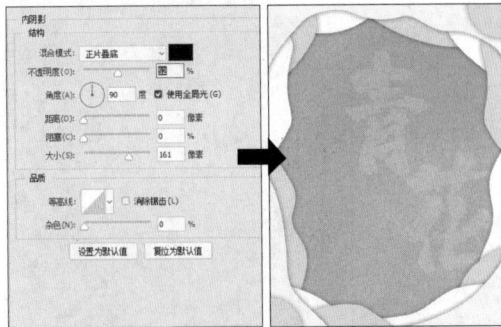

图2-103　设置"内阴影"图层样式

3. 为图像和文本制作特殊效果

米拉准备先将文本与陶瓷图像添加到招贴中，再综合运用图层样式、蒙版和滤镜来制作特殊效果，具体操作如下。

———微课视频———

为图像和文本制作
特殊效果

（1）打开"陶瓷艺术展信息.txt"素材，在Photoshop中使用横排文字工具 **T**
输入素材中的文本，置入"陶瓷.jpg"素材，调整其大小和位置，效果如
图2-104所示。

（2）复制"中国陶瓷"图层，为"中国陶瓷"图层添加"描边"图层样式，设置
大小为"35像素"，颜色为"#dde7f9"，在"图层"面板中设置填充为"0%"，再调整该文
本的位置。

（3）栅格化并复制"陶瓷"图层，按【Ctrl＋T】组合键进入自由编辑状态，单击鼠标右键，在弹出的
快捷菜单中选择"垂直翻转"命令，然后调整位置并斜切图像，如图2-105所示，按【Enter】
键确认变换。

（4）选择【滤镜】/【扭曲】/【波浪】命令，打开"波浪"对话框，设置生成器数为"90"，波长最
小为"93"，波长最大为"295"，单击 确定 按钮，如图2-106所示。

图2-104　输入文本和置入图像　　　　图2-105　变换图像　　　　图2-106　扭曲图像

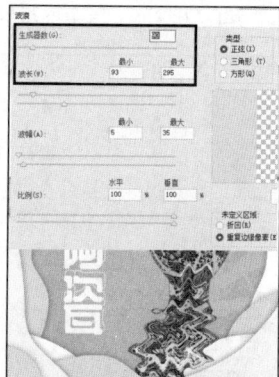

（5）此时发现投影的颜色太过花哨，为该图层添加"渐变叠加"图层样式，参数设置如图2-107所
示，其中渐变颜色为"#477ece~#ffffff"。将"陶瓷 拷贝"图层移至"陶瓷"图层下方，然后
调整其投影位置，效果如图2-108所示。

（6）选择【滤镜】/【模糊】/【动感模糊】命令，打开"动感模糊"对话框，设置角度为"0度"，距
离为"992像素"，单击 确定 按钮，如图2-109所示。

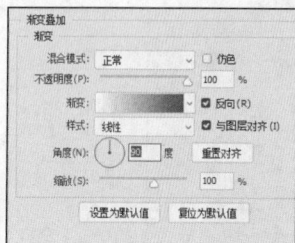

图2-107　设置渐变叠加参数　　　　图2-108　渐变叠加效果展示　　　　图2-109　模糊图像

（7）单击"图层"面板中的"添加图层蒙版"按钮▣创建图层蒙版，设置前景色为"#000000"，使用画笔工具✏涂抹倒影图像，如图2-110所示，使倒影过渡更加自然。

（8）设置"陶瓷 拷贝"图层的图层混合模式为"正片叠底"，不透明度为"80%"。保存文件，效果如图2-111所示。

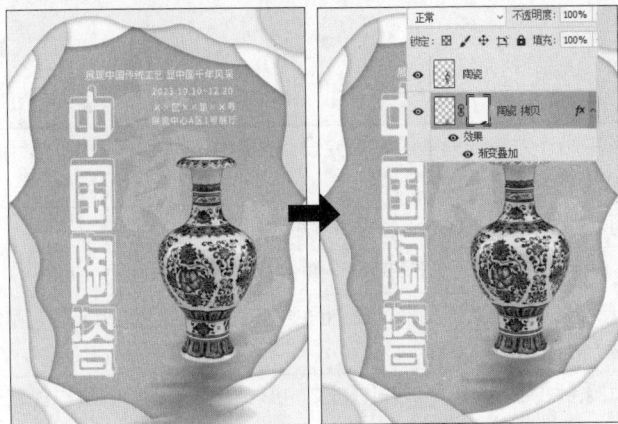

图2-110 创建图层蒙版并涂抹图像

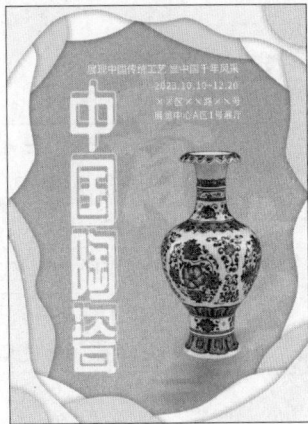

图2-111 艺术展招贴效果

制作学生会招新招贴

课堂练习

运用图层混合模式调整置入的"招新背景.jpg"素材，使用形状工具组中的工具绘制装饰线，并运用蒙版调整显示范围，输入文本后，置入"斑点.jpg"素材，并为主题文本创建剪贴蒙版，再使用图层样式美化主题文本，最后使用滤镜和图层样式为左侧画面制作玻璃特效，完成学生会招新招贴的制作。本练习的参考效果如图2-112所示。

图2-112 学生会招新招贴参考效果

素材位置： 素材\项目2\招新背景.jpg、斑点.jpg

效果位置： 效果\项目2\学生会招新招贴.psd

综合实战　制作盒装牛奶Banner

老洪看到米拉对Photoshop中的各项功能的运用都比较得心应手，便放心地将制作盒装牛奶Banner的任务交给米拉，要求她进行创意性构思，制作出符合商品特色的Banner。

实战描述

实战背景	某网店新上架一款盒装牛奶，为提升销售额，需要设计师制作美观的Banner展示在网店中，以激发消费者的购买欲
实战目标	① 结合工具、命令和通道抠取牛奶图像，去除多余的背景
	② 制作尺寸为1920像素×900像素，分辨率为72像素/英寸的全屏Banner
	③ 置入素材并调整显示范围，绘制装饰图形，使画面更加美观，内容更加丰富，避免纯色背景带来的单调感
	④丰富主题图像，并添加各种文本，布局成左图右文的形式，然后运用图层样式和形状工具组中的工具美化文本
	⑤整体风格与牛奶包装相适配，可采用卡通风格，选用饱和度和亮度较高的配色，给消费者带来简洁、明快的视觉享受
知识要点	创建选区、"亮度/对比度"命令、"通道"面板、"色阶"命令、"置入嵌入对象"命令、图层蒙版、钢笔工具、填充路径、复制图层、变换图像、画笔工具、图层的不透明度、"动感模糊"滤镜、横排文字工具

本实战的参考效果如图2-113所示。

图2-113　盒装牛奶Banner参考效果

素材位置： 素材\项目2\盒装牛奶.jpg、液体牛奶1.png、液体牛奶2.png、液体牛奶3.png、气泡.png

效果位置： 效果\项目2\盒装牛奶Banner.psd

思路及步骤

客户提供的盒装牛奶图像为白底商品图，且亮度较低，需要先处理该图片，再使用搜集的素材和绘制的图形来合成Banner背景，然后添加文本和文本装饰，丰富画面内容。本例的制作思路如图2-114所示，参考步骤如下。

① 创建选区　　　　② 去除玻璃杯多余背景图像　　　　③ 提升图像亮度

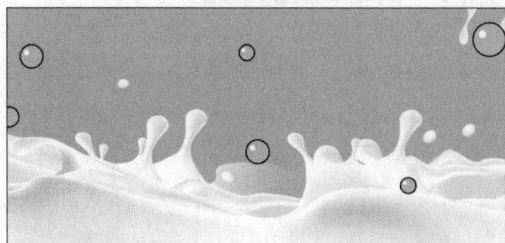

④ 填充背景图层并置入液体牛奶图像　　　　⑤ 调整液体牛奶图像的显示范围

⑥ 绘制并填充路径　　　　⑦ 添加与复制牛奶图像并绘制阴影

⑧ 复制并模糊牛奶图像　　　　⑨ 输入与美化文本

图2-114　制作盒装牛奶Banner的思路

（1）打开"盒装牛奶.jpg"素材，先为牛奶图像创建选区，复制选区后再为杯子单独创建选区，结合通道和图层蒙版去除多余的背景图像。使用调色命令提升牛奶图像的亮度。

（2）新建"盒装牛奶Banner"文件，填充背景图层为"#70bde9"，置入"液体牛奶1.png～液体牛奶3.png、气泡.png"素材。

（3）运用图层蒙版调整液体牛奶图像的显示范围，使3个图像融合得更加自然，去除突兀的部分。

（4）使用钢笔工具 ✐ 绘制填充为"#81c6ef"的放射状图形，接着调整该图形的图层堆叠顺序，使其位于"背景"图层上方。

（5）将调色后的牛奶图像移至"盒装牛奶Banner"文件中，复制该图像，然后变换两个牛奶图像，使用画笔工具 ✐ 绘制投影，并降低图层的不透明度。

（6）复制两次牛奶图像，调整图层的堆叠顺序，并使用"动感模糊"滤镜模糊复制后的图像，结合图层蒙版调整显示区域。

（7）使用横排文字工具 T 在画面右侧输入文本，结合图层样式、形状工具组中的工具和"字符"面板美化文本，保存文件。

▶ 课后练习　制作环保公益招贴

　　环保一直是关乎人类发展的重要议题。为推动环保事业继续发展，某环保组织计划开展以"环保路上 你我同行"为主题的倡议活动，为此需要设计师制作一张尺寸为60厘米×80厘米、分辨率为300像素/英寸的招贴，以便在人流量较多的公共区域张贴，号召更多人参与到环保事业中。设计师需先使用绘图工具绘制图形，利用提供的素材，结合图层样式、滤镜、图层的混合模式、调色命令和蒙版制作特殊背景和主体图像，然后输入文本，运用图层样式和形状工具组中的工具美化文本，最终制作出画面布局合理，视觉效果美观、清爽的环保公益招贴，参考效果如图2-115所示。

图2-115　环保公益招贴参考效果

素材位置： 素材\项目2\公益招贴素材.psd
效果位置： 效果\项目2\环保公益招贴.psd

项目3
应用 Animate 制作动画

情景描述

　　老洪见米拉可以熟练使用Photoshop处理图像后，便决定让她开始接触动画制作方面的设计任务。

　　同时，老洪告诉米拉："Animate是一款专业的二维动画制作软件，其前身是广为人知的Flash。稍后我会交给你一些不同类型动画的制作任务，如制作逐帧动画、遮罩动画、补间动画、引导层动画和骨骼动画。这些任务可以锻炼你制作不同类型动画的能力，此外还可以考虑将不同类型的动画灵活结合，以创造出更丰富的视觉效果。"

学习目标

知识目标
- 熟悉 Animate 工作界面
- 掌握 Animate 的基本操作
- 掌握应用 Animate 制作动画的各种方法

素养目标
- 在工作中懂得举一反三，灵活运用所学知识
- 在动画设计中融入创意性思维和审美意识
- 注重积极向上的价值观，引导观众树立正确的道德观念

任务3.1 制作"篮球运动"逐帧动画

老洪考虑到在Animate中帧和图层是非常重要的功能，也是制作动画的关键，于是便挑选出"篮球运动"逐帧动画的设计任务交给米拉，并要求她尽快完成，以评估米拉的软件基础掌握得是否扎实。

🔍 任务描述

任务背景	某公司上新一款关于篮球运动的智益游戏，为提升用户的体验，准备在游戏加载完毕前播放一则投篮动画，让玩家对该游戏的美术风格有大致的了解
任务目标	① 制作尺寸为1280像素×720像素，帧速率为24FPS，平台类型为ActionScript 3.0，时长为1～2秒的逐帧动画
	② 导入图像素材并布局画面，使动画画面美观，图像间的距离合理
	③ 制作好动画后运用测试动画功能优化动画，增强动画视觉表现力的同时，使动画效果更符合科学
	④ 动画分为开头、投篮、结束3个部分，其中开头动画为渐显效果，投篮动画需要符合物体运动规律，结束动画为渐隐效果
知识要点	新建文件、导入舞台、插入帧、插入关键帧、"属性"面板、测试影片、"绘图纸外观（选定范围）"按钮、导出文件、保存文件

本任务的参考效果如图3-1所示。

图3-1 "篮球运动"逐帧动画参考效果

素材位置： 素材\项目3\"篮球运动"逐帧动画\
效果位置： 效果\项目3\"篮球运动"逐帧动画.fla、"篮球运动"逐帧动画.swf

📦 知识准备

米拉发现公司计算机中安装的 Animate 和 Photoshop 同为 2021 版本，于是她准备先熟悉 Animate 工作界面和基本操作，再使用帧、图层、"属性"面板结合逐帧动画的特点来设计动画。

1. 认识 Animate 工作界面

在计算机桌面中双击 Animate 图标可启动该软件，新建文件后便可进入 Animate 2021 的工作界面（见图 3-2），工作界面包括菜单栏、标题栏、浮动面板、场景和舞台、工具箱等部分，各个部分的作用如下。

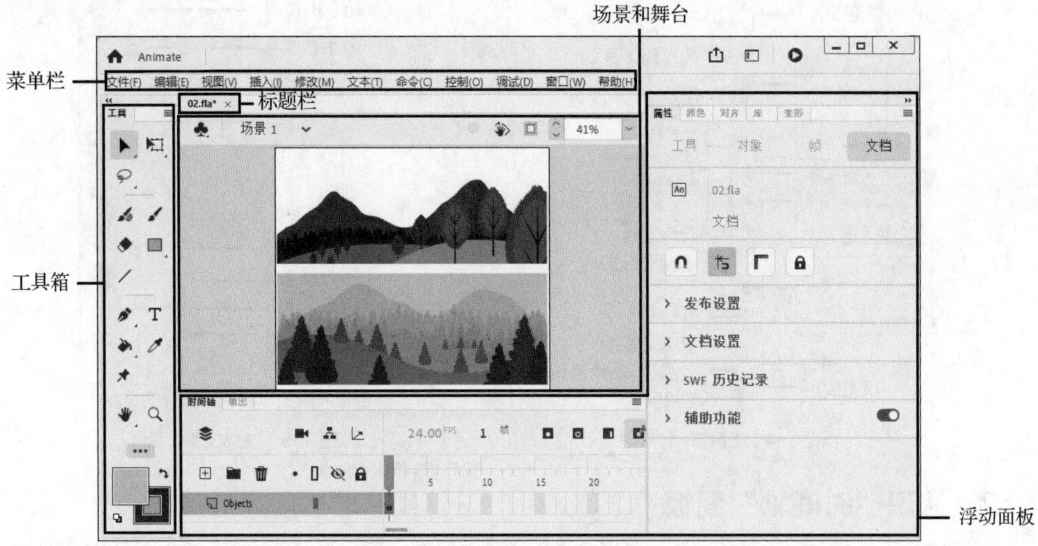

图 3-2　Animate 2021 的工作界面

- **菜单栏：** 由"文件""编辑""视图""插入""修改""文本""命令""控制""调试""窗口""帮助"11 个菜单组成，每个菜单下包括多个命令。若命令右侧标有 ▶ 符号，则表示该命令还有子菜单。若某些命令呈灰色显示，则表示该命令没有激活或当前不可用。

- **标题栏：** 用于显示已打开或已创建文件的名称和格式，以及"关闭"按钮 ×。另外，将鼠标指针移至该区域时，则会显示当前文件的详细存储位置。

- **浮动面板：** 用于编辑对象、调整工具和对象的属性、创建动画的区域。在"窗口"菜单中选择命令后，将打开对应的面板，这些面板即浮动面板，如"库"面板、"对齐"面板和"变形"面板等。设计师可以拖曳这些浮动面板来创建符合自己使用习惯的工作界面。

- **场景和舞台：** 制作图形、编辑和创作动画的区域。一个文件可以包括多个场景。场景顶部为编辑栏，包含编辑场景和元件的常用命令，部分命令的作用如图 3-3 所示。中间的矩形区域为舞台，作用类似于 Photoshop 的图像编辑区，只有舞台中的内容才能在动画中显示出来；舞台的黑色轮廓线表示舞台的轮廓视图；舞台四周为粘贴板，通常为动画元素进入和离开舞台的地方。

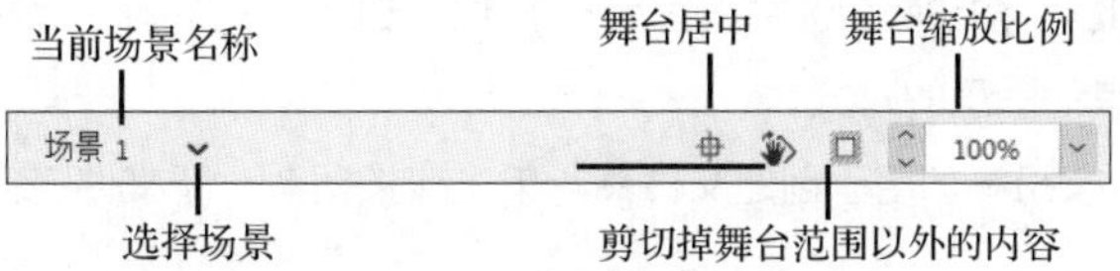

图 3-3　编辑栏中部分命令的作用

● **工具箱：** 工具箱包含了制作动画的常用工具，如图3-4所示，右下角有 ◢ 符号的工具表示该工具处于工具组内，将鼠标指针移至带有 ◢ 符号的工具上，单击鼠标右键可展开工具组，显示组内其他工具。除此之外，单击工具箱上的"编辑工具箱"按钮 ⋯，可打开"拖放工具"面板（见图3-5），在工具箱中选择需要移除的工具，按住鼠标左键不放，将其拖曳到"拖放工具"面板中。使用相同的方法也可将"拖放工具"面板中的工具拖曳到工具箱中。

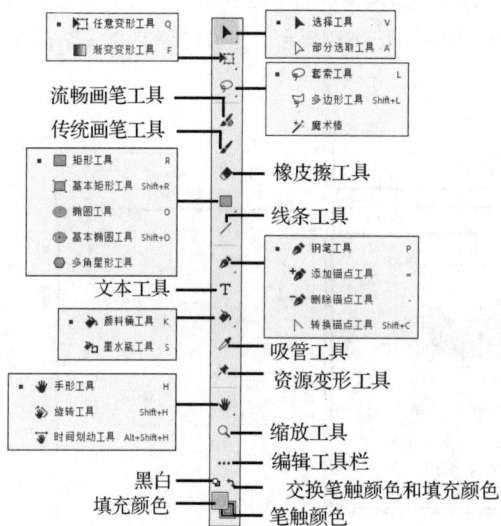

图3-4 工具箱

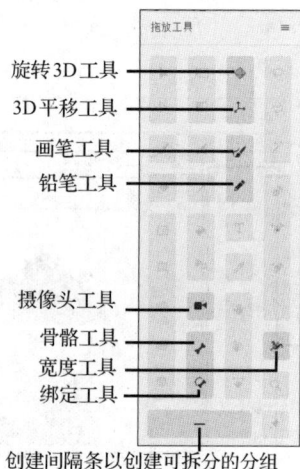

图3-5 "拖放工具"面板

2. 认识"时间轴"面板

"时间轴"面板是创建动画和控制动画播放进程的重要区域，可分为左侧的图层控制区和右侧的时间线控制区。

（1）图层控制区

制作动画的主要操作都是在图层上进行的，而图层控制区便是控制和管理图层的区域，可按照图层的堆叠顺序显示当前文件中所有图层的名称、类型和状态等，如图3-6所示。

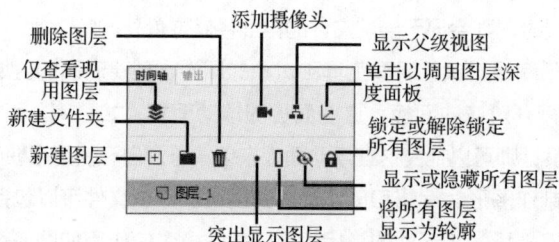

图3-6 图层控制区

● **"删除图层"按钮 🗑：** 用于删除当前选中的图层。另外，选中图层后，单击鼠标右键，在弹出的快捷菜单中选择"删除图层"命令，也可以删除图层。

● **"仅查看现用图层"按钮 ◈：** 选中图层后，单击该按钮，"时间轴"面板中将只显示该图层，但舞台中仍显示其他图层的对象。

● **"新建文件夹"按钮 📁：** 用于创建文件夹。单击该按钮 📁，新文件夹会出现在所选图层或文件夹的上方。

- **"新建图层"按钮** ⊞：用于创建新图层。此外，在任意图层上单击鼠标右键，在弹出的快捷菜单中选择"插入图层"命令也可新建图层。
- **"突出显示图层"按钮** ·：用于以醒目的方式突出显示图层，有助于在复杂的动画项目中快速识别和聚焦正在编辑的特定图层。
- **"将所有图层显示为轮廓"按钮** ：用于使图层中的对象以轮廓线的形式显示。
- **"显示或隐藏所有图层"按钮** ：用于显示或隐藏图层中的内容。
- **"锁定或解除锁定所有图层"按钮** ：用于锁定或解锁图层。
- **"单击以调用图层深度面板"按钮** ：用于打开"图层深度"面板。
- **"显示父级视图"按钮** ：用于显示父子层次结构级。
- **"添加摄像头"按钮** ：用于创建摄像机图层。

（2）时间线控制区

时间线控制区用于选择和播放位于时间轴的帧图像画面，以及快速创建和编辑帧，由播放头、帧标尺、时间标尺等部分组成，如图3-7所示。

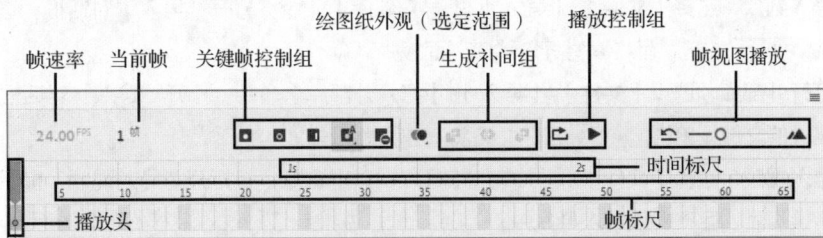

图3-7　时间线控制区

- **帧速率：** 用于显示当前动画的帧速率。
- **当前帧：** 用于显示当前画面帧所在位置。
- **关键帧控制组：** 用于插入不同类型的帧，从左到右依次为"插入关键帧"按钮 、"插入空白关键帧"按钮 、"插入帧"按钮 、"自动插入关键帧"按钮 和"删除帧"按钮 。另外，在"自动插入关键帧"按钮 上按住鼠标左键，或单击鼠标右键，可在打开的下拉列表中单击"自动插入空白关键帧"按钮 以切换功能。
- **绘图纸外观（选定范围）：** 用于将选定范围内的帧图像同时显示在舞台上。
- **生成补间组：** 用于对选择的帧范围插入补间动画，从左到右依次为"插入传统补间"按钮 、"插入补间动画"按钮 、"插入形状补间"按钮 。
- **播放控制组：** 单击"循环"按钮 可循环播放选定范围内的帧图像；单击"播放"按钮 ▶ 可播放所有帧图像。
- **帧视图缩放：** 用于缩放时间轴上帧与帧的显示比例。
- **播放头：** 用于精确选择帧所在位置。
- **时间标尺：** 用于显示当前帧位置的时间。
- **帧标尺：** 用于显示帧的编号，以帮助设计师快速定位帧。

3. Animate的基本操作

Animate的基本操作主要包括新建和打开文件，导入文件，保存和关闭文件，测试、导出和发布文件，以及使用辅助工具。

（1）新建和打开文件

使用Animate制作动画之前，需要在其中新建或打开文件。

- **新建文件：** 启动Animate后进入开始界面，单击该界面左侧的 新建 按钮，或选择【文件】/【新建】命令，或按【Ctrl+N】组合键，打开"新建文档"对话框，在其中设置相关参数后，单击 创建 按钮。

- **打开文件：** 启动Animate后进入开始界面，单击该界面左侧的 打开 按钮，或选择【文件】/【打开】命令，或按【Ctrl+O】组合键，打开"打开"对话框，在其中选择要打开的文件后，单击 打开(O) 按钮。

（2）导入文件

使用Animate制作动画时，若需要添加外部不同格式的图形、图像、声音、视频等文件，则需要执行导入操作。根据文件导入后的位置和文件导入方式的不同，一般可分为以下5种情况。

- **导入到舞台：** 选择【文件】/【导入】/【导入到舞台】命令，打开"导入"对话框，选择文件，单击 打开(O) 按钮，可直接将素材导入舞台中。

- **导入到库：** 选择【文件】/【导入】/【导入到库】命令，打开"导入"对话框，选择文件，单击 打开(O) 按钮，可将素材导入"库"面板中。

- **打开外部库：** 选择【文件】/【导入】/【打开外部库】命令，打开"导入"对话框，选择FLA格式的文件，单击 打开(O) 按钮，可将其作为库打开。

- **导入视频：** 选择【文件】/【导入】/【导入视频】命令，将打开"导入视频"提示框，根据提示操作后，可将视频导入舞台中。

- **跨文件导入：** 先在Animate中打开某文件，然后选中该文件中的图像，按【Ctrl + C】组合键复制图像，再切换到目标文件，按【Ctrl + V】组合键，可将复制的图像粘贴在目标文件的舞台中。

（3）保存和关闭文件

使用Animate制作完动画后，需要保存和关闭文件。

- **保存文件：** 选择【文件】/【保存】命令，或按【Ctrl + S】组合键，打开"另存为"对话框，选定存储位置，单击 保存(S) 按钮。若要将文件以不同的名称、格式、存储路径保存，可以选择【文件】/【另存为】命令，或按【Ctrl + Shift + S】组合键，打开"另存为"对话框，在其中设置相关参数，单击 保存(S) 按钮。选择【文件】/【全部保存】命令，可依次保存当前所有打开的文件。

- **关闭文件：** 选择【文件】/【关闭】命令，或按【Ctrl+W】组合键，或单击标题栏中文件名称右侧的"关闭"按钮×，可关闭当前文件；选择【文件】/【关闭全部】命令，或按【Ctrl+Alt + W】组合键，可关闭当前所有文件；选择【文件】/【退出】命令，或单击Animate工作界面右上角的×按钮，可关闭所有文件和Animate软件。

（4）测试、导出和发布文件

在使用Animate制作完动画后，为了有效降低动画播放出错的概率，应测试动画效果，确定动画效果是否符合预期。效果令人满意后，再进行导出和发布文件的操作。

- **测试文件：** 选择【控制】/【测试影片】命令，在弹出的子菜单中可选择测试地点相关的命令。选择"在Animate中"命令，将在软件内打开新窗口来测试文件，如图3-8所示；选择"在浏览器中"命令，将打开默认浏览器来测试文件，如图3-9所示。

图3-8　在Animate中测试文件

图3-9　在浏览器中测试文件

- **导出文件：** 选择【文件】/【导出】命令，在弹出的子菜单中选择图3-10所示的命令，可导出图像、影片、视频和GIF动画等形式的文件。

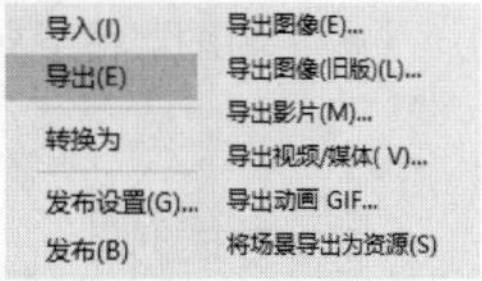

- **发布文件：** 选择【文件】/【发布设置】命令，或按【Ctrl + Shift + F12】组合键，在打开的"发布设置"对话框中自行设置后，单击 发布(P) 按钮。若要以相同的设置再发布其他文件，只需选择【文件】/【发布】命令，或按【Alt + Shift + F12】组合键即可。

图3-10　导出文件命令

（5）使用辅助工具

当需要精准定位对象时，可以使用辅助工具，如标尺、辅助线和网格。

- **标尺：** 选择【视图】/【标尺】命令，或按【Ctrl+Alt + Shift + R】组合键，舞台顶部和左侧将分别显示水平和垂直的标尺。再次选择该命令，或按【Ctrl+Alt + Shift + R】组合键，将隐藏标尺。

- **辅助线：** 将鼠标指针移至标尺上，按住鼠标左键不放并向舞台方向拖曳；选择【视图】/【辅助线】/【锁定辅助线】命令，可锁定已创建的辅助线，防止操作时移动辅助线。选择【视图】/【辅助线】/【清除辅助线】命令，可清除已创建的辅助线。

- **网格：** 选择【视图】/【网格】/【显示网格】命令，舞台将自动显示网格。网格默认显示在所有对象的下面，若需要调整显示位置，可选择【视图】/【网格】/【编辑网格】命令，在打开的"网格"对话框中勾选"在对象上方显示"复选框，然后单击 确定 按钮，如图3-11所示。

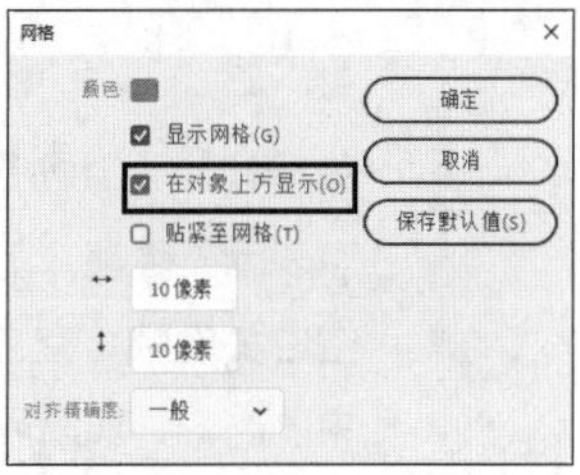

图3-11　"网格"对话框

4. 使用图层

图层是制作各类动画效果的基础，而选择、复制图层等是使用图层时的常用操作。

- **选择图层：** 在"时间轴"面板中单击图层名称可直接选择该图层，此时该图层呈现蓝底，表示该图层当前处于选中状态。按住【Shift】键的同时单击任意两个图层，可选择两个图层之间的所有图层。按住【Ctrl】键的同时单击任意图层，可选择多个不相邻的图层。

- **重命名图层：** 双击图层名称，当图层名称呈蓝色显示时可以输入新名称；也可在需要重命名的图层上单击鼠标右键，在弹出的快捷菜单中选择"属性"命令，在打开的"图层属性"对话框中重新设置图层名称。

- **复制图层：** 选择【编辑】/【时间轴】/【直接复制图层】命令，或在需要复制的图层上单击鼠标右键，在弹出的快捷菜单中选择"复制图层"命令。

- **复制、剪贴与粘贴图层：** 选择图层，单击鼠标右键，在弹出的快捷菜单中选择"拷贝图层"

命令或"剪切图层"命令，然后在需要粘贴图层的位置单击鼠标右键，在弹出的快捷菜单中选择"粘贴图层"命令，可将复制或剪切的图层粘贴到选择的图层上方。该方法也可跨文件使用，并可将文件A图层中所有的元素、帧、动画效果粘贴到文件B中。

- **调整图层的堆叠顺序：** 拖曳图层时，"时间轴"面板中会出现一条黑色圆头横线，在目标位置释放鼠标左键，即可调整图层的堆叠顺序。
- **将图层放入文件夹中：** 选择需要移动到文件夹中的图层，将其拖曳到文件夹图标上，释放鼠标左键，图层将被放入文件夹中。
- **展开或折叠文件夹：** 单击文件夹名称左侧的▶按钮或◀按钮，可展开或折叠该文件夹。
- **将图层移出文件夹：** 展开图层所在的文件夹，选择需要移出的图层，将其拖曳到文件夹之外的区域。

5. 创建帧

Animate动画是通过更改连续帧的内容来创建的，帧是制作动画的关键。将不同内容的帧放置在不同的图层中，以便对其进行修改与编辑。

（1）认识帧

时间线控制区中的一个个方块就代表了不同的帧，连续播放帧便构成了动画。帧中的内容可以是图形、音频、视频等。根据用途的不同，可以将帧分为关键帧、空白关键帧和普通帧3种类型，如图3-12所示。

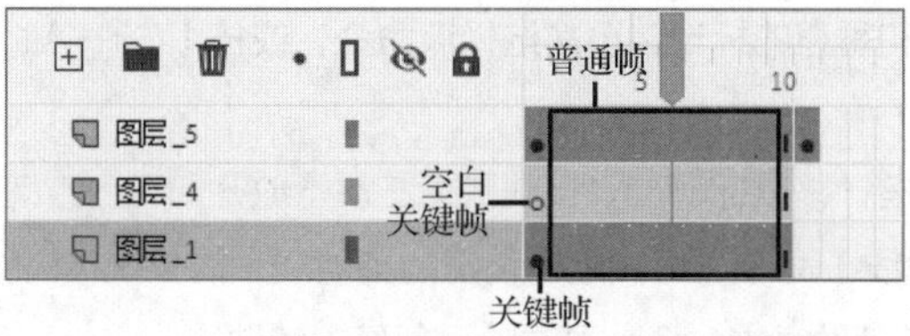

图3-12　关键帧的类型

- **关键帧：** 关键帧是指决定动画内容的帧，可以在舞台上直接进行编辑。在时间轴上，实心圆点表示关键帧，前一个关键帧与后一个关键帧用黑色线段来划分区间。
- **空白关键帧：** 空白关键帧是指在舞台上没有内容的关键帧，可用于清除前一个关键帧保留下来的内容，或增添新内容。在时间轴上，空心圆点表示空白关键帧。
- **普通帧：** 普通帧简称帧，是指在舞台上能显示对象，但不能编辑的帧，常用于延续两个关键帧之间的内容，是Animate利用推算算法自动生成的。在时间轴上，灰色小方格表示普通帧。

（2）插入帧

创建新图层时，新图层的第1帧将自动被设置为空白关键帧。若需要插入其他类型的帧，可采用以下两种方法。

- **通过菜单命令插入：** 选择【插入】/【时间轴】命令，在弹出的子菜单中选择所需命令。另外，添加普通帧的快捷键为【F5】键。
- **通过快捷菜单插入：** 在时间轴上单击鼠标右键，在弹出的快捷菜单中选择所需命令。

（3）编辑帧

插入帧后，可根据实际需求来编辑帧，如选择帧、删除帧、翻转帧和转换帧等。

- **选择帧：** 若需要选择单个帧，只需将鼠标指针移至所要选择的帧位置上并单击；若需要选择多个连续的帧，可单击选择帧范围的第1帧，按住鼠标左键不放并拖曳以框选需要选择的帧；若需要选择多个不连续的帧，可单击选择其中一帧，然后按住【Shift】键的同时单击选择其余的帧；若需要选择所有，可单击选择其中一帧，然后单击鼠标右键，在弹出的快捷菜单中选择"选择所有帧"命令，或按【Ctrl + Alt + A】组合键。

- **移动帧：** 选择要移动的单个或多个帧，按住鼠标左键不放并拖曳到目标位置后，释放鼠标。
- **复制和粘贴帧：** 将鼠标指针移至所要复制的帧上，按住【Alt】键不放，拖曳该帧到需要粘贴的位置，可将该帧粘贴到该位置；也可将鼠标指针移至所要复制的帧位置上，单击鼠标右键，在弹出的快捷菜单中选择"复制帧"命令，然后将鼠标指针移至其他位置，再次单击鼠标右键，在弹出的快捷菜单中选择"粘贴帧"或"粘贴并覆盖帧"命令，可将复制的帧粘贴到当前位置上。
- **剪切帧：** 选择要剪切的帧，单击鼠标右键，在弹出的快捷菜单中选择"剪切帧"命令。
- **删除帧：** 选择要删除的帧，单击鼠标右键，在弹出的快捷菜单中选择"删除帧"命令，或按【Shift + F5】组合键。
- **翻转帧：** 翻转帧是指颠倒多个帧的顺序，从而使开头的帧移至结尾，结尾的帧移至开头，如图3-13所示。选择所要翻转的多个帧，单击鼠标右键，在弹出的快捷菜单中选择"翻转帧"命令。

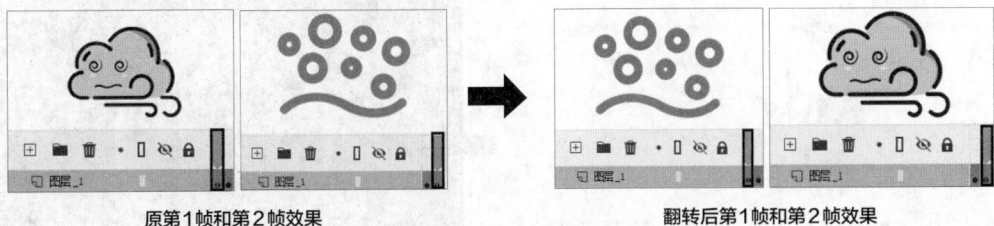

原第1帧和第2帧效果　　　　　　　　翻转后第1帧和第2帧效果

图3-13　翻转帧前后的效果

- **转换帧：** 选择普通帧后，单击鼠标右键，在弹出的快捷菜单中选择"转换为关键帧"或"转换为空白关键帧"命令，可将普通帧转换为关键帧或空白关键帧；选择关键帧后，单击鼠标右键，在弹出的快捷菜单中选择"清除关键帧"，可将其转换为普通帧。

6. 认识"属性"面板

在"属性"面板中有"工具""对象""文档""帧"4个选项卡，设计师可通过单击选项卡来切换面板内容。另外，即使在同一选项卡中，选择不同的工具或对象，面板也会显示不同的参数选项。

"属性"面板中的"帧"选项卡（见图3-14）是制作动画时较为常用的功能，可为所选的帧设置各种属性，从而制作出具有特殊效果的画面。"帧"选项卡状态下各栏参数的作用如下。

- **标签：** 用于设置当前帧的名称和类型，包含"名称"文本框和"类型"下拉列表。
- **声音：** 用于设置音频素材的属性，如名称、声音效果、声音循环等，包括"名称"文本框、"效果"下拉列表和"同步"下拉列表。
- **色彩效果：** 用于设置图像素材的色彩和不透明度（即Alpha），包括"亮度""色调""高级""Alpha"参数。
- **混合：** 用于设置图层的混合模式，包括"隐藏对象"复选框、"混

图3-14　"属性"面板

合"下拉列表和"呈现"下拉列表。

- **滤镜：** 用于为图像素材设置特殊效果，包括"投影""模糊""发光""斜角""渐变发光""渐变斜角""调整颜色"滤镜。

7. 逐帧动画

逐帧动画是由多个连续帧组成，通过改变每帧的内容所形成的一种动画类型。常见的动态表情、GIF图、定格动画大都属于逐帧动画。在Animate中，创建逐帧动画的方法有以下4种。

- **转换为逐帧动画：** 选择要转换为逐帧动画的帧，然后单击鼠标右键，在弹出的快捷菜单中选择"转换为逐帧动画"命令后，再在弹出的子菜单中选择所需命令，可将选择的帧转换为逐帧动画。
- **逐帧制作：** 新建多个空白关键帧，然后在每个空白关键帧上添加有区别的内容。
- **导入GIF动画文件：** 将GIF动画文件导入舞台后，Animate会自动将GIF动画文件中的每张静态图像转换为关键帧，从而形成逐帧动画，如图3-15所示。
- **导入具有连续编号的图像素材：** 使用"导入到舞台"命令选择具有连续编号的图像素材，可将剩余连续编号的图像素材一同导入，并且Animate会自动按照添加图像素材的顺序，依次将图像素材转化为关键帧，从而形成逐帧动画，如图3-16所示。

图3-15　导入GIF动画文件形成逐帧动画

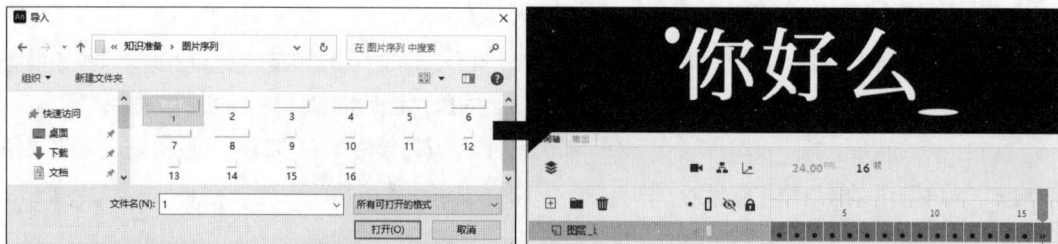

图3-16　导入具有连续编号的图像素材形成逐帧动画

✂ **任务实施**

1. 导入图像素材并布局画面

米拉准备先创建符合客户要求的文件，再将搜集到的篮球场景图像素材导入舞台中，然后创建多个包含空白关键帧的图层，并为这些关键帧添加素材，从而布局整个画面，具体操作如下。

（1）启动Animate进入开始界面，单击 新建 按钮，打开"新建文档"对话框，在右侧"详细信息"栏里设置宽为"1280像素"，高为"720像素"，帧速率为"24.00FPS"，平台类型为"ActionScript 3.0"，单击 创建 按钮。

（2）选择【文件】/【导入】/【导入到舞台】命令，打开"导入"对话框，选择"场景.png"素材，单击 打开(O) 按钮，如图3-17所示。

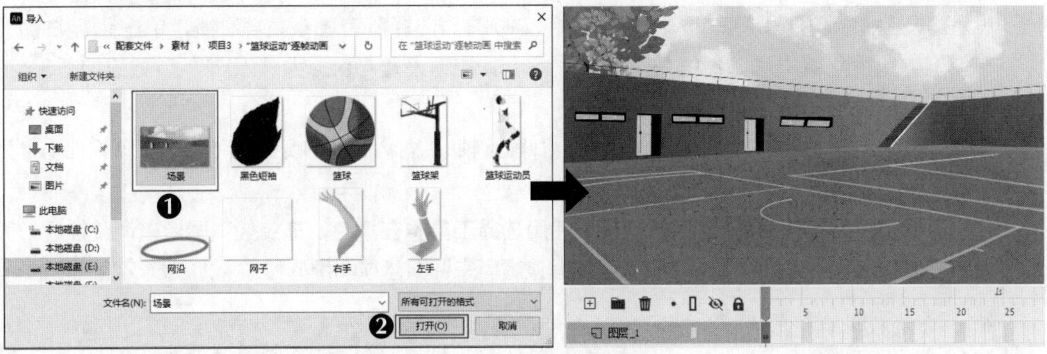

图3-17 导入场景素材到舞台

（3）画面的场景已添加完毕，接下来需要依次导入其他图像素材来构成完整画面。单击"新建图层"按钮⊞，修改图层名称为"篮球架"；然后按照与步骤（2）相同的方法导入"篮球架.png"素材，新导入的素材将位于"篮球架"图层中，再使用选择工具▶调整素材的位置，效果如图3-18所示。

（4）按照与步骤（3）相同的方法依次新建并重命名图3-19所示的图层，然后导入对应的素材，调整素材的位置。舞台中的图像布局效果如图3-20所示。

图3-18 导入篮球架素材到舞台

图3-19 新建与重命名图层

图3-20 舞台中的图像布局效果

2. 插入帧并设置帧属性

在舞台中布局完篮球场景后，米拉便开始开始通过插入帧、设置帧属性和调整图像位置的方式来制作投篮的逐帧动画，具体操作如下。

（1）为方便制作，先统一延长帧的持续时间到75帧。框选所有图层的第1帧，然后拖曳鼠标，框选所有图层的第75帧，单击鼠标右键，在弹出的快捷菜单中选择"插入帧"命令，插入普通帧后的"时间轴"面板如图3-21所示。

（2）选择所有图层的第1帧，打开"属性"面板，单击"帧"选项卡，在"色彩效果"下拉列表中选择"Alpha"选项，并设置Alpha为"0%"，如图3-22所示。

微课视频

插入帧并设置帧属性

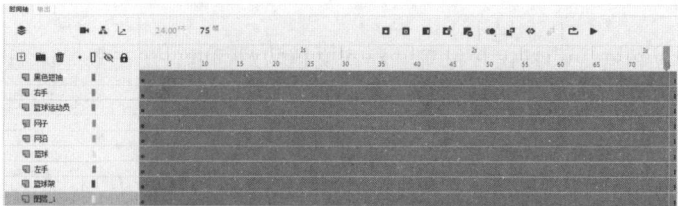

图3-21 插入普通帧后的"时间轴"面板

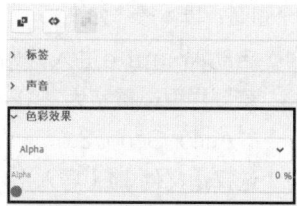

图3-22 设置第1帧的属性

（3）设置好属性的帧将由黑色实心圆变为白色实心圆。选择所有图层的第2帧，单击鼠标右键，在弹出的快捷菜单中选择"插入关键帧"命令，接着设置Alpha为"25%"，效果如图3-23所示。

（4）依次选择所有图层的第3帧、第4帧和第5帧，插入关键帧后，分别设置Alpha为"50%""75%""100%"。

（5）在"篮球"图层的第6帧处插入关键帧，使用选择工具 ▶ 在舞台上拖曳篮球图像以调整位置，舞台中将自动出现原位置的图像虚影，可依据该虚影来调整篮球图像的位置，如图3-24所示。

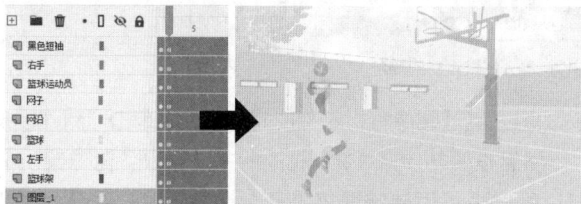

图3-23 设置第2帧的属性

图3-24 调整篮球图像的位置

如何精准地调整每一帧中图像的位置？

疑难解析

在Animate中调整图像的位置时，若该图像所在的帧位置前已插入关键帧，则在调整该帧图像时，可以原位置的图像虚影为参考来调整。若位置前未插入关键帧，则可使用网格或辅助线来辅助调整图像的位置。

（6）按照与步骤（5）相同的方法，依次在"篮球"图层的第7帧～第31帧处插入关键帧，并调整篮球图像的位置，制作抛出篮球入网再掉落到地面的效果，部分画面的效果如图3-25所示。

图3-25 第9帧、第18帧和第26帧效果

3. 测试、优化与导出动画

米拉准备测试投篮的逐帧动画，以此观察篮球的运动轨迹是否合理，若存在问题则需要优化后再导出动画，具体操作如下。

（1）选择【控制】/【测试影片】/【在Animate中】命令，在打开的对话框中查看动画效果，发现篮球进网的运动轨迹不太符合物理规律，需要优化该段

微课视频

测试、优化与导出动画

运动轨迹。

（2）锁定除"篮球"图层以外的所有图层，单击"绘图纸外观（选定范围）"按钮 ●，分别拖曳播放头左侧的 ┃图标到第1帧，拖曳右侧的 ┃图标到第31帧，此时舞台中将同时呈现所有图层中第1帧～第31帧的画面，如图3-26所示。此时可发现篮球进网的运动轨迹偏向于斜线，需要调整部分图像的位置使其偏向于曲线，使整段运动轨迹变为更符合常理的抛物线。

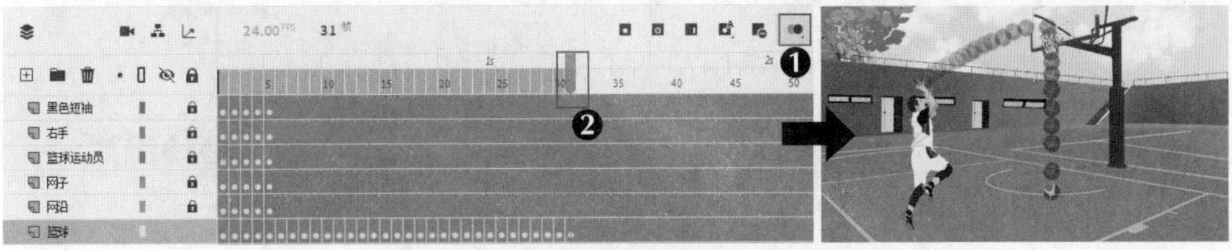

图3-26 同时呈现出篮球图像的所有画面

（3）将播放头依次移动至第9帧～第20帧，使用选择工具 ▶ 调整篮球图像的位置，再将播放头移动到第31帧以查看整体运动轨迹，效果如图3-27所示。

（4）按照与步骤（1）相同的方法再次测试动画，可发现篮球运动轨迹已符合预期，但是人物手部姿势比较僵硬。解锁"右手"图层，选择第4帧，选择任意变形工具 ᣮᣮ，此时右手图像的四周会出现定界框，将鼠标指针移至定界框右上角，当鼠标指针变为 ↰ 形状时，拖曳鼠标以调整方向，如图3-28所示。

（5）在"右手"图层的第5帧～第8帧处和"左手"图层的第5帧～第8帧插入关键帧，然后按照与步骤（4）相同的方法调整"右手"图层第5帧～第8帧和"左手"图层第4帧～第8帧图像的方向和位置，效果如图3-29所示。在调整位置时，右手图像仍应与黑色短袖图像紧密贴合，不能出现手部图像穿模或超出衣服的画面。

图3-27 查看优化后的运动轨迹

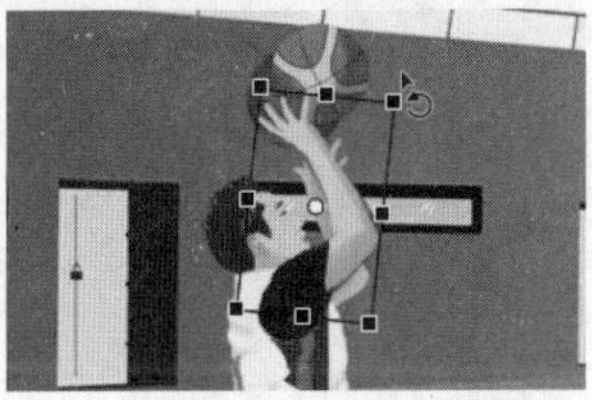

图3-28 调整右手图像的方向

图3-29 调整手部图像的效果

（6）单击"绘图纸外观（选定范围）"按钮 ●，取消显示全部图像的状态。依次在所有图层的第32帧～第35帧插入关键帧，并分别设置Alpha为"75%""50%""25%""0%"。

（7）拖曳鼠标以框选全部图层的第36帧～第75帧，单击鼠标右键，在弹出的快捷菜单中选择"删除帧"命令，删除多余的帧。按【Enter】键预览动画效果，如图3-30所示。

图3-30 "篮球运动"动画效果

（8）选择【文件】/【保存】命令，打开"另存为"对话框，选定存储位置，设置文件名为"'篮球运动'逐帧动画"，单击 保存(S) 按钮，如图3-31所示。

（9）选择【文件】/【导出】/【导出影片】命令，打开"导出影片"对话框，选定导出位置，设置保存类型为"SWF影片（*.swf）"，单击 保存(S) 按钮，导出文件，如图3-32所示。

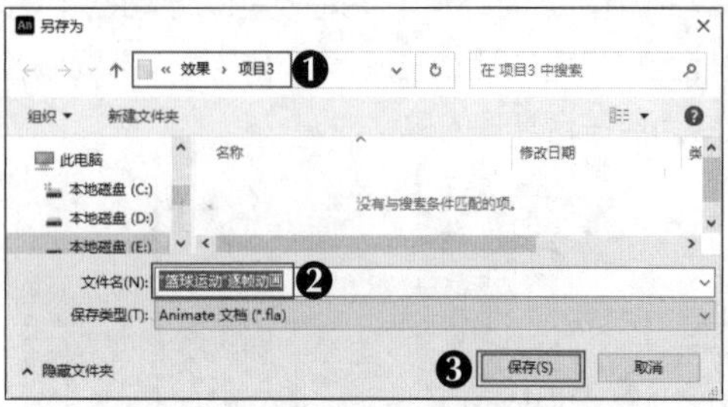

图3-31　保存文件

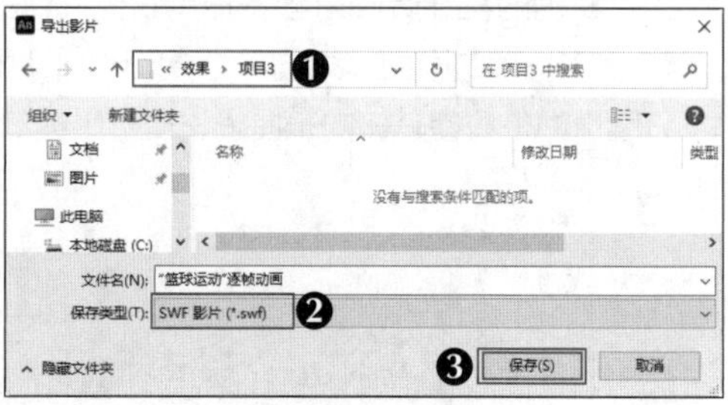

图3-32　导出文件

设计素养　设计师在设计作品时，要遵守现实中的科学规律，如物体运动规律、昼夜变化、光传播等，使动画效果更加真实和自然，也让观众更有代入感。此外，设计师也可以赋予动画情感表达，发挥主观能动性，在设计作品中融入情感，不仅能使作品打动人心，同时还能提升自身的艺术素养。

制作商务图标逐帧动画

课堂练习　新建文件，结合图层和导入功能来添加提供的图像素材到舞台上，综合运用选择工具和任意变形工具调整商务图标的大小和位置，并通过设置帧的属性和翻转帧来制作商务图标逐帧动画，参考效果如图3-33所示。

图3-33　商务图标逐帧动画参考效果

素材位置： 素材\项目3\商务图标逐帧动画\
效果位置： 效果\项目3\商务图标逐帧动画.fla、商务图标逐帧动画.swf

任务3.2　制作"智慧城市"科普动画片头 ▬▬

老洪见米拉对Animate的基本操作已十分熟悉，动画设计方面也有巧思，便放心地将制作"智慧城市"科普动画片头的任务交给她，希望她能使用多种动画形式，如补间动画、遮罩动画、引导层动画来丰富片头视觉效果，从而提升动画的观赏性。

🔍 任务描述

任务背景	动画片头具有引起观众兴趣、传达主题和核心概念，以及为后续动画内容做铺垫的作用。某市政府为号召市民参与到打造智慧城市的工作中来，准备制作一部"智慧城市"科普动画，向市民详细讲解智慧城市的相关内容。为提升动画的吸引力，可为其添加片头动画，激发市民对动画内容的兴趣，从而提高"智慧城市"科普动画的观看量
任务目标	① 制作尺寸为1280像素×720像素，帧速率为24帧/秒，平台类型为ActionScript 3.0，时长为3秒左右的片头动画
	② 在动画的开头添加遮罩动画，为场景的变换添加补间动画，为装饰图形添加引导层动画和补间动画，使动画形式多样，视觉效果引人入胜
	③ 主题表达简短有力，布局简洁美观，可以使观众快速理解动画的主要内容，动画效果流畅，整体观看体验较佳
知识要点	创建元件、"库"面板、补间动画、引导层动画、遮罩动画、"属性"面板

本任务的参考效果如图3-34所示。

图3-34 "智慧城市"科普动画片头参考效果

素材位置： 素材\项目3\"智慧城市"科普动画片头\

效果位置： 效果\项目3\"智慧城市"科普动画片头.fla、"智慧城市"科普动画片头.swf

📦 知识准备

米拉翻阅客户提供的资料后，对动画的具体设计方案还没有头绪，于是便请教身边的同事，同事建议她可以从补间动画、遮罩动画和引导层动画的重要组成部分——元件与实例来着手分析，再根据这3种动画的特点展开创意设计。

1. 认识元件与实例

在Animate中，可以将一些需要重复使用的对象创建或转换为不同类型的元件，以便随时调用，而被调用的元件又称为实例。

（1）元件的类型

元件是由多个独立的元素和动画合并而成的整体，每个元件都有唯一的时间轴和舞台，以及多个图层。Animate中的元件有图形元件、影片剪辑元件和按钮元件3种类型。

- **图形元件：** 图形元件是构成动画的基本元素之一，用于创建静态图像，或是重复利用的、与主场景的时间线控制区有关联的运动对象。由于图形元件与主场景的时间线控制区同步，因此改变图形元件的任意参数都会影响已在舞台中使用的该元件。

- **影片剪辑元件：** 影片剪辑元件具有独立的时间线控制区，不受主场景的时间线控制区影响，可用于创建图像、声音或其他影片剪辑实例。另外，影片剪辑元件不随着播放主场景的时间线控制区的内容播放所包含的内容，而是随着测试动画或导出动画内容播放所包含的内容。

- **按钮元件：** 按钮元件是用于响应鼠标单击、滑过和其他动作的交互式按钮，包含弹起、指针经过、按下、点击4种状态，如图3-35所示，在这4种状态下创建的关键帧都可以使用影片剪辑元件来创建变化多样的动态按钮。

图3-35 按钮元件的4种状态

（2）元件的创建与转换

在Animate中可先创建元件，再为元件添加内容，也可以根据舞台上的实时情况，将舞台上已存在的对象转换为元件，方便制作动画。

- **创建元件：** 选择【插入】/【新建元件】命令，打开"创建新元件"对话框，设置元件名称和类型后，单击 确定 按钮，可打开一个空白元件的场景，在该场景的舞台中添加元件内容后，便可完成元件的创建，如图3-36所示。

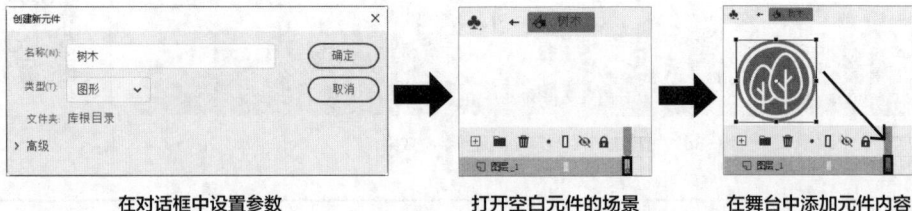

在对话框中设置参数　　　　打开空白元件的场景　　　　在舞台中添加元件内容

图3-36 创建元件

- **转换元件：** 在舞台中选择素材后，单击鼠标右键，在弹出的快捷菜单中选择"转换为元件"命令，打开"转换为元件"对话框，设置元件名称和类型，单击 确定 按钮。

（3）元件编辑模式

在舞台中运用元件后，使用工具箱中的工具和菜单栏中的命令可以编辑元件，并调整元件的内容，使其更贴合设计师的实际需求。在编辑元件时，需要先进入元件编辑窗口，即元件编辑模式，进入元件编辑窗口有以下4种方式。

- 在舞台中选择需要编辑的元件，然后选择【编辑】/【编辑元件】命令。

- 在舞台中的元件上单击鼠标右键，在弹出的快捷菜单中选择"编辑元件"命令。
- 双击舞台中的元件。
- 在"库"面板中双击要编辑的元件使用次数右侧的空白区域；也可以在元件名称上单击鼠标右键，在弹出的快捷菜单中选择"编辑"命令。

（4）元件与实例的区别

元件的使用范围只在动画的幕后区，将其从"库"面板中拖曳到舞台中，舞台中显示的是该元件的实例。实例是指在舞台上或嵌套在另一个元件内的元件副本，可视为元件在舞台上的具体体现。实例具有其元件的一切特性，编辑元件会影响舞台中该元件的所有实例，如图3-37所示；但若在舞台上修改实例的形状或大小等，则不会对"库"面板中这一实例的元件产生影响，如图3-38所示。

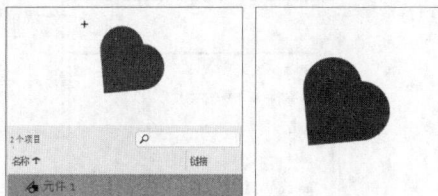

"库"面板中的元件	舞台中的实例

图3-37 更改元件的方向

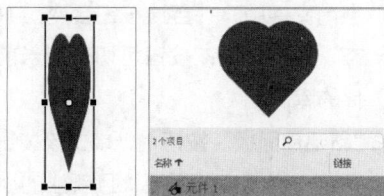

舞台中的实例	"库"面板中的元件

图3-38 更改实例的形状

（5）实例的属性

创建元件并将其运用到舞台上后，若需要创建丰富多彩的视觉效果，可修改实例的属性。具体操作方法为：选中实例后，打开"属性"面板，单击"对象"选项卡，此时该面板中的选项如图3-39所示。

- **元件类型：** 用于显示所选实例的元件类型。
- **"交换元件"按钮 ⇄：** 单击该按钮，在打开的对话框中可选择任意元件，使实例具有与该元件相同的属性。
- **"编辑元件属性"按钮 ≋：** 用于编辑实例所属元件的属性。
- **"转换为元件"按钮 ✦：** 用于将实例转换为新元件。
- **"分离"按钮 ⊞：** 用于打散实例，使其成为矢量元（用于描述图像、形状和颜色的二维或三维数据单元）构成的图形。

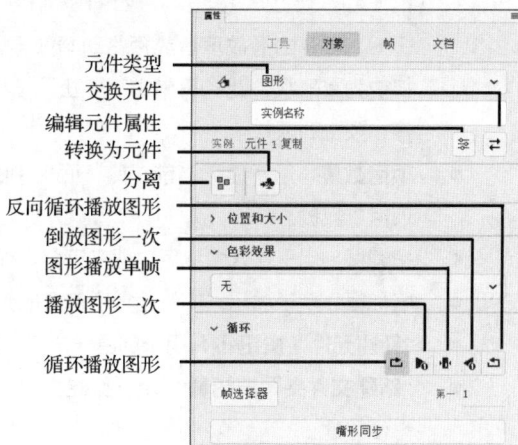

图3-39 实例的"属性"面板

- **"反向循环播放图形"按钮 ⟲：** 用于使实例从指定帧开始反向循环播放，但主场景的时间轴停止时，实例也停止播放。
- **"倒放图形一次"按钮 ⬅：** 用于使实例从指定帧开始倒放，播放一次后停止。
- **"图形播放单帧"按钮 ⊡：** 用于只显示实例的单个帧，此时需要指定显示的帧编号。
- **"播放图形一次"按钮 ◀：** 用于使实例从指定帧开始播放，播放一次后停止。
- **"循环播放图形"按钮 ⟳：** 用于使实例从指定帧开始循环播放，但主场景的时间轴停止时，实例也停止播放。

2. 认识"库"面板

设计师导入素材后，素材都会存放在"库"面板中，并且元件也会存放在其中。若需要再次使用某素材或元件，可直接从"库"面板中调用。选择【窗口】/【库】命令，或按【Ctrl+L】组合键，打开"库"面板，如图3-40所示。

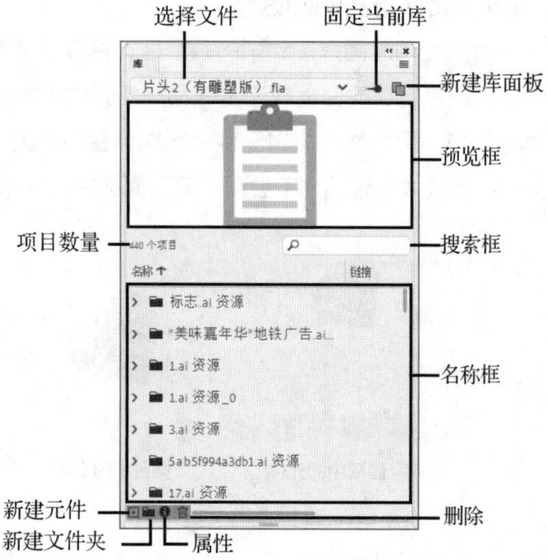

- **选择文件：**若在Animate中打开了多个文件，则可在该下拉列表中选择文件来调用文件中的素材和元件。

- **"固定当前库"按钮➡：**选择其他文件的库后，单击该按钮可将该库固定到当前文件中，并且该按钮会变为🔍状态，再次单击该按钮可切换到当前文件的库。

- **"新建库面板"按钮🗇：**单击该按钮可新建一个"库"面板，且新建的面板将包含当前"库"面板中的所有素材和元件。

- **预览框：**用于预览在"库"面板中选择的元件或素材的显示效果。如果所选元件为已制作动画效果的影片剪辑元件或图形元件，或所选的素材为音频素材，则该预览窗口的右上角会出现"播放"按钮▶和"停止"按钮▇，如图3-41所示。单击"播放"按钮▶，可开始播放声音或预览动画效果，并且"停止"按钮▇将变为▇形状，此时再单击"停止"按钮▇可停止播放声音或停止预览动画效果。

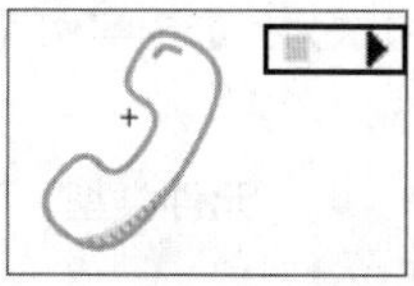

图3-40 "库"面板

图3-41 选择音频素材的预览框

- **项目数量：**用于显示当前"库"面板中的项目（存放在该面板中的所有素材和元件被统称为项目）数量。

- **搜索框：**用于输入名称后，搜索符合名称的元件或素材。

- **名称框：**用于展示"库"面板中包含的元件或素材的名称。

- **"新建元件"按钮▣：**用于创建一个空白的元件，类似于"新建元件"命令。

- **"新建文件夹"按钮▣：**用于新建文件夹。可将相互关联的素材和元件放置在同一文件夹中，方便管理。

- **"属性"按钮ⓘ：**用于更改元件或素材的属性。在"库"面板中选择某个元件后，单击该按钮，可重新打开"元件属性"对话框，在其中可更改所选元件的名称和类型等属性。

- **"删除"按钮▇：**用于删除当前选择的元件或素材。

3. 补间动画

补间动画是一种通过指定起始状态和结束状态，由Animate自动生成中间状态的动画形式，可分为补间动画、传统补间动画和形状补间动画3种类型。

（1）创建与编辑补间动画

补间动画是通过为不同帧中的对象属性指定不同的值来创建的。创建补间动画的方法为：先在开始帧放置元件，然后单击鼠标右键，在弹出的快捷菜单中选择"创建补间动画"命令，再多次插入带有属性的关键帧，制作该属性的补间动画。补间动画在"时间轴"面板中显示为连续的带有暗黄色背景的帧范围，开始帧中的黑点表示补间范围分配了目标对象，黑色菱形表示结束帧和任何其他属性的关键帧，并且元件在舞台上将显示运动路径，如图3-42所示。

图3-42 创建补间动画

属性关键帧

知识补充

　　属性关键帧是指在补间动画中定义了属性值的特定帧，在时间轴上显示为黑色菱形。创建传统补间动画和形状补间动画以及其他类型的动画时，都不会出现属性关键帧。

不论创建哪种类型的补间动画，选择补间动画的任意一帧，"属性"面板的"帧"选项卡中都将出现"补间"栏，用于设置动画属性。图3-43所示为补间动画的"补间"栏，其中各选项的含义如下。

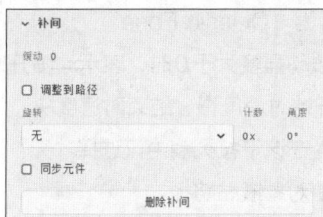

图3-43 补间动画的"补间"栏

- **缓动：** 用于设置缓动的强度数值。
- **调整到路径：** 勾选该复选框，可以使对象相对于路径（路径是指在补间动画过程中，对象在关键帧之间移动的轨迹）的方向保持不变，并进行旋转。
- **旋转：** 用于设置旋转方向。在该下拉列表中可选择"无""顺时针""逆时针"选项。
- **计数：** 用于设置旋转圈数，如"1×"表示旋转一圈。
- **角度：** 用于设置元件旋转的方向。
- **同步元件：** 勾选该复选框，为元件设置的补间属性将自动同步到舞台中所有用到该元件的地方。
- **删除补间 ：** 单击该按钮，可删除补间动画。

（2）创建与编辑传统补间动画

传统补间动画又称为运动渐变动画，其原理是通过不同性质的关键帧实现对象缩放、不透明度、色彩、旋转等方面的动画效果。

创建传统补间动画的方法为：在动画的开始关键帧和结束关键帧中放入同一个元件，在两个关键帧之间单击鼠标右键，在弹出的快捷菜单中选择"创建传统补间"命令，然后调整两个关键帧中对象的大小和旋转方向等属性。开始帧、结束帧，以及这两个关键帧之间的过渡帧会呈现出带有黑色箭头和浅紫色背景的效果，如图3-44所示。

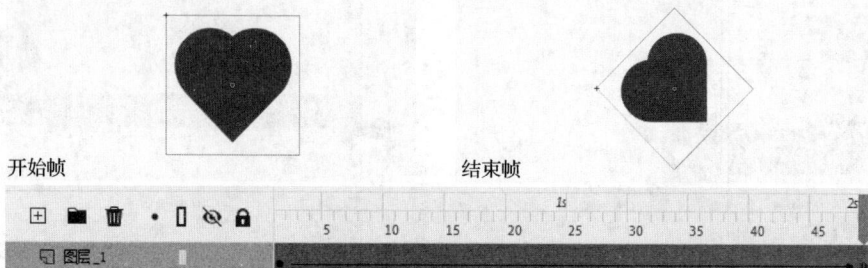

开始帧　　　　　　　　　　　　　　　　　　　　　结束帧

图3-44　创建传统补间动画

传统补间动画"属性"面板中的"补间"栏如图3-45所示，其中各选项的含义如下。

- **缓动：**用于设置缓动的方式。在该下拉列表中可选择"属性（一起）"和"属性（单独）"选项。

- **效果：**用于设置缓动效果。

- **"编辑缓动"按钮：**单击该按钮，将打开"自定义缓动"对话框，在其中可以手动设置缓动效果。

图3-45　传统补间动画的"补间"栏

- **缓动强度：**当缓动效果为"Classic Ease"时，将显示该数值框。当缓动强度大于0时，表示动画开始时速度快，结束时速度慢；当缓动强度小于0时，表示动画开始时速度慢，结束时速度快。

- **旋转：**用于设置旋转方向。在该下拉列表中可选择"无""自动""顺时针""逆时针"选项。

- **贴紧：**勾选该复选框，可使对象紧贴路径。

- **调整到路径：**勾选该复选框，对象可根据路径的曲度变化来改变方向。

- **沿路径着色：**勾选该复选框，对象可根据路径的颜色来调整自身的颜色。

- **沿路径缩放：**勾选该复选框，对象可根据路径的宽度来调整缩放效果。

- **缩放：**勾选该复选框，允许在动画过程中改变对象的比例；取消勾选该复选框，将禁止比例变化。

（3）创建与编辑形状补间动画

形状补间动画是通过矢量图形的形状变化，实现从一个图形过渡到另一个图形的渐变过程。该动画与补间动画和传统补间动画的区别在于，形状补间动画不需要将素材转换为元件，只需保证素材为矢量图形。

创建形状补间动画的方法为：在动画的开始关键帧和结束关键帧中绘制不同的图形，然后在两个关键帧之间单击鼠标右键，在弹出的快捷菜单中选择"创建补间形状"命令。开始帧、结束帧，以及这两个关键帧之间的过渡帧会呈现出带有黑色箭头和棕色背景的效果，如图3-46所示。

开始帧

结束帧

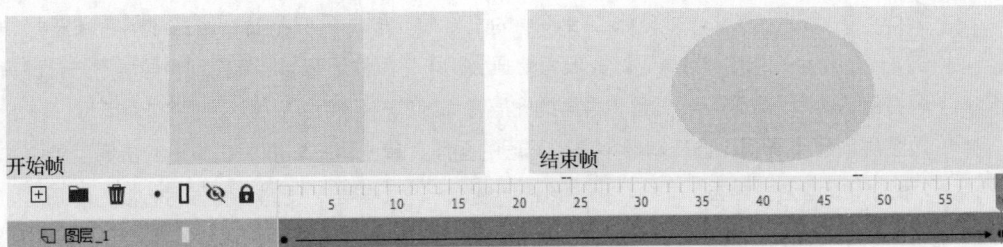

图3-46 创建形状补间动画

形状补间动画的"补间"栏如图3-47所示，大多数参数类似于传统补间动画的"补间"栏；"混合"下拉列表用于设置开始帧和结束帧之间的变化模式，有"分布式"和"角形"两个选项。

- **分布式：** 用于使过渡帧的形状过渡更加自然。
- **角形：** 用于使过渡帧的形状过渡保持开始帧和结束帧

图3-47 形状补间动画的"补间"栏

上矢量图形的棱角，只适用于有尖锐棱角和直线的混合形状。如果开始帧和结束帧中的矢量图形没有棱角，Animate会自动选择"分布式"选项。

4. 引导层动画

引导层动画是一种动画元素按特定路线运动的动画形式，如图3-48所示。引导层动画由引导层和动画层组成，引导层中有引导线，且引导线在最终发布时不会显示出来，动画层中的动画形式一般是补间动画。

图3-48 引导层动画

（1）引导层的形态

引导层有普通引导层和运动引导层两种形态。

- **普通引导层：** 图层名称前有 ⌐ 符号，用于为其他图层提供辅助绘图和绘图定位。例如，放置一些参考图像、文本说明、元件位置参考对象等。
- **运动引导层：** 图层名称前有 ⌐ 符号，用于设置图像运动路径的导向，使动画层中的图像沿着路径运动。运动引导层上可创建多个运动轨迹，可引导动画层上多个图像沿着不同的路径运动，使图像的运动效果更加自然。

（2）创建引导层

创建引导层动画的关键就是创建引导层，在Animate中有以下两种方式可以创建引导层。

- **将图层转换成引导层：** 选择需要转换为引导层的图层，单击鼠标右键，在弹出的快捷菜单中选择"引导层"命令，可将该图层转换为引导层，图层名称不变，但名称前有 ⟍ 符号，如图3-49所示。此时引导层下方还没有动画层，可将其他已有图层拖曳到引导层下方，已有图层将自动转换为动画层，并且引导层的图层名称前的符号将变为 ⌒，如图3-50所示。

- **为图层创建引导层：** 选择需要创建引导层的图层，单击鼠标右键，在弹出的快捷菜单中选择"添加传统运动引导层"命令，可为该图层创建一个引导层，同时该图层将转换为动画层。此时引导层的图层名称为"引导层：+所选图层名称"，如图3-51所示。

图3-49　将图层转换成引导层　　　图3-50　将图层转换为动画层　　　图3-51　为图层创建引导层

（3）绘制引导线的工具

引导层创建完毕后，就需要在舞台中绘制引导线。绘制引导线的工具有铅笔工具 ✏ 和线条工具 ╱。其中铅笔工具 ✏ 用于绘制任意形状的线段，线条工具 ╱ 用于绘制直线段。

选择工具后，在"属性"面板"工具"选项卡的"颜色和样式"栏中可设置引导线的属性，然后在舞台中按住鼠标左键不放并拖曳，可绘制引导线。铅笔工具 ✏ 的"颜色和样式"栏与线条工具 ╱ 的"颜色和样式"栏中的参数基本一致，如图3-52所示。

- **笔触：** 单击左侧色块，可在打开的面板中设置笔触的颜色。

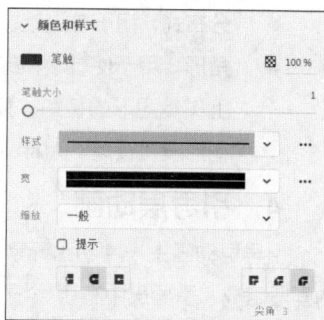

图3-52　铅笔工具的"颜色和样式"栏

- ▨：用于设置笔触的不透明度。
- **笔触大小：** 用于设置笔触的宽度。
- **样式：** 用于设置笔触的样式风格，共有7种样式选项。
- **宽：** 用于设置宽度的样式，从而绘制出宽度大小不一的笔触。
- **缩放：** 用于设置缩放笔触的方式。
- **提示：** 勾选"提示"复选框，可以启用笔触提示，防止出现模糊的线条。
- **按钮组：** 用于设置笔触终点的样式，从左到右依次为平头端点、圆头端点和矩形端点。
- **按钮组：** 用于设置两条笔触的相接方式，从左到右依次为尖角连接、斜角连接和圆角连接。
- **尖角：** 当选择笔触的相接方式为"尖角连接"时，为了避免尖角相连接时产生倾斜，可输入一个尖角限制参数，超过连接部分的线条都将被设置为方形，而不形成尖角。

引导层动画制作的注意事项

知识补充

引导层中的引导线应为一条从头到尾不中断、不封闭的线段，线段的转折不宜过多，不能出现交叉、重叠，以免Animate无法准确判断对象的运动路径。另外，在动画层中，被引导对象的中心点（即选择该对象时，出现在中间的空心圆）必须被分别放置在引导线的开头和结束位置上，否则被引导对象将无法沿着引导线运动。

5. 遮罩动画

遮罩动画是由遮罩层和被遮罩层组成的一种特殊动画形式。在Animate中，为了得到特殊的显示效果，可以在遮罩层中创建一个任意形状的遮罩，遮罩层下方的对象可以通过该遮罩显示出来，而遮罩之外的对象将不会显示，遮罩层下方的图层称为被遮罩层。

（1）认识遮罩动画

在Animate动画中，遮罩主要有以下两种用途。

- 选择一个场景或一个特定区域，使场景外的对象或特定区域外的对象不可见。
- 用来遮罩住某一元件的一部分，从而实现一些特殊的效果。

遮罩层用于控制显示的范围及形状，如遮罩层中是一个矩形，则人们只能看到这个矩形中的动画效果，如图3-53所示；被遮罩层则主要显示动画内容。由于遮罩层的作用是控制形状，因此在该层中主要是绘制具有一定形状的矢量图形，而该形状的描边和填充颜色则无关紧要。

动画内容　　　　　　　　　遮罩层形状　　　　　　　　　遮罩效果

图3-53　遮罩动画

（2）绘制遮罩

创建遮罩层之前，需要先绘制遮罩的形状，除了将导入的图像、矢量图形作为遮罩外，还可以使用形状工具组内的工具绘制遮罩。

形状工具组中的工具包含矩形工具■、基本矩形工具▤、椭圆工具●、基本椭圆工具◉和多角星形工具◆，分别用于绘制矩形、圆角矩形、椭圆、圆形和多边形，使用方式与绘制引导线的工具颇为相似，但是形状工具组中的工具其"属性"面板的"工具"选项卡中有"××选项"栏，可使绘制的形状更加精确。图3-54所示为多角星形工具●的"工具选项"栏，在其中可设置形状的样式、边数和星形顶点大小。

图3-54　多角星形工具

- **样式：** 用于设置多边形的样式，可选择"多边形""星形"选项。
- **边数：** 用于设置形状边的数目，取值范围为3～32。
- **星形顶点大小：** 用于指定星形顶点的凹陷程度，取值范围为0～1。数值越靠近0，顶点凹陷程度越大。不同顶点大小的多边星形效果如图3-55所示。

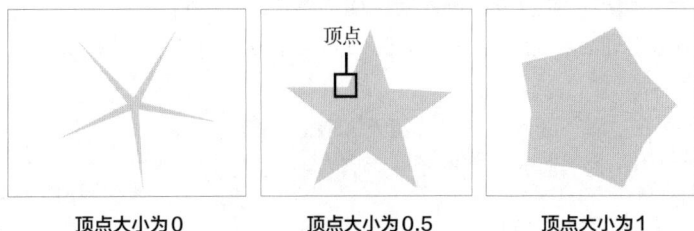

顶点大小为0　　　　　　　　顶点大小为0.5　　　　　　　顶点大小为1

图3-55　不同顶点大小的多边星形效果

（3）创建遮罩层

绘制好遮罩后，就可以开始创建遮罩层了。具体操作方法为：选择作为遮罩的图层，单击鼠标右键，在弹出的快捷菜单中选择"遮罩层"命令，将该图层转换为遮罩层，下方的图层自动转换为被遮罩层，并且两个图层都将被锁定，如图3-56所示。一个遮罩层可以作为多个图层的遮罩层，此时，若想将其他普通图层作为被遮罩层，只需将这些图层拖曳到遮罩层下方，如图3-57所示。

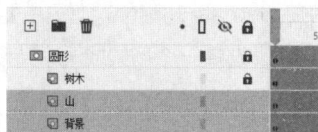

图3-56　创建遮罩层　　　　　　　　　　图3-57　将其他普通图层作为被遮罩层

若需要将遮罩层转换为普通图层，可在遮罩层上单击鼠标右键，在弹出的快捷菜单中选择"遮罩层"命令；若需要取消遮罩动画，可在遮罩层上单击鼠标右键，在弹出的快捷菜单中选择"删除图层"命令。

遮罩动画制作的注意事项

知识补充

遮罩层中的对象可以是元件、图形、图像和文本，在遮罩层和被遮罩层中可使用形状补间动画、引导层动画等多种动画形式。若遮罩层遮挡部分舞台中的对象，而需要编辑遮挡的对象时，可以运用"将图层显示为轮廓"功能，将遮罩以轮廓线形式显示。另外，不能用一个遮罩层来遮罩另一个遮罩层。

🔧 任务实施

1. 创建图形和影片编辑元件

米拉搜集了较多关于智慧城市的素材，准备统一将其导入"库"面板中，再创建成不同类型的元件，以便调用，具体操作如下。

（1）新建宽为"1280像素"，高为"720像素"，帧速率为"24.00FPS"，平台类型为"ActionScript 3.0"的文件。

（2）选择【文件】/【导入】/【导入到库】命令，打开"导入"对话框，选择"蓝天.jpg""城市.png""飞行器.ai""风力发电机.ai""宣传语.png""标题文本.png""云朵.png"素材，单击 打开(O) 按钮。其中，导入AI格式的文件时，将会出现名称为"将'素材文件名.ai'导入到库"的对话框，设置将图层转换为"Animate 图层"，其余参数保持默认，单击 导入 按钮。

（3）此时导入的素材都位于"库"面板中，单击该面板底部的"新建元件"按钮➕，打开"创建新元件"对话框，设置名称为"蓝天"，类型为"图形"，如图3-58所示，单击 确定 按钮进入元件编辑模式，"库"面板中将出现名称为"蓝天"的空白内容图形元件。

（4）使用选择工具▶在"库"面板中选中"蓝天"素材，拖曳该素材到舞台中，为"蓝天"图形元件添加内容，效果如图3-59所示。

图3-58　创建"蓝天"图形元件

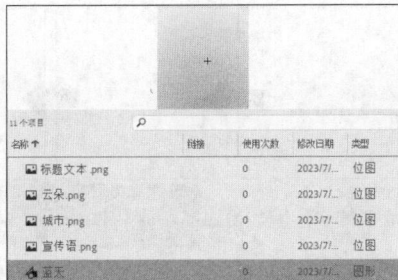

图3-59 "库"面板中的"蓝天"图形元件

（5）按照与步骤（3）、步骤（4）相同的方法，依次将除"风力发电机"素材以外的素材创建成与素材同名的图形元件，将"风力发电机"素材创建为影片剪辑元件。

2. 制作"风力发电机"影片剪辑元件的补间动画

米拉准备直接在元件编辑模式下为"风力发电机"影片剪辑元件制作扇叶转动的效果，具体操作如下。

制作"风力发电机"影片剪辑元件的补间动画

（1）在"库"面板中双击"风力发电机"影片剪辑元件次数右侧的空白区域，进入元件编辑模式，在舞台中不断双击该元件，直至进入"组"场景。使用选择工具▶选中扇叶图形，如图3-60所示，按【Ctrl＋X】组合键剪切图形。不断单击舞台顶部的←按钮直到返回"风力发电机"场景，新建图层后，按【Ctrl＋V】组合键粘贴图形，调整扇叶的位置。

（2）按照与步骤（1）相同的方式剪切与粘贴机芯图形到新建图层中，此时3个图形所在的图层如图3-61所示，形成扇叶被机芯和机身夹杂在中间的形态，以便制作转动效果。

（3）选中"图层_2"图层，按【F8】键打开"转换为元件"对话框，设置名称为"扇叶"，类型为"图形"，单击 确定 按钮。使用任意变形工具选中该图形，并将定界框中心点放置在机芯图形中心处。

（4）由于风力发电机扇叶的转速较慢，选中所有图层，在50帧处插入帧以延长时间，并在第50帧处为"图层_2"图层插入关键帧，然后使用任意变形工具旋转该图形，如图3-62所示。需要注意的是，定界框中心点应和第1帧中的图形保持在同一个位置。

图3-60 选中扇叶图形

图3-61 调整图形所在图层

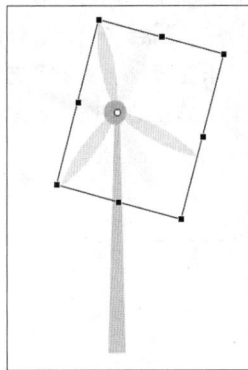

图3-62 旋转扇叶图形

（5）选择"图层_2"图层任意过渡帧，单击鼠标右键，在弹出的快捷菜单中选择"创建传统补间"命令。由于扇叶的旋转具有方向，打开"属性"面板，单击"帧"选项卡，在"补间"栏中设置旋转为"顺时针"，如图3-63所示，扇叶转动效果如图3-64所示。

图3-63　设置旋转方向

图3-64　扇叶转动效果

3. 制作"飞行器"图形元件的引导动画

米拉预想设计出在标题文本出现时，飞行器同时飞到其周围的动态效果，于是便想通过引导动画制作该效果，具体操作如下。

（1）双击"飞行器"图形元件次数右侧的空白区域进入元件编辑模式，选中"图层_1"图层，单击鼠标右键，在弹出的快捷菜单中选择"添加传统运动引导层"命令，将为该图层添加引导层，并使其成为动画层。

微课视频

制作"飞行器"图形元件的引导动画

（2）选择引导层，选择铅笔工具 ✐，在"属性"面板"工具"选项卡中的"颜色与样式"栏中，设置笔触为"#000000"，笔触大小为"1"，按住鼠标左键不放并拖曳，在舞台中绘制图3-65所示的引导线。

图3-65　绘制引导线

（3）选中所有图层，在第30帧处插入帧，选中"图层_1"图层的第1帧，按【F8】键将其转换为图形元件，并调整图形的位置，如图3-66所示；在第30帧处为"图层_1"图层插入关键帧，调整图形的位置，如图3-67所示，使插入的这两帧分别成为飞行位置的起始和结束。

（4）选择"图层_1"图层任意过渡帧，创建传统补间动画，按【Enter】键预览动画，可发现飞行器并未在第14帧处调整方向，导致转弯方向不符合现实。在14帧处插入关键帧，使用任意变形工具 ⊞ 旋转该图形，效果如图3-68所示；在第27帧处同样插入关键帧并调整图形的旋转方向，效果如图3-69所示。

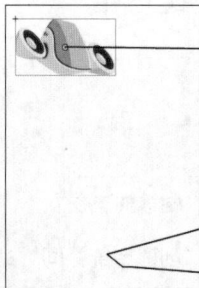

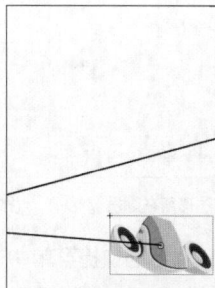

图3-66　起始位置　　　　图3-67　结束位置　　　　图3-68　第14帧效果　　　　图3-69　第27帧效果

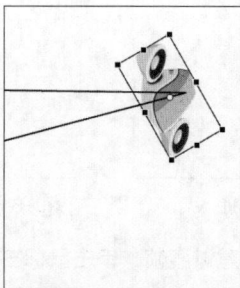

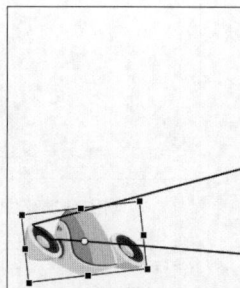

（5）单击"绘图纸外观（选定范围）"按钮 ，分别拖曳播放头左侧的 图标到第1帧，拖曳右侧的 图标到第30帧，预览动画效果，此时的飞行器可在转弯处调整方向，效果如图3-70所示。再选中所有图层，在第70帧处插入帧。

图3-70 引导动画效果

4. 使用"云朵"图形元件制作遮罩层

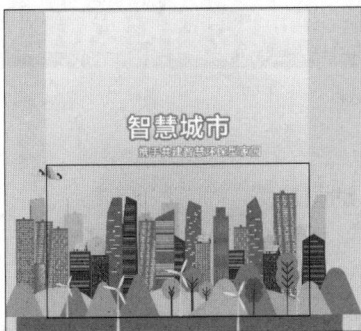

目前，部分元件的动画效果已经制作完毕，米拉准备先布局整个画面，并应用实例到舞台中，再通过遮罩动画为整个场景制作逐渐显示的效果，具体操作如下。

微课视频

使用"云朵"图形元件制作遮罩层

（1）返回主场景，从"库"面板中拖曳"蓝天"图形元件到舞台中，调整其大小和位置后，修改图层名称为"蓝天"。重复操作，拖曳除"云朵"图形元件以外的各类元件来布局整个画面，并复制4次"风力发电机"图层，依次调整元件的大小和位置，使其错落有致，效果如图3-71所示。

（2）新建图层，单击鼠标右键，在弹出的快捷菜单中选择"遮罩层"命令，将该图层转换为遮罩层，此时只有"飞行器"图层是被遮罩层，因此拖曳余下的图层到"飞行器"图层的下方作为被遮罩层，如图3-72所示。

图3-71 布局画面效果

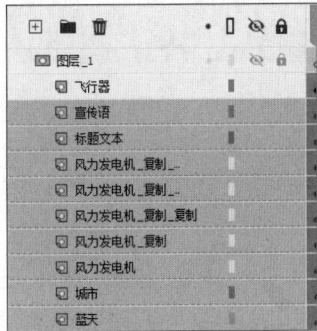

图3-72 增加被遮罩层

（3）选择"图层_1"图层第1帧，拖曳"云朵"图形元件到舞台中，调整其大小和位置，使其位于舞台中间；接着在第40帧处插入关键帧，并调整其大小和位置，使其能覆盖整个舞台，将这两帧作为遮罩动画的起始帧和结束帧。

（4）选择"图层_1"图层任意过渡帧，创建传统补间动画。选中该图层的第1帧，在"属性"面板的"帧"选项卡中设置Alpha为"0"，使遮罩动画逐渐显示出来。接着选中所有图层，在第40帧处插入帧，锁定所有图层，选择【控制】/【测试影片】/【在Animate中】命令测试动画效果，如图3-73所示。

图3-73　遮罩动画效果展示

（5）框选"蓝天"图层～"宣传语"图层的第40帧并插入关键帧，然后将"飞行器"图层的起始帧移至第40帧，解锁除遮罩层以外的图层，单击"将图层显示为轮廓"按钮，选中舞台中所有的图层并向下调整位置，接着选择"蓝天"图层～"宣传语"图层的任意过渡帧，创建传统补间动画，如图3-74所示。

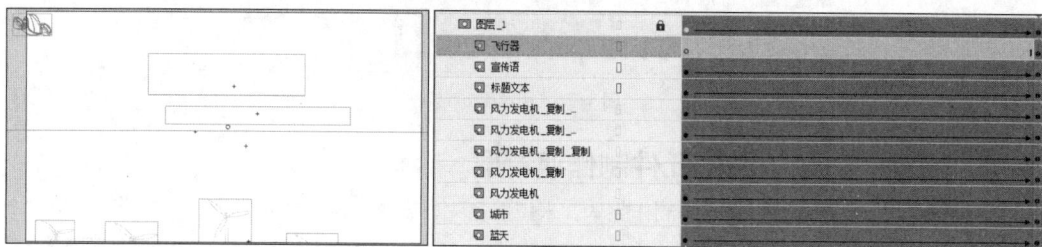

图3-74　制作由下到上的动态效果

（6）为满足3秒左右的动画时长要求，选中所有图层，在第85帧处插入帧，再单击"将图层显示为轮廓"按钮，锁定所有图层，并测试动画效果，效果如图3-75所示。保存文件，并导出为SWF格式的文件。

图3-75　"智慧城市"科普动画片头效果

制作"乡间生活"动画片头

课堂练习

运用遮罩动画制作开场动画，综合运用引导层动画和补间动画制作拖拉机行驶、蝴蝶飞舞的动画，为标题文本制作渐显动画，制作拖拉机行驶在路面上抖动的动画，增强场景的生动感。"乡间生活"动画片头的参考效果如图3-76所示。

图3-76　"乡间生活"动画片头的参考效果

| 素材位置： | 素材\项目3\"乡间生活"动画片头\ |
| | 效果位置： | 效果\项目3\"乡间生活"动画片头.fla、"乡间生活"动画片头.swf |

任务3.3　制作"人物双臂挥舞"骨骼动画

公司承接了某博物馆委托的钓鱼活动演变动画制作项目，需要设计部门的各个同事紧密配合完成该动画，米拉见此主动申请加入该项目，老洪便将制作"人物双臂挥舞"骨骼动画的任务交给她。

任务描述

任务背景	某博物馆为庆贺开馆5周年，推出《钓鱼活动演变》特展，用于宣传钓鱼活动，为配合展出，博物馆需要在展馆中的LED屏循环播放特展同名动画。动画需要设计师制作人物挥舞手中钓鱼竿和鱼等物品的片段，展示人物钓到鱼之后的喜悦之情
任务目标	① 制作尺寸为1280像素×720像素，帧速率为24帧/秒，平台类型为ActionScript 3.0，时长为2秒左右的骨骼动画
	② 使用骨骼工具为人物素材创建骨骼，使人物双臂能正常挥舞
知识要点	骨骼工具、骨骼图层、插入姿势、复制姿势、粘贴姿势、调整骨骼位置

本任务的参考效果如图3-77所示。

图3-77　"人物双臂挥舞"骨骼动画参考效果

效果预览

| 素材位置： | 素材\项目3\人物源文件.fla |
| | 效果位置： | 效果\项目3\"人物双臂挥舞"骨骼动画.fla、"人物双臂挥舞"骨骼动画.swf |

知识准备

米拉拿到人物的设计稿后，开始分析人物的造型特点，结合Animate中骨骼动画的特征，以及骨骼工具的相关知识，研究制作"人物双臂挥舞"骨骼动画的方法。

1. 骨骼动画

骨骼动画也叫反向运动，是使用骨骼关节结构对一个对象或彼此相关的一组对象进行动画处理，常用于制作人物行动动画，如走动、摇头、举手等动画。在骨骼动画中，骨骼之间的连接点称为关节，当一个骨骼移动时，通过关节与其相连接的骨骼也会进行相应的移动。骨骼关节结构按父子关系连接形成骨架，源于同一骨骼的骨架分支称为同级。

骨骼动画一般可添加到元件（或实例）或图像上。

- **在元件（或实例）上添加**：将元件（或实例）连接起来，如将躯干、上臂、前臂、手连接起来，使彼此之间更加协调，移动的动画效果也更加逼真。
- **在图像上添加**：使用图像作为多块骨骼的容器，可在图像中添加骨骼，使其逼真地进行运动。

2. 骨骼动画的制作流程

骨骼动画的制作流程包括添加骨骼、编辑骨骼、制作骨骼动画3个环节，每个环节循序渐进，并为下一个环节做铺垫。

（1）添加骨骼

使用骨骼工具 ✏ 可以为元件（或实例）和图像添加骨骼。添加骨骼后，"时间轴"面板将自动把两个元件所在的图层合并成一个骨架图层（该图层呈现绿色背景），同时将图层中的关键帧转化为菱形关键帧。

- **为元件（或实例）添加骨骼**：选择骨骼工具 ✏，单击要成为骨架的根部或头部的元件（或实例），然后将其拖曳到其他元件（或实例）中，此时两个元件（或实例）之间会显示一条连接线，表示添加好了一个骨骼，如图3-78所示。继续使用骨骼工具 ✏，从第一个骨骼的尾部拖曳到下一个元件（或实例）上，再添加一个骨骼，重复该操作可将所有元件（或实例）都用骨骼连接在一起，且所有元件（或实例）所在图层都将被合并，如图3-79所示。

图3-78　添加一个骨骼的效果　　　　　　图3-79　为元件（或实例）添加骨骼

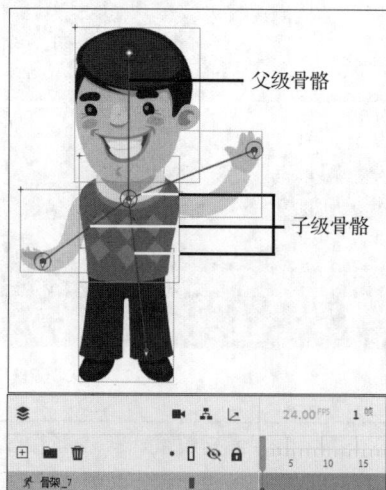

- **为图像添加骨骼**：为图像添加骨骼时，需要先选择并打散图像，再使用骨骼工具 ✏ 在图形内部拖曳以添加第一个骨骼，继续使用骨骼工具 ✏ 从第一个骨骼的尾部，即鼠标指针由 ✏ 变为 ✏ 形状时，按住鼠标左键不放并拖曳，以添加下一个骨骼，如图3-80所示。另外，该图像所在图层也会变为骨骼图层。

图3-80　为图像添加骨骼

打散功能

知识补充

　　选择【修改】/【分离】命令，或按【Ctrl + B】组合键可将选择的对象打散。打散是指在Animate中将选择的对象转换为矢量元构成的图形，常用于打散文本、位图，从而制作特殊效果。

（2）编辑骨骼

　　添加骨骼后，可以对其进行编辑，如选择、删除、移动骨骼，旋转多个骨骼，以及调整骨骼长度等操作。

● **选择骨骼：** 使用选择工具▶单击骨骼可将其选中，且"属性"面板中将显示骨骼的属性。此时在"属性"面板中单击"上一个同级"按钮←、"下一个同级"按钮→、"子级"按钮↑、"父级"按钮↓，可以选择相应的骨骼。使用选择工具▶双击任意一个骨骼，可选择所有骨骼。

● **删除骨骼：** 若要删除单个骨骼及其所有子骨骼，可以先选择该骨骼，然后按【Delete】键删除；按住【Shift】键不放可选择多个骨骼进行删除。若要删除所有骨骼，可以先选择该骨架中的任意元件（或实例）或骨骼，然后选择【修改】/【分离】命令，删除骨骼后该图层将还原为正常图层；选择骨架图层的任意帧，单击鼠标右键，在弹出的快捷菜单中选择"删除骨架"命令，也可删除骨骼，并将其还原为正常图层。

● **移动骨骼：** 拖曳骨架中的任意骨骼或元件（或实例），可以移动骨骼，如图3-81所示。

● **旋转多个骨骼：** 若要将某个骨骼与其子骨骼一起旋转而不移动其父骨骼，需要按住【Shift】键不放的同时拖曳该骨骼，如图3-82所示。

● **调整骨骼长度：** 按住【Ctrl】键不放并拖曳骨骼所关联元件，可调整骨骼长度，如图3-83所示。

图3-81　移动骨骼　　　　图3-82　旋转多个骨骼　　　　图3-83　调整骨骼长度

（3）制作骨骼动画

要制作骨骼动画，首先需要在骨架图层中添加帧以改变动画的长度，然后在不同的帧中调整舞台中的骨架。骨架图层中的关键帧称为姿势帧，Animate 会在每个姿势之间自动创建过渡效果。在"时间轴"面板中制作骨骼动画时，常会用到以下操作。

- **更改动画的长度：** 将鼠标指针移至骨架图层的最后一帧，当鼠标指针和图层变为 ↔ 形状时，向右或向左拖曳最后一帧，可延长或缩短动画的长度。
- **添加姿势：** 在骨架图层要添加姿势的帧处单击鼠标右键，在弹出的快捷菜单中选择"插入姿势"命令；或将播放头移动到要添加姿势的帧上，然后在舞台上调整骨架。
- **清除姿势：** 在骨架图层的姿势帧处单击鼠标右键，在弹出的快捷菜单中选择"清除姿势"命令。
- **复制与粘贴姿势：** 在骨架图层的姿势帧处单击鼠标右键，在弹出的快捷菜单中选择"复制姿势"命令，然后在要粘贴姿势的位置单击鼠标右键，在弹出的快捷菜单中选择"粘贴姿势"命令。

3. 骨骼的"属性"面板

选择骨骼后，在"属性"面板中可以为骨骼动画的运动添加各种约束，如限制小腿骨骼旋转角度、禁止膝关节按错误的方向弯曲，这样可以达到更加逼真的动画效果。骨骼的"属性"面板如图3-84所示，其中主要选项的作用如下。

- **"位置"栏：** X或Y用于显示骨骼在舞台中的位置；↔（长度）用于显示骨骼的长度；◿（角度）用于显示骨骼的角度；◔（速度）用于限制骨骼的运动速度；"固定"复选框用于将所选骨骼的尾部固定在舞台。
- **"关节:旋转"栏：** 勾选"约束"复选框，然后设置左偏移和右偏移，可限制骨骼旋转角度的最小值和最大值。
- **"关节:X平移"栏：** 勾选"约束"复选框，然后设置左偏移和右偏移，可限制骨骼在 x 轴方向上活动距离的最小值与最大值。
- **"关节:Y平移"栏：** 勾选"约束"复选框，然后设置顶部偏移和底部偏移，可限制骨骼在 y 轴方向上活动距离的最小值与最大值。
- **"弹簧"栏：** 用于限制骨骼的运动强度。其中强度用于设置骨骼的弹力值；阻尼用于更改弹簧强度的衰减速率。

图3-84　骨骼的"属性"面板

🔧 任务实施

1. 划分人物身体并创建骨骼

米拉打开老洪交给他的文件，发现人物的身体分布在同一个图层中，为保证人物行动的灵活性，需要将人物身体划分到不同图层中，再创建骨骼，具体操作如下。

微课视频

划分人物身体并创建骨骼

（1）打开"人物源文件.fla"素材，选中"人物"图层，可发现人物的造型由多个部分组成，如图3-85所示，需要将这些部分分别转换为元件，再创建骨骼。单击鼠标右键，在弹出的快捷菜单中选择"分散到图层"命令，将这些部分分别放置在不同图层中，拆分"人物"图层，如图3-86所示。

（2）保持选中这些图层，单击鼠标右键，在弹出的快捷菜单中选择"创建传统补间"命令，然后在打开的提示框中单击 [确定] 按钮，快速将所有图层中的图形转换为图形元件，图层将变为图3-87所示的状态，并且这些图层的时长将延长到24帧。

图3-85　选中"人物"图层

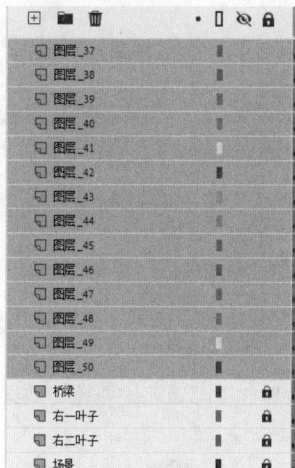

图3-86　分散"人物"图层

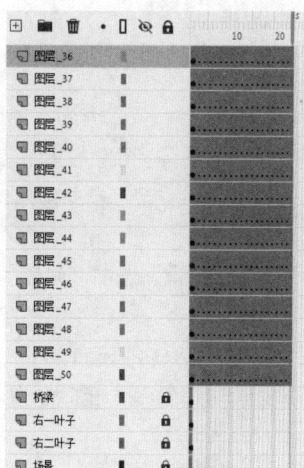

图3-87　转换元件

（3）选中所有分散的图层，单击鼠标右键，在弹出的快捷菜单中选择"删除经典补间动画"命令，只保留已转换为元件的关键帧，再选中"桥梁"图层和"场景"图层之间的所有图层，在第24帧处插入帧。

（4）选择骨骼工具 ，放大显示比例，按住鼠标左键不放将鼠标指针从头部拖曳到人物的脖子处，添加第1个骨骼，如图3-88所示。将鼠标指针移至骨骼尾部，当鼠标指针变为 形状时，继续按住鼠标左键不放拖曳到其他元件上来添加骨骼，如图3-89所示。

（5）按照与步骤（4）相同的方法继续添加骨骼，直到所有的分散图层都合并成骨骼图层，即所有与人物相关的元件都被添加骨骼，过程中可隐藏其他图层防止受到干扰，效果如图3-90所示。

图3-88　添加第1个骨骼

图3-89　添加第2个骨骼

图3-90　添加全部的骨骼

2. 制作骨骼的姿势

微课视频

制作骨骼的姿势

为人物添加骨骼后，人物各个部位的排列顺序将发生改变，如马甲变为最底层，短袖变为最顶层，米拉需要先调整排列顺序，再制作人物双臂挥舞的效果，具体操作如下。

（1）选择马甲图形，单击鼠标右键，在弹出的快捷菜单中选择【排列】/【移至顶层】命令，将其调整到原位置，如图3-91所示。继续使用"排列"命令中的子命令调整人物其他部分的位置，直到恢复原位。

"排列"命令

知识补充

"排列"命令用于调整同一图层中多个元素的堆叠顺序，可以将使用该命令的元素放置到其他元素的前方或后方，包含"移至顶层""上移一层""下移一层""移至底层"子命令，各自的作用与其名称一致。

（2）返回主场景，选中"骨骼"图层，选择第5帧，单击鼠标右键，在弹出的快捷菜单中选择"插入姿势"命令，然后使用选择工具 ▶ 连接鱼与手部的骨骼，按住鼠标左键不放并拖曳，调整鱼的位置，如图3-92所示。

（3）按照与步骤（2）相同的方法调整其他手部骨骼的位置，效果如图3-93所示。

图3-91 调整马甲图形的排列顺序　　　　图3-92 调整鱼的位置　　　　图3-93 调整骨骼的位置

（4）选择第1帧，单击鼠标右键，在弹出的快捷菜单中选择"复制姿势帧"命令，再选择第10帧，单击鼠标右键，在弹出的快捷菜单中选择"粘贴姿势帧"命令，接着在第20帧处粘贴姿势帧。

（5）按照与步骤（4）相同的方法将第5帧姿势帧粘贴到第15帧和第25帧。显示隐藏的图层，测试动画，效果如图3-94所示。

图3-94 "人物双臂挥舞"骨骼动画效果展示

（6）延长所有图层中的帧到49帧，框选并复制"骨骼"图层的第1帧～第20帧，在第30帧处使用"粘贴并覆盖帧"命令，然后选择粘贴的帧，再执行"翻转帧"命令。另存文件，设置文件名为"'人物双臂挥舞'骨骼动画"，并导出为SWF格式的文件。

课堂练习

制作"舞出精彩"骨骼动画

导入场景素材，运用骨骼工具为提供的剪影创建并编辑骨骼，然后调整人物姿势，制作出优雅、美丽的芭蕾舞动作，参考效果如图3-95所示。

图3-95 "舞出精彩"骨骼动画参考效果

素材位置： 素材\项目3\"舞出精彩"骨骼动画\

效果位置： 效果\项目3\"舞出精彩"骨骼动画.fla、"舞出精彩"骨骼动画.swf

综合实战 制作生鲜广告动画

老洪见米拉与设计部的同事完成了钓鱼活动演变动画，便交给她制作生鲜广告动画的任务，让她按照同事提交的平面设计图为画面中的元素制作动态效果。米拉准备借此机会巩固自己制作动画的能力，以便更好地投入后续工作中。

实战描述

实战背景	某生鲜品牌筹备线上店铺开业活动，准备在网店中添加具有动态效果的广告动画，通过创新的表现方式吸引消费者了解本店的优惠活动，提升销售额
实战目标	① 制作尺寸为1280像素×720像素，帧速率为24帧/秒，平台类型为ActionScript 3.0，时长为5秒左右的动画
	② 利用遮罩动画、补间动画制作创意开场效果，使画面中的每个元素都有新颖的出场方式，同时结合逐帧动画为优惠信息制作逐字出现的动态效果
	③ 为避免画面效果单一，可使用引导层动画制作叶子飘落的动画，并以"绿叶"暗喻食材的新鲜
	④ 画面元素需与平面设计图布局一致，各个元素的动画效果不会相互遮挡，信息表达清晰、明了
知识要点	遮罩动画、新建元件、转换为元件、引导层动画、补间动画、逐帧动画、铅笔工具、"属性"面板、"打散"命令

本实战的参考效果如图3-96所示。

图3-96　生鲜广告动画参考效果

素材位置：素材\项目3\生鲜广告动画\

效果位置：效果\项目3\生鲜广告动画.fla、生鲜广告动画.swf

思路及步骤

先将生鲜广告源文件导入舞台，并将舞台中的元素分别转换为元件，接着新建遮罩层制作开场动画，然后为舞台中的元素制作补间动画，为文本元素制作逐帧动画，最后将搜集的叶子图像导入"库"面板中，再制作引导动画并运用到舞台中，本例的制作思路如图3-97所示，参考步骤如下。

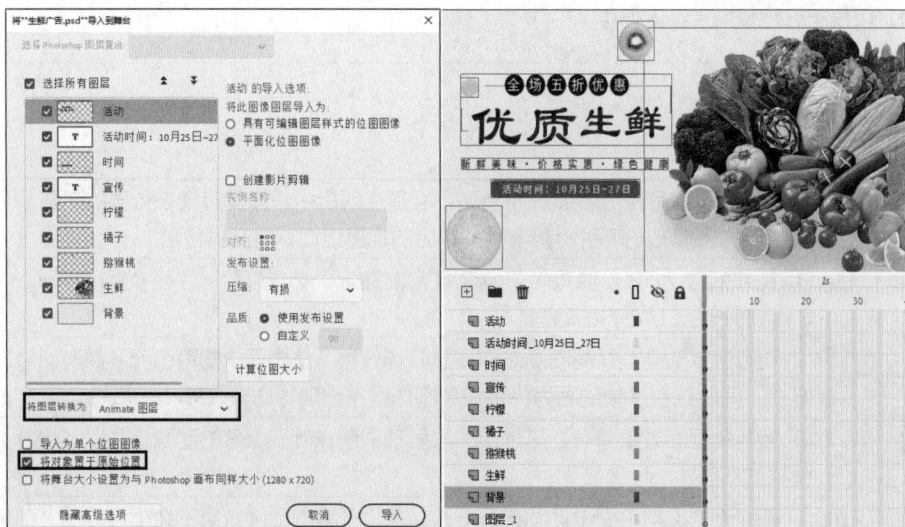

① 导入文件到舞台

② 绘制遮罩图形

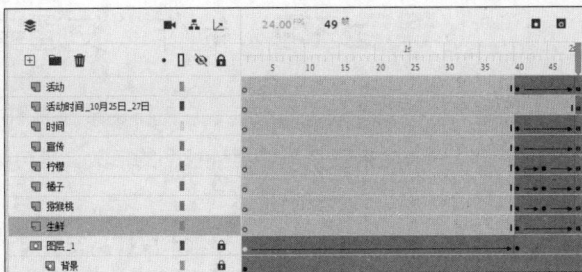

③ 制作遮罩动画和补间动画

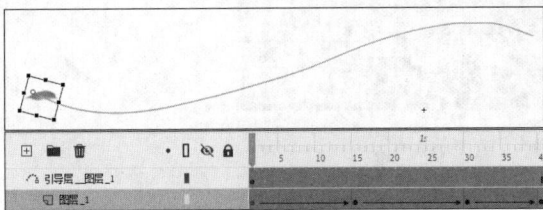

④ 制作逐帧动画

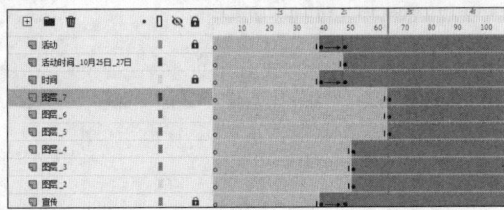

⑤ 制作引导层动画

⑥ 应用"叶子"实例

图3-97　制作生鲜广告动画的思路

（1）新建文件，导入"生鲜广告.psd"文件，在打开的对话框中设置相关参数，使文件中元素和图层的位置与素材文件保持一致。再将舞台中的各个元素分别转换为图形元件。

（2）将"图层_1"图层移到"背景"图层的上方，再将该图层转换为遮罩层，在舞台中绘制多个星形，绘制时可隐藏非遮罩所需图层，接着将这些图形转换为图形元件，然后为其创建从透明状态到显示和缩放的传统补间动画，再添加顺时针旋转效果。

（3）调整除遮罩层以外的所有图层的起始帧位置，再移动"活动时间"图层的起始帧，将所有动画的持续时间调整为一致，为柠檬、橘子、猕猴桃图像所在帧制作先放大后变小、渐显的传统补间动画，为除"活动时间"图层外的剩余图层制作从舞台外进入舞台内的传统补间动画。

（4）双击"活动时间"图形元件进入元件编辑模式，按【Ctrl+B】组合键打散文本，制作每3帧发生变化的逐帧动画，框选每帧需要删除的内容，按【Delete】键删除，使文本逐字出现，再插入帧以延长持续时间。

（5）导入"叶子.png""叶子1.png""叶子2.png"素材到"库"面板中，在"库"面板中依次将3个叶子创建为元件，在元件编辑模式中新建引导层，绘制引导线，制作叶子飘落效果，然后在主场景中将这些元件应用2次，调整它们的位置和大小。

（6）测试文件，发现画面中的内容出现过快，可适当延长部分帧的持续时间，优化后保存并导出文件。

微课视频

制作生鲜广告动画

课后练习　制作"交通安全提示"公益广告动画

　　交通安全的重要性不可忽视，它直接关系到人们的生命安全和财产安全。为防止发生市民在上下公交车时发生被往来车辆意外撞倒的事故，某市政府准备在写字楼、广场LED大屏等人流量较多的场合投放"交通安全提示"公益广告动画，目前动画的静态图像已经制作完毕，需要设计师为其设计美观、流畅的动画，提醒市民提高安全意识。要求尺寸为1280像素×720像素，帧速率为24FPS，平台类型为ActionScript 3.0，时长为10秒左右。设计师需要结合常见的动画类型与"属性"面板中的滤镜、色彩效果等功能进行制作，尽可能丰富动画的表现形式，参考效果如图3-98所示。

图3-98　"交通安全提示"公益广告动画参考效果

素材位置： 素材\项目3\"交通安全提示"公益广告动画\

效果位置： 效果\项目3\"交通安全提示"公益广告动画.fla、"交通安全提示"公益广告动画.swf

项目 4
应用 Audition 编辑音频

情景描述

　　米拉在这段时间里，接触了图像处理和动画制作方面的工作，由于她表现良好，制作的作品效果也不错，因此老洪准备让米拉开始接触多媒体技术中同样重要的音频编辑方法。

　　老洪告诉米拉："音频在动画和视频中都举足轻重，合适的音频可以更好地传达设计作品想要抒发的情感，也更容易让受众接受。因此，你需要掌握音频编辑的方法和技巧，进一步提升设计作品的质量。公司统一使用的音频编辑软件是 Audition，它操作简单且功能强大，可以用于调整音频音量、降噪、添加多种特殊效果，你可以使用该软件完成接下来的任务。"

学习目标

知识目标
- 熟悉 Audition 工作界面
- 掌握 Audition 的基本操作
- 掌握应用 Audition 编辑音频的各种方法

素养目标
- 提升音乐素养，使设计作品更具艺术感染力和审美价值
- 培养品鉴声音艺术的能力，能够欣赏和辨识优秀的音频旋律
- 从中华优秀传统文化音频中领悟哲学思想和人生智慧，拓宽文化视野

任务 4.1 编辑"诗词朗诵"音频

老洪考虑到米拉未曾接触过音频编辑，便交给她一个基本的音频处理任务——编辑某宣传片的"诗词朗诵"录音原文件，提升音频质量。米拉试听了客户提供的音频后发现存在音量过低、有多余句子、音频开始与结束比较突兀等问题，于是准备先熟悉公司统一使用的 Audition 2021 的工作界面，再使用合适的功能来处理音频。

任务描述

任务背景	某学校准备在重阳节举行"诗词朗诵"比赛，在比赛开始前，需播放一则讲解重阳节历史的宣传片，该宣传片采用杜牧《九日齐山登高》的诗词朗诵作为音频，需要设计师优化录制好的音频
任务目标	① 制作时长为22秒左右，格式为MP3的音频
	② 删除多余的朗诵片段，增加开头、结尾的时长，使标题与作者、词与词的停顿间隔适中，优化整体节奏感
	③ 调整音频音量，为音频开始和结尾制作淡入淡出效果，实现音频从开始到结束的和谐过渡
知识要点	导入文件、创建标记、选择音频数据、删除音频数据、剪切与粘贴音频数据、音频淡化处理、增益控件、"强制限幅"效果、导出文件

素材位置： 素材\项目4\九日齐山登高.aac
效果位置： 效果\项目4\"诗词朗诵"音频.mp3

知识准备

米拉决定先了解Audition，并重点熟悉调整音量和编辑音频数据等方面的功能，以确保自己能够充分利用软件的功能和特性来解决"诗词朗诵"音频中的问题。

1. 认识Audition工作界面

启动Audition 2021，进入工作界面（见图4-1），该界面主要由菜单栏、工具栏和各种浮动面板组成。

- **菜单栏：** 共包含9个菜单项，每个菜单项下包含了对应的菜单命令，充分利用这些菜单命令能完成大部分音频编辑和处理操作。
- **工具栏：** 工具栏中集合了Audition提供的所有工具按钮，用于在"编辑器"面板中编辑音频。由于单击"查看波形编辑器"按钮 波形 与单击"查看多轨编辑器"按钮 多轨 所激活的工具有所不同，因此工具栏可分为波形编辑器工具栏和多轨编辑器工具栏两种模式。
- **浮动面板：** 除菜单栏和工具栏以外的绝大部分区域是各种浮动面板，它们分别有不同的功能。较为常用的是用于显示和编辑音频的"编辑器"面板，为音频文件或轨道添加音频效果器的"效果组"面板，以及用于放置音频文件的"文件"面板。

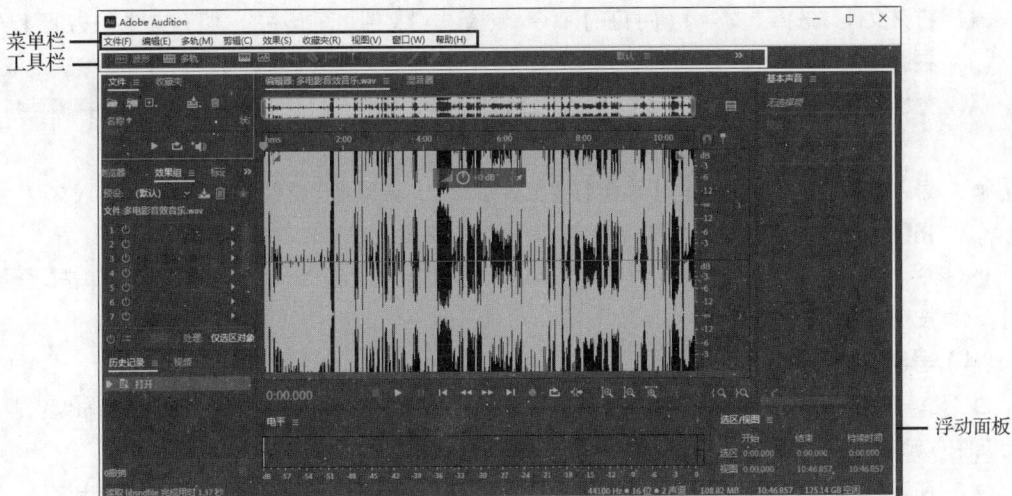

菜单栏
工具栏

浮动面板

图4-1 Audition 2021的工作界面

Audition工作界面中各个组成部分的详细功能

知识补充

上文已整体介绍了Audition工作界面中三大组成部分的功能，但每个菜单项、每个工具按钮、每个面板、面板中各个按钮都有自己独特的用处。例如，通过"文件"菜单项可以执行音频文件的新建、打开、关闭、保存、导入和导出等操作。其他组成部分的详细功能介绍可扫描右侧二维码查看。

知识补充

Audition工作界面中各个组成部分的详细功能

2. Audition 的基本操作

Audition 的基本操作主要包括新建文件，新建多轨会话，打开与导入文件，以及导出文件等。

（1）新建文件

若要制作新的音频，需新建文件。具体操作方法为：选择【文件】/【新建】/【音频文件】命令，或按【Ctrl+Shift+N】组合键，打开"新建音频文件"对话框，在其中设置相关参数后，单击 **确定** 按钮。

（2）新建多轨会话

如果要同时处理多个音频文件，需新建多轨会话。需要注意的是，会话本身不包含音频数据，需要将音频文件拖入其中进行处理。具体操作方法为：选择【文件】/【新建】/【多轨会话】命令，按【Ctrl+N】组合键，打开"新建多轨会话"对话框，在其中设置相关参数后，单击 **确定** 按钮。

新建多轨会话后，"编辑器"面板将变为图4-2所示的形态，即从波形编辑器（不执行新建多轨会话操作时"编辑器"面板的状态）切换到多轨编辑器。

图4-2 多轨编辑模式

（3）打开与导入文件

当需要编辑某个文件时，需打开或导入该文件。在Audition中，打开音频文件会将音频文件添加到"文件"面板，并在"编辑器"面板中显示该音频文件，而导入音频文件只会将音频文件添加到"文件"面板。

- **打开文件：** 选择【文件】/【打开】命令，或单击"文件"面板中的"打开文件"按钮🗁，或在"文件"面板的空白区域单击鼠标右键，在弹出的快捷菜单中选择"打开"命令，或双击"文件"面板的空白区域，或按【Ctrl+O】组合键，打开"打开文件"对话框，选择需要打开的文件，单击 打开(O) 按钮。

- **导入文件：** 选择【文件】/【导入】/【文件】命令，或单击"文件"面板中的"导入文件"按钮🖻，或在"文件"面板的空白区域单击鼠标右键，在弹出的快捷菜单中选择"导入"命令，或按【Ctrl+I】组合键，打开"导入文件"对话框，选择一个或多个文件，单击 打开(O) 按钮。

（4）导出文件

为了将编辑完的音频导出为所需的格式，需要进行导出文件的操作。在波形编辑器与多轨编辑器中导出文件的方法略有不同。

- **在波形编辑器中导出文件：** 选择【文件】/【导出】/【文件】菜单命令，打开"导出文件"对话框，设置相关参数，保持"包含标记和其他元数据"复选框处于勾选状态，单击 确定 按钮。

- **在多轨编辑器中导出文件：** 选择【文件】/【导出】/【多轨混音】/【整个会话】菜单命令，打开"导出多轨混音"对话框，设置相关参数，单击 确定 按钮；也可以选择【多轨】/【将会话混音为新文件】/【整个会话】命令，切换到波形编辑器中执行导出操作。

（5）保存、另存与关闭文件

编辑完音频后，应保存文件，避免音频数据丢失。若需要进行文件备份，可以不同名称另存文件。保存或另存文件后，可关闭文件，防止误操作破坏文件信息。

- **保存文件：** 选择【文件】/【保存】命令，或按【Ctrl+S】组合键。

- **另存文件：** 选择【文件】/【另存为】命令，或按【Ctrl+Shift+S】组合键，打开"另存为"对话框，单击 浏览... 按钮，在打开的对话框中设置相关参数，单击 保存(S) 按钮，返回"另存为"对话框，再单击 确定 按钮。

疑难解析

如何判断需要进行保存文件、另存为文件还是导出文件操作？

使用Audition编辑单个音频后，保存文件会直接将原音频替换为已修改的音频，而另存为文件和导出文件都是将已修改的音频保存为另一个新文件，不会影响原音频的内容和属性。

- **关闭文件：** 选择【文件】/【关闭】命令，或按【Ctrl+W】组合键，可关闭当前文件；选择【文件】/【全部关闭】命令，或单击工作界面右上角的"关闭"按钮 ×，可关闭所有文件。

3. 创建音频标记

创建音频标记可以明确音频中需要编辑的标记点或范围。标记点是指使用标记选择音频文件中特定的时间点；标记范围是指使用标记进行定位和导航，方便选择、编辑和回放音频。

选择【窗口】/【标记】命令，打开"标记"面板，在"编辑器"面板中单击需要标记的位置，将出现时间指示器🔖，接着单击"标记"面板中的"添加标记"按钮🔖可在音频上添加标记点，如图4-3所示。

图4-3 创建音频标记

标记将显示在时间指示器 的上方，拖曳标记可调整标记位置。在标记上单击鼠标右键，在弹出的快捷菜单中选择命令可以编辑标记，例如，选择"变换为范围"命令，可将标记点变换为标记范围， 图标将变为 形状，如图4-4所示。

图4-4 将标记点变换为标记范围

4. 编辑音频数据

"编辑器"面板中显示的波形便是音频文件中所包含数据的显示形态，编辑音频从实质上来看就是处理这些数据，即编辑波形。选择、查看、复制和粘贴、剪切、删除、裁剪音频数据都是编辑音频数据的常见操作。

图4-5 选择音频数据

- **选择音频数据：**在波形编辑器中选择时间选择工具，再按住鼠标左键不放并拖曳以选中需要剪辑的音频数据，拖曳范围内的音频数据将自动被选中。若需要再调整选中范围，可拖曳所选范围的两侧，或拖曳时间轴两侧的标记（"开始"标记 和"结束"标记 ），如图4-5所示。
- **查看音频数据：**将鼠标指针定位到需要放大或缩小显示比例的音频数据处，向前滚动鼠标滚轮可以放大显示比例，向后滚动鼠标滚轮可以缩小显示比例。
- **复制和粘贴音频数据：**选择需要复制的音频数据，选择【编辑】/【复制】命令，或按【Ctrl+C】组合键，此时若选择【编辑】/【复制到新文件】命令，可将音频数据复制并粘贴到新文件中；若将时间指示器拖至要插入音频数据的位置，选择【编辑】/【粘贴】命令可粘贴音频数据。
- **剪切音频数据：**选择需要剪切的音频数据，选择【编辑】/【剪切】命令，或在选择的波形区域上单击鼠标右键，在弹出的快捷菜单中选择"剪切"命令，或按【Ctrl+X】组合键剪切音频数据。
- **删除音频数据：**选择需要删除的音频数据，按【Delete】键，或选择【编辑】/【删除】命令，或在其上单击鼠标右键，在弹出的快捷菜单中选择"删除"命令。
- **裁剪音频数据：**选中需要保留的音频数据，选择【编辑】/【裁剪】命令，或按【Ctrl+T】组合键，可删除非选中范围内的音频数据，如图4-6所示，左右两侧未选中的范围已被删除。该编辑方式的效果与删除音频数据的效果相反。

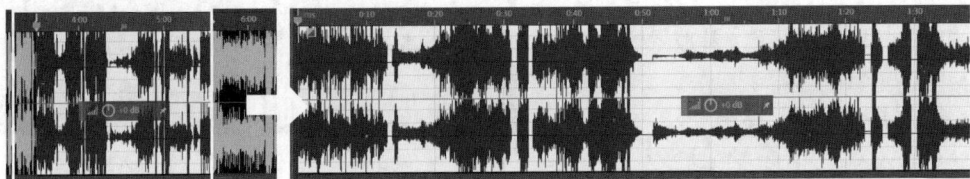

图4-6 裁剪音频数据

5. 音频淡化处理

如果要使音频文件产生淡入淡出的播放效果，则需要使用淡化控件来处理。具体操作方法为：在波形编辑器中，向内拖曳"淡入"控制柄▨或"淡出"控制柄◩，如图4-7所示。

"淡入"控制柄   "淡出"控制柄

图4-7 音频淡化处理

Audition提供了3种淡化类型，分别是"线性"淡化、"对数"淡化和"余弦"淡化。

- **"线性"淡化：** 需水平向内拖曳"淡入"控制柄▨或"淡出"控制柄◩，适用于均衡地改变大部分音频文件的音量，如图4-8所示。

- **"对数"淡化：** 需上下方向来向内拖曳"淡入"控制柄▨或"淡出"控制柄◩，使音量先缓慢而平稳地变化，再快速地变化，如图4-9所示。

- **"余弦"淡化：** 按住【Ctrl】键不放并向内拖曳"淡入"控制柄▨或"淡出"控制柄◩，使音量先缓慢地变化，再快速地变化，最后在结束时平缓地变化，如图4-10所示。

图4-8 添加"线性"淡化

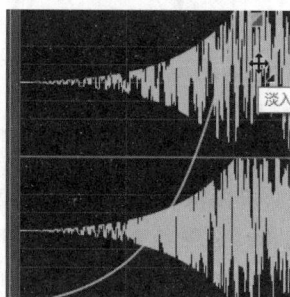

图4-9 添加"对数"淡化

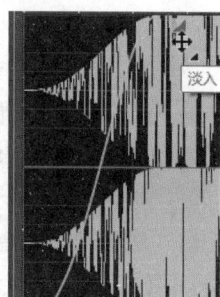

图4-10 添加"余弦"淡化

6. 调整音量

调整音量是指调整波形的振幅。可使用增益控件、"强制限幅"效果和"标准化（处理）"效果来适当地调整音量，也可使用"静音"命令来静音。

（1）增益控件

如果需要直观地提高或降低振幅（波形的高度），可以使用浮动在"编辑器"面板上方的增益控件▣。具体操作方法为：在"编辑器"面板的波形显示中使用时间选择工具▮选择音频，或不选择任何内容以调整整个音频，然后在增益控件▣中拖曳旋钮，或输入数值对音频进行调整，此时音频的波形将会产生变化，代表调整已生效，如图4-11所示。释放鼠标左键后，数值又将变回到0dB。

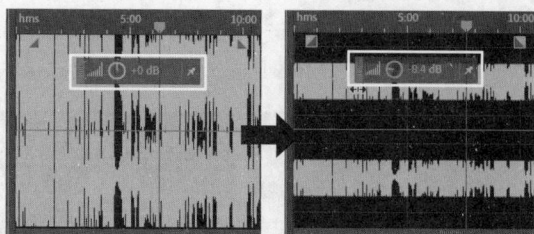

（2）"强制限幅"效果

若需要将音频的振幅强制限定在一定范围

原振幅   输入数值

图4-11 使用增益控件调整振幅

内，以确保音频不会出现过大或过小的音量，可以使用"强制限幅"效果。具体操作方法为：选择【效果】/【振幅与压限】/【强制限幅】命令，打开"效果 – 强制限幅"对话框，在其中设置相关参数后，单击 应用 按钮。

（3）"标准化（处理）"效果

如果音频文件出现音量忽大忽小的情况，可以使用"标准化（处理）"效果将音量调整一致。具体操作方法是：选择【效果】/【振幅与压限】/【标准化（处理）】命令，打开"标准化"对话框，在其中设置相关参数后，单击 应用 按钮。

知识补充

"效果 – 强制限幅"和"标准化"对话框中各个参数的作用

在"效果 – 强制限幅"对话框和"标准化"对话框中，分别包含了多个参数，以便设计师精确地调整音频的音量，设计师可根据当前音频的特点，以及实际需求来设置。扫描右侧二维码可以查看各个参数的详细作用。

知识补充

"效果 – 强制限幅"
和"标准化"对话框
中各个参数的作用

119

（4）"静音"命令

通过"静音"命令可以使选择的音频静音适用于制作停顿效果。其方法是在"编辑器"面板中选取需要静音的音频范围，选择【编辑】/【插入】/【静音】命令，打开"插入静音"对话框，设置静音的持续时间，单击 确定 按钮。

⚒ 任务实施

1. 导入文件与创建标记

米拉准备先导入文件，再将客户提供的音频文件放置到"编辑器"面板中，并使用标记功能来标记多余句子出现的位置，以便进行后续处理，具体操作如下。

微课视频

导入文件与创
建标记

（1）启动Audition进入工作界面，选择【文件】/【导入】/【文件】命令，打开"导入文件"对话框，选择"九日齐山登高.aac"素材，单击 打开(O) 按钮，如图4-12所示。

（2）在"文件"面板中选择导入的音频，将其拖曳到"编辑器"面板中，按【Space】键预览音频，找到多余句子所在的位置。将时间指示器移至0:07.419处，在"标记"面板中单击"添加标记"按钮，添加第1处标记，如图4-13所示。

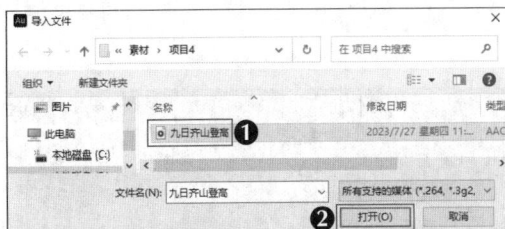

图4-12　导入文件

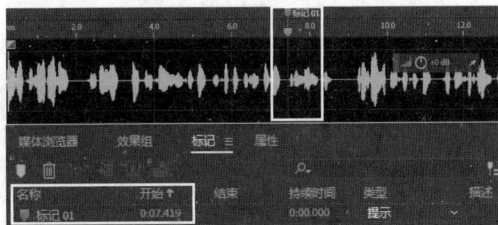

图4-13　添加第1处标记

（3）将时间指示器移至0:08.637处，单击"标记"按钮添加第2处标记，如图4-14所示，两处标记间的音频数据便是需要删减的部分。

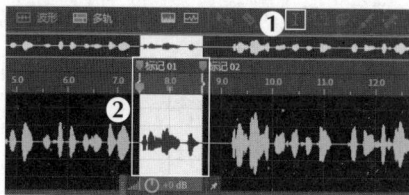

图4-14　添加第2处标记

2. 调整音频数据的内容

　　米拉已经标记出音频文件多余内容的位置，准备先删去该内容，并适当调整朗读诗句时的间隔时间，使诗朗诵的停顿间隔合理，具体操作如下。

（1）选择时间选择工具，将鼠标指针移至第1处标记右侧的音频数据处，按住鼠标左键不放并拖曳以移至第2处标记左侧的音频数据处，此时，可将两处标记内的音频数据全部选中，如图4-15所示。单击鼠标右键，在弹出的快捷菜单中选择"删除"命令，效果如图4-16所示。

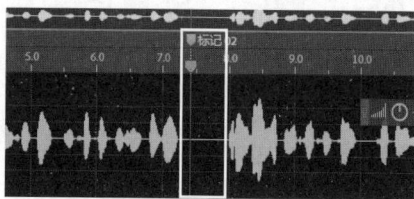

图4-15　选中音频数据

图4-16　删除音频数据的效果

（2）此时可发现标记01已经消失，并且标记02两侧的波形明显比其他长，可以将部分音频数据剪切到音频开始处，为制作淡入淡出做准备。选择标记02右侧的部分波形（音频数据），按【Ctrl+X】组合键剪切，将时间指示器移至音频开始处，按【Ctrl+V】组合键粘贴音频数据到该处，如图4-17所示。

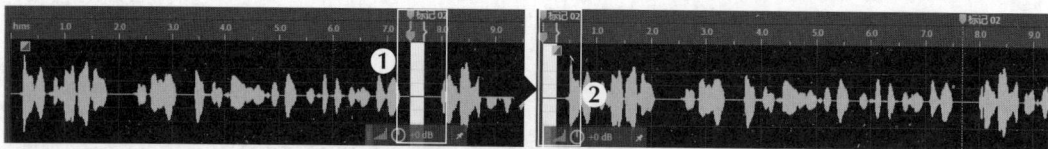

图4-17　剪切与粘贴音频数据

（3）将时间指示器移至音频结尾处，按【Ctrl+V】组合键再次粘贴音频数据，此时的音频数据如图4-18所示。

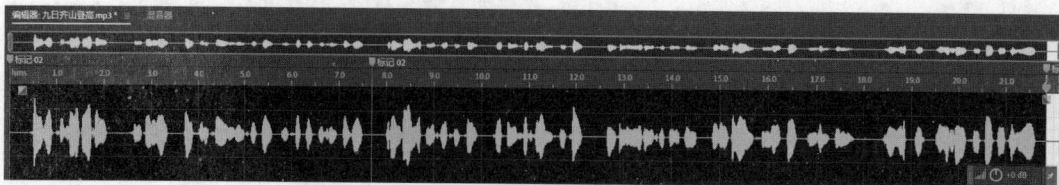

图4-18　再次粘贴音频数据

设计素养

　　设计师在编辑音频时，应具有一定的音频处理能力和相关工具运用技巧，以提升制作效率，并保证音频处理后的质量和表现效果良好。音频编辑不仅仅是简单地剪辑和处理声音，更重要的是要发挥创造力和艺术感，通过音频的剪辑、混合和效果处理等手段，传达作品的情感和意境。在编辑诗朗诵音频时，设计师可以借此机会更好地理解和传承中华优秀传统文化，深入领悟其中的哲学思想和人生智慧，拓宽文化视野。

3. 处理和导出音频

　　为了进一步提高音频质量，米拉准备淡化处理音频的开头和结尾，然后将编辑好的音频导出为客户要求的MP3格式，具体操作如下。

（1）在"编辑器"面板的增益控件 [图标] 中，设置分贝为"3dB"，Audition将自动调整音量，并且音频数据将变为图4-19所示的状态，表示该音频已经调整过音量。

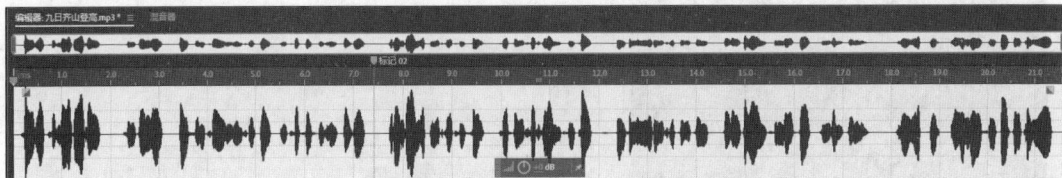

> 微课视频
>
> 处理和导出音频

图4-19　调整音频整体音量

（2）选择【效果】/【振幅与压限】/【强制限幅】命令，打开"效果 – 强制限幅"对话框，设置最大振幅、输入提升、预测时间分别为"– 0.6dB""38.1dB""7.7ms"，单击 确定 按钮，如图4-20所示。

（3）将时间指示器移至音频开始处，向前滚动鼠标滚轮可以放大显示比例，再将鼠标指针移至"淡入"控制柄 [图标] 上，水平向内拖曳鼠标指针，为音频开头制作"线性"淡入效果，如图4-21所示。

（4）按照与步骤（3）相同的方法，为音频结尾制作"线性"淡出效果，如图4-22所示。此时，音频数据整体效果如图4-23所示。

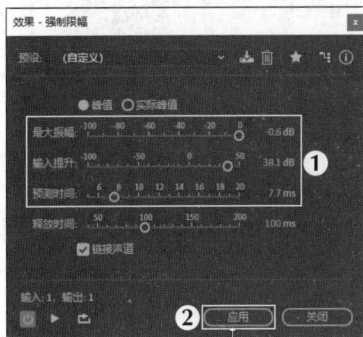

图4-20　设置"强制限幅"参数

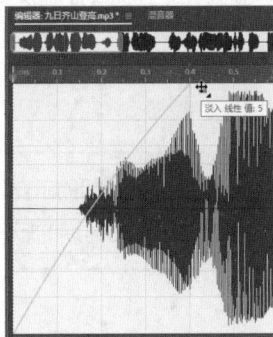

图4-21　制作开头淡入效果

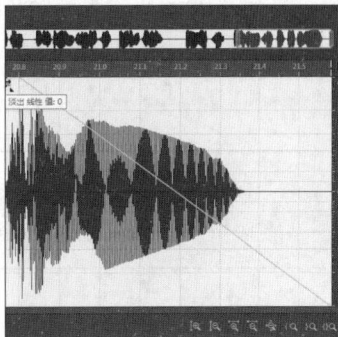

图4-22　制作结尾淡出效果

图4-23 音频数据整体效果

（5）选择【文件】/【导出】/【文件】命令，打开"导出文件"对话框，单击 浏览... 按钮，打开"另存为"对话框，选择保存路径，设置名称为"'诗词朗诵'音频"，格式为"MP3音频（*.mp3）"，单击 保存(S) 按钮，返回"导出文件"对话框，再单击 确定 按钮，如图4-24所示。若Audition弹出提示框，提示"该音频即将被存为有损格式，是否打算继续操作"，可单击 是 按钮完成音频的导出。

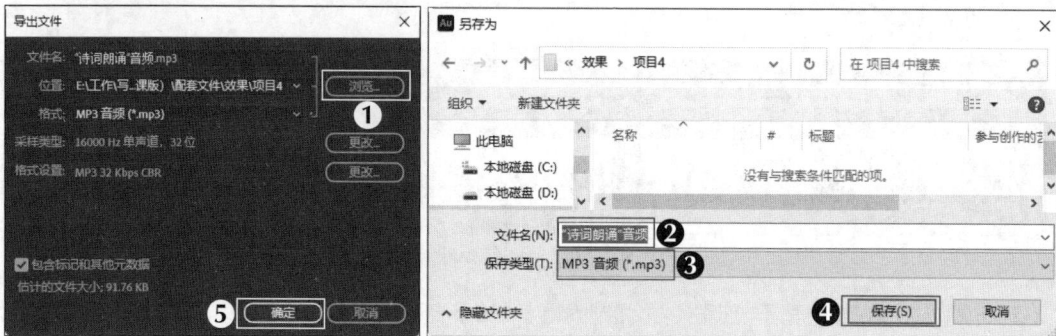

图4-24 导出音频

编辑"中国远古时期的乐器"演讲稿片段

课堂练习

导入音频，综合运用编辑音频数据的操作，去除多余的内容，并适当调整音频中的停顿间隔，使演讲更为流畅。再调整音频音量，在音频开头和结尾处制作淡入淡出效果，实现音频的和谐过渡。

素材位置： 素材\项目4\中国远古时期的乐器.mp3

效果位置： 效果\项目4\"中国远古时期的乐器"演讲稿片段.mp3

任务4.2 合成"科技生活"广告配乐

经过对"诗词朗诵"音频的编辑，米拉对处理音频的基本操作已较为熟练，老洪便将更为复杂的音频编辑任务交给她，该任务需要她将多个配乐音频合成为一段动感十足的广告配乐。

🔍 任务描述

任务背景	广告配乐是指在广告中使用的音乐作品，可为广告渲染一定的情感氛围。某品牌为扩大品牌知名度，准备在某节目中投放以"科技生活"为主题的广告，因此需要为广告搭配一段动感十足的背景音乐，并在其中添加广告语音频"铿态科技，让科技升级，生活更智能！"，以此来吸引听众注意，并给他们留下深刻的印象
任务目标	① 制作时长为10秒左右，格式为MP3的音频
	② 调整合成的音频，剪辑音频数据并保留所需的音频片段，结合对齐、交叉淡化等功能使音频切换得更加自然
	③ 合成的广告配乐整体需主次分明，以铃声作为配乐开场，广告曲紧接其后，并在合适的位置插入广告语音频，广告语中的内容能够被准确识别
知识要点	新建多轨会话、切断所选剪辑工具、切换对齐、移动多轨音频数据

素材位置： 素材\项目4\广告语.mp3、铃铛声.wav、音效.wav	
效果位置： 效果\项目4\"科技生活"广告配乐.mp3	

📦 知识准备

由于该任务需要同时处理多个音频，正好Audition提供的多轨编辑模式包含多个轨道，每个轨道都可以添加音频，可以满足米拉的需求，于是她便打算使用该功能合成广告配乐。

1. 使用轨道

在多轨编辑器中可以混合多个音频轨道中的音频，也可以单独剪辑每个轨道。设计师在多轨编辑器中可以执行添加轨道、删除轨道、重命名轨道、移动轨道，以及隐藏和显示轨道等操作。

- **添加轨道：** 选择【多轨】/【轨道】/【添加轨道】命令，打开"添加轨道"对话框，在"音频轨道"栏的"添加"数值框中输入需要添加的轨道数量，在右侧的"通道"下拉列表中选择声道类型，单击 添加 按钮，如图4-25所示，便可在当前选择的轨道下方添加对应的音频轨道。

图4-25 "添加轨道"对话框

- **删除轨道：** 选择需要删除的轨道，然后选择【多轨】/【轨道】/【删除所选轨道】命令，可删除选择的轨道。若选择【多轨】/【轨道】/【删除空轨道】命令，则可删除"编辑器"面板中所有的空轨道。

- **重命名轨道：** 在"编辑器"面板中需要重命名的轨道的名称上单击，便可重新输入轨道的名称，按【Enter】键确认操作。

- **移动轨道：** 将鼠标指针放在轨道左侧的长条形颜色块上，鼠标指针将变为 形状，此时按住鼠标左键不放，向上或向下拖曳，鼠标指针将变为 形状，出现图4-26所示的目标定位线时，释放鼠标可将该轨道移动到目标位置。

- **隐藏和显示轨道：** 选择【窗口】/【轨道】命令，打开"轨道"面板，其中将显示当前所有轨道选项，单击某个轨道选项左侧的 标记，使其变为 标记，表示该轨道处于隐藏状态，如图4-27所示，再次单击 标记可重新显示轨道。

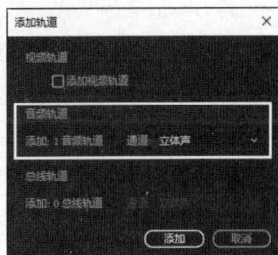

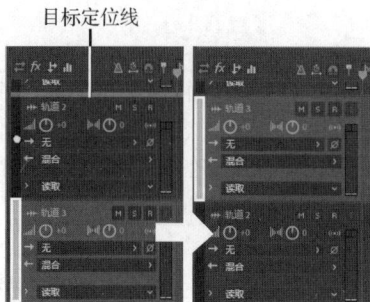

图4-26 移动轨道

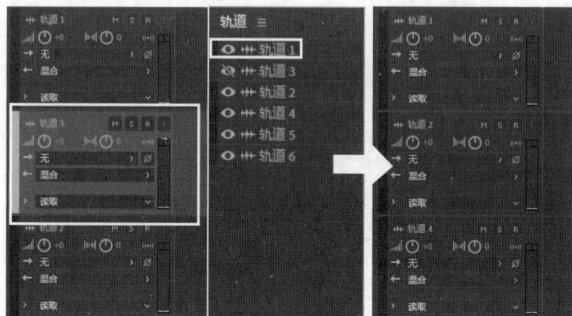

图4-27 隐藏轨道

2. 编辑多轨道音频数据

Audition提供了一些专门针对多轨道音频数据的编辑方法，这些方法有助于提高音频合成效率。

（1）剪辑和修剪多轨音频数据

若只需要使用音频中的部分片段，可剪辑和修剪该音频的音频数据，且这些操作不会破坏音频内容。

- **剪辑多轨音频数据：** 选择需要剪辑音频的轨道，将时间指示器移至要剪辑的位置，使用切断所选剪辑工具◆单击以绘制剪切线。选中剪辑后的音频数据，使用移动工具▶按住鼠标左键不放并拖曳，可调整其位置。选中剪辑后的音频数据，按【Delete】键可删除该音频数据。

- **修剪多轨音频数据：** 在剪辑过音频的轨道上会出现空白区域，使用时间选择工具▮拖曳以选中空白区域，再单击鼠标右键，在弹出的快捷菜单中选择【波纹删除】/【间隙】命令，可删除剪辑后的间隙，以修剪音频。

（2）复制多轨音频数据

如果要复制剪辑后的音频数据，制作重复播放某段音频的效果，可复制多轨音频数据。具体操作方法为：选择移动工具▶，将鼠标指针移至剪辑后的音频数据上，按住【Alt】键不放的同时将其拖曳至目标位置，释放鼠标左键。

（3）对齐多轨音频数据

当需要将剪辑后的音频数据与其他轨道中的音频数据对齐时，可单击多轨编辑器时间轴下方的"切换对齐"按钮▣，按钮变为▣形状时，表示功能已启用；或选择【编辑】/【对齐】/【对齐到剪辑】命令，拖曳音频数据时，多轨编辑器中会显示一条蓝色的标线，此时释放鼠标左键可对齐其他轨道中的音频数据。

（4）交叉淡化多轨音频数据

若需要将多轨模式下同一音轨上的两段音频数据重叠后的过渡变得自然，可使用交叉淡化功能。具体操作方法为：选择相同的轨道，移动其中一段音频数据使部分音频数据重叠，重叠后的区域中将自动出现淡化曲线，调整过渡区域的大小可调整曲线的形状。

（5）扩展和移动多轨音频数据

如果剪辑后的音频数据缺少或有多余的一部分内容，或者音频数据包含的内容不符合当前需求，可通过扩展或移动音频数据来解决。

- **扩展多轨音频数据：** 选择移动工具▶，在"编辑器"面板中将鼠标指针定位到剪辑区域的右边缘处，当鼠标指针呈▣形状时，向右拖曳鼠标即可扩展剪辑。图4-28所示为扩展剪辑后的音频数据前后的对比效果，其中扩展的部分与右侧相邻的波形一致。

- **移动多轨音频数据：** 选择滑动工具▣，左右拖曳剪辑后的音频数据可移动剪辑区域内的音频内容，如图4-29所示。

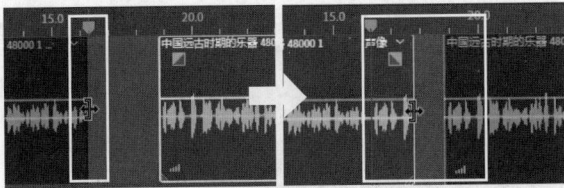

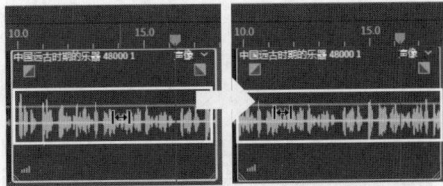

<table>
<tr><td>图4-28　扩展多轨音频数据前后的对比效果</td><td>图4-29　移动多轨音频数据</td></tr>
</table>

（6）拆分多轨音频数据

多轨编辑器中的所有音频都能拆分为可单独移动和编辑的剪辑文件。具体操作方法为：在切断所选剪辑工具 📎 上按住鼠标左键不放，在弹出的按钮组中单击"切断所有剪辑工具"按钮 📎，即可在"编辑器"面板中拆分音频文件。

⚒ 任务实施

1. 新建多轨会话并导入多种音频

米拉准备先新建多轨会话，切换到多轨编辑模式，以便于处理多个音频素材，接着将这些音频素材依次放置在不同轨道中，具体操作如下。

＞ 微 课 视 频 ┐

新建多轨会话并导
入多种音频

（1）选择【新建】/【文件】/【多轨会话】命令，打开"多轨会话"对话框，设置会话名称为"'科技生活'广告配乐"，单击 确定 按钮，如图4-30所示。

（2）导入"广告语.mp3""铃铛声.wav""音效.wav"音频。将"音效.wav"拖曳到"编辑器"面板的轨道1中，释放鼠标将自动打开提示对话框，提示"插入'音效.wav'文件的采样率与会话采样率不匹配，按'确定'制作一个可以匹配会话采样率的文件副本"，单击 确定 按钮关闭提示框。该文件副本在"文件"面板中显示为"音效 48000 1.wav"。

（3）按照与步骤（2）相同的方法将"铃铛声.wav"音频添加到轨道2，"广告语.mp3"音频添加到轨道3上，且允许创建相同采样率的文件副本。

（4）由于为要编辑的音频素材创建了副本，为避免混淆音频素材，可关闭已不需要使用的源音频素材。在"文件"面板中按住【Ctrl】键不放，选择"广告语.mp3""铃铛声.wav""音效.wav"音频，单击鼠标右键，在弹出的快捷菜单中选择"关闭所选文件"命令，如图4-31所示。

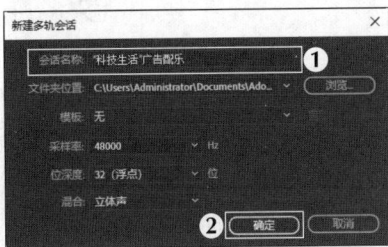

图4-30　新建多轨会话

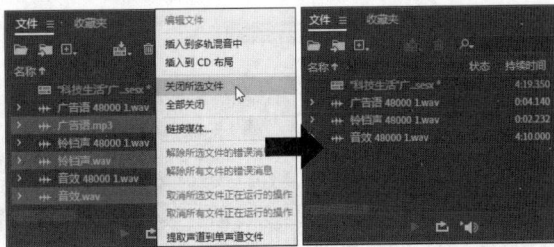

图4-31　关闭所选文件

2. 剪辑、移动和对齐音效音频

米拉发现"音效.wav"音频的时长明显超过了广告的时长，且试听音频发现其中重复播放了相似的音频内容，因此可剪辑该音频，保留所需的开头、结尾部分，在操作过程中需用到移动、对齐、淡化处理音频等操作，具体操作如下。

＞ 微 课 视 频 ┐

剪辑、移动和对齐
音效音频

（1）将时间指示器移至0:05.014处，选择切断所选剪辑工具，在轨道1的时间指示器位置单击，如图4-32所示。再将时间指示器移至0:10.000处，在轨道1的时间指示器位置单击，将轨道1的音频剪辑成3个片段，如图4-33所示。

图4-32 剪辑音频

图4-33 剪辑音频效果

（2）使用移动工具选择片段3，按【Delete】键删除。再选择片段2，选择滑动工具，不断向左拖曳鼠标，直到该片段中的内容变为结尾片段的内容，如图4-34所示。

（3）此时，轨道中保留的音频片段皆为所需音频，需要按照设计需求来调整位置。将时间指示器移至0:00.532处，使用移动工具选中轨道1中的两段音频，向右拖曳到时间指示器右侧，如图4-35所示。

（4）单击"切换对齐"按钮，使用移动工具选中轨道3中的音频，向左拖曳该音频，直到与轨道2中的音频末尾对齐并出现蓝色标线，如图4-36所示，释放鼠标左键，完成对齐。

图4-34 移动音频数据的内容

图4-35 调整音频数据的位置

图4-36 对齐音频数据

（5）为轨道2中的音频制作"线性"淡出效果，再为轨道3中的音频制作"线性"淡入和淡出效果。接着在轨道3左侧的轨道控件中设置音量为"＋3"，在轨道1左侧的轨道控件中设置音量为"－1.2"，此时多轨编辑模式下的轨道如图4-37所示。

（6）选择【多轨】/【将会话混音为新文件】/【整个会话】命令，将自动切换回波形编辑模式，如图4-38所示。再按【Ctrl＋Shift＋S】组合键，打开"另存为"对话框，设置文件名为"'科技生活'广告配乐"，格式为"MP3音频（*.mp3）"，单击 确定 按钮。

效果预览

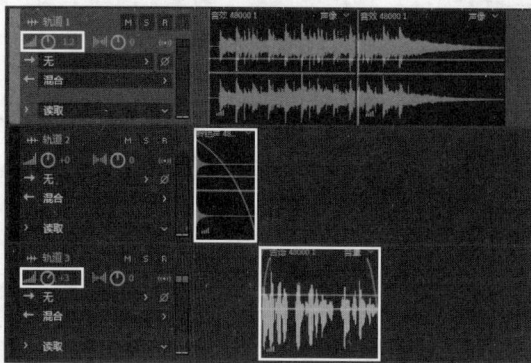

图4-37 调整轨道内的音频

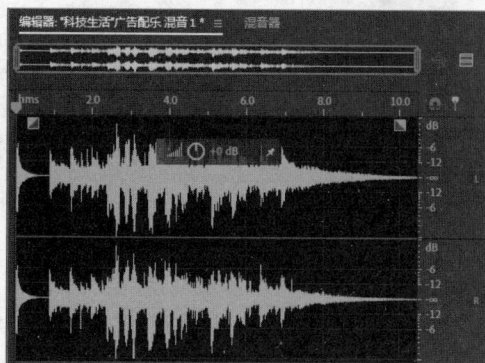

图4-38 将会话混音为新文件

合成鸟鸣闹钟铃声

课堂练习

新建多轨会话，导入多种音频，运用编辑多轨道音频数据的操作，剪辑、复制部分音频数据，并适当调整每个轨道中音频的位置和音量，最后为部分音频制作交叉淡化效果，使闹钟的铃声与鸟鸣声浑然一体、和谐过渡。

效果预览

素材位置： 素材\项目 4\闹钟 .wav、鸟鸣 .wav

效果位置： 效果\项目 4\鸟鸣闹钟铃声 .mp3

任务 4.3　调整"交响乐演奏"活动开场音频

公司负责某乐团举办的"10 周年庆典"大型交响乐演奏活动宣传视频和音频的设计，各个部门忙得不可开交，于是老洪将调整活动开场音频的任务交给米拉，要求她尽量提升开场音频的整体质量，让听众能沉浸式地体验交响曲的动人魅力。

任务描述

任务背景	某乐团为回馈听众 10 年以来的支持，特意举办了"10 周年庆典"大型交响乐演奏活动，并且专门录制了一段交响乐用于提醒听众活动即将开始，同时带动现场的氛围。但由于录制设备有限，导致录制效果不佳，现需要设计师调整该音频，同时添加一段提示语，表达对听众的欢迎和感谢
任务目标	① 制作时长为 1 分 54 秒左右，格式为 MP3 的音频
	② 去除音频中的噪声，调整降噪后音频的音量，提升音频的整体质量
	③ 添加提醒语，并制作混响、回音效果，使整体音频效果清晰、声音浑厚动听，并且符合活动场地空旷的特点
	④ 活动开场音频整体节奏分明，以悠扬的交响乐开始，提示音紧随其后，待提示音消失，交响乐则进入高潮部分，再逐渐消失
知识要点	降噪效果、生成语音效果、混响效果、延迟与回声效果

素材位置： 素材\项目 4\交响乐 .wav、提示语 .txt

效果位置： 效果\项目 4\"交响乐演奏"活动开场音频 .mp3

知识准备

米拉咨询某位擅长编辑音频的同事，有什么方法可以有效提升音频的质量和氛围感，以及将文本转化为音频，该同事建议她运用 Audition 提供的生成语音、降噪、延迟与回声、混响和变调等音频效果来满足客户的需求。

1. 生成语音效果

Audition 提供了生成语音效果，可以将文本内容转换为音频进行编辑。具体操作方法为：选择【效果】/【生成】/【语音】命令，打开"新建文件"对话框，设置名称、采样率等参数后，单击 确定 按钮，打开"效果 - 生成语音"对话框，在其中设置相关参数并输入文本内容，单击 应用 按钮，生成的语音将自动添加到轨道中，如图4-39所示。

"效果 - 生成语音"对话框中关键参数的介绍如下。

- **语言：** 在该下拉列表中可选择 Audition 中预设的语言选项，仅支持中文和英语。
- **说话速率：** 用于设置语音的语速。数值越高，说话速度就越快；反之，说话速度就越慢。
- **音量：** 用于设置生成语音的音量。

图4-39 使用生成语音效果

2. 使用降噪效果

如果需要去除音频中因录音环境产生的噪声，如磁带嘶嘶声、麦克风背景噪声、电线嗡嗡声或波形中任何恒定的噪声，可使用降噪效果。

（1）使用降噪效果的方法

选择部分音频数据，选择【效果】/【降噪/恢复】/【降噪（处理）】命令，打开"效果 - 降噪"对话框，单击 捕捉噪声样本 按钮，可将当前选择的音频数据作为噪声样本；在样本预览图中调整控制曲线（在曲线上单击可添加控制点，拖曳控制点可调整曲线形状），然后单击 选择完整文件 按钮，选择整个音频文件，以处理整个音频，再设置对话框中其他的参数，单击 应用 按钮，Audition 将自动处理整个音频的噪声，并将降噪后的音频替换到轨道中。

（2）认识"效果 - 降噪"对话框

图4-40所示为在"效果 - 降噪"对话框中处理某音频时的样本预览图，其中黄色区域（最上层）表示高振幅噪声，绿色区域（中间层）表示阈值，红色区域（最底层）表示低振幅噪声。降噪时只会处理低于阈值的部分，即绿色区域以下的部分，因此，设计师在降噪时，应根据具体情况调整控制曲线的形状，使噪声部分能位于绿色区域以下。

"效果 - 降噪"对话框中关键参数的介绍如下。

- **降噪：** 用于设置降噪效果的强度，即控制输出信号中的降噪百分比。在预览音频时微调此参数，可以在最小失真的情况下获得最大降噪。

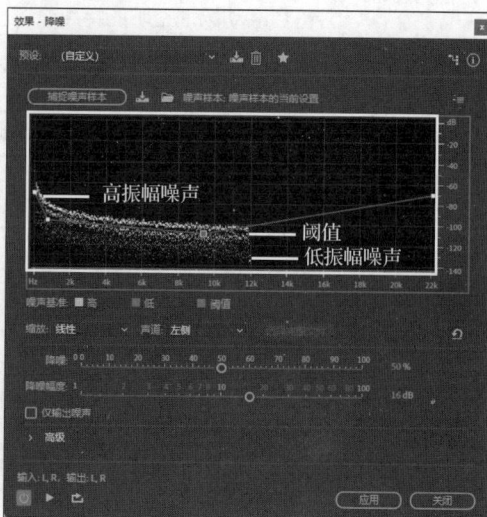

图4-40 "效果 - 降噪"对话框

- **降噪幅度：** 用于确定检测到的噪声的降低幅度。介于 6 ～ 30dB 的数值效果较好。
- **仅输出噪声：** 勾选该复选框，可仅预览噪声，以便设计师确定该效果不会将任何需要的音频去除。

3. 设置延迟与回声效果

当需要延长某段音频数据时，可设置延迟或回声效果。延迟和回声效果都是通过在某个时间内复制原始信号来达到效果的，区别在于前者的时间短，后者的时间长，临场感更强烈。

（1）延迟效果

延迟效果可以在数毫秒之内相继出现单独的原始信号副本。设置延迟效果的方法为：选择【效果】/【延迟与回声】/【延迟】命令，打开"效果–延迟"对话框，在其中设置相关参数后，单击应用按钮。图 4-41 所示为"效果–延迟"对话框，其中关键参数的介绍如下。

图 4-41　"效果 – 延迟"对话框

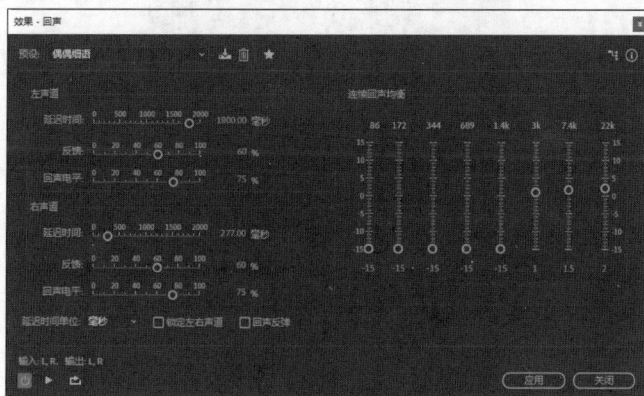

- **延迟时间：** 左声道和右声道中均有延迟时间，若延迟时间的参数均为 0，则没有延迟效果；若参数为正数，则延迟参数对应的时间；若参数为负数，则提前参数对应的时间。
- **混合：** 用于设置混合的最终输出经过处理的信号与原始信号的比率。若设置为 50，则平均混合；若大于 50，则经过处理的信号占比更高；若小于 50，则原始信号占比更高。

（2）回声效果

回声效果可以延迟足够长的声音，使每个回声听起来都是清晰的原始信号副本。设置回声效果的方法为：选择【效果】/【延迟与回声】/【回声】命令，打开"效果–回声"对话框，在其中设置相关参数后，单击应用按钮。图 4-42 所示为"效果–回声"对话框，其中关键参数的介绍如下。

图 4-42　"效果 – 回声"对话框

- **反馈：** 用于设置回声的衰减比率，每个后续的回声都比前一个回声以某个百分比减小。衰减设置为 0% 时不会产生回声，衰减设置为 100% 时则产生不会变小的回声。
- **回声电平：** 用于设置在最终输出中与原始（干）信号混合的回声（湿）信号的百分比。

4. 添加混响效果

若需要增强音频的真实感或丰富音频内容，可以为其添加混响效果（指声音从障碍物上反弹形成的效果，常见障碍物有墙壁、屋顶、地板等）。具体操作方法为：选择【效果】/【混响】/【混响】命令，打开

"效果 – 混响"对话框，在其中设置相关参数后，单击 应用 按钮。图4-43所示为"效果 –混响"对话框，其中关键参数的介绍如下。

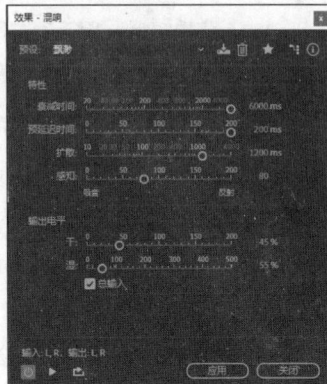

图4-43 "效果 – 混响"对话框

- **衰减时间**：用于设置混响逐渐减少至无限所需的毫秒数。小型空间混响效果建议使用低于400ms的值；中型空间混响效果建议使用400ms ～ 800ms的值；大型空间混响效果建议使用高于800ms的值。

- **预延迟时间**：用于指定混响形成最大振幅所需的毫秒数。一般情况下，将该值设置为衰减时间的10%左右会使混响听起来更为真实。

- **扩散**：用于模拟声音在自然状态下反弹后被吸收的效果。较快的时间可以模拟人或物较多的空间；较慢的时间可以模拟人或物较少的空间。

- **感知**：用于更改空间内的反射特性。该值越低，创造的混响越平滑；该值越高，创造的混响变化越多。

5. 设置变调效果

若需要改变音频的音色、音阶和速度，从而将声音变换成不同的效果，可为音频设置变调效果。具体操作方法为：选择【效果】/【时间与变调】/【音高换挡器】命令，打开"效果 – 音高换挡器"对话框，在其中设置相关参数后，单击 应用 按钮。图4-44所示为"效果 –音高换挡器"对话框，其中关键参数的介绍如下。

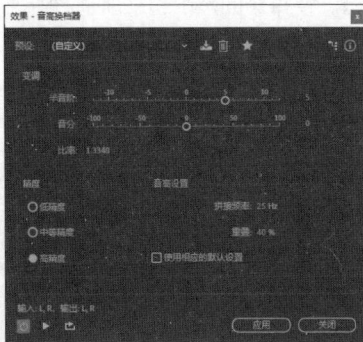

图4-44 "效果 – 音高换挡器"对话框

- **半音阶**：用于实现变调。设置为"0"表示原始音调，设置为"+12"表示将半音阶提高一个八度，设置为"–12"表示将半音阶降低一个八度。

- **音分**：用于按半音阶的分数调整音调。设置为"–100"表示降低一个半音，设置为"+100"表示提高一个半音。

- **比率**：用于确定变换和原始频率之间的关系。设置为"0.5"表示降低一个八度，设置为"2.0"表示提高一个八度。

🔧 任务实施

1. 降噪音频

米拉试听了客户提供的"交响乐"音频，发现里面存在些许噪声，于是她准备先除去噪声，再进行后续的调整，具体操作如下。

微课视频

降噪音频

（1）选择【新建】/【文件】/【多轨会话】命令，在打开的"多轨会话"对话框中，设置会话名称为
"'交响乐演奏'活动开场音频"，单击 确定 按钮。导入"交响乐.wav"音频，将其拖曳到
轨道1中，双击音频，切换到波形编辑模式。

（2）选择0:00.000～0:07.936的音频数据，选择【效果】/【降噪/恢复】/【降噪（处理）】命令，打
开"效果 - 降噪"对话框，单击 捕捉噪声样本 按钮，将鼠标指针移至样本预览图中左侧的控制
点上，按住鼠标左键不放并向上拖曳至顶部，以调整控制曲线，如图4-45所示。

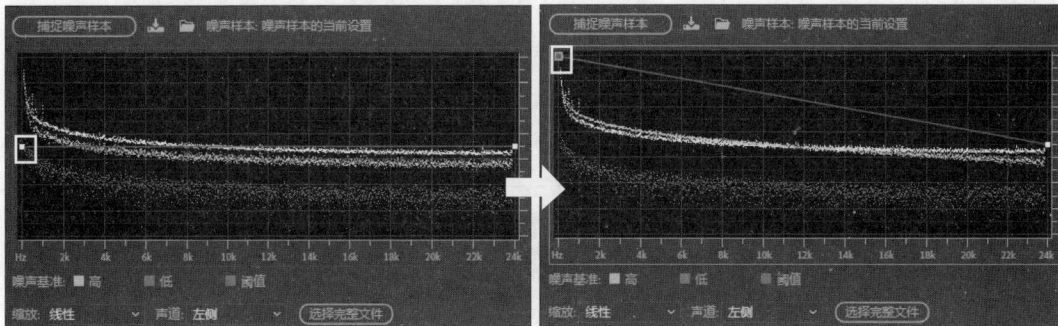

图4-45 调整左侧控制点

（3）按照与步骤（2）相同的方法将右侧控制点向上拖曳至20dB，接着在曲线上单击，新增控制点，
并朝下拖曳曲线，使曲线形状类似于噪声样本走势，如图4-46所示。

（4）单击 选择完整文件 按钮并设置降噪为"57%"，降噪幅度为"15.1dB"，单击"播放"按钮▶试听
降噪后的效果，满意后单击 应用 按钮，如图4-47所示。

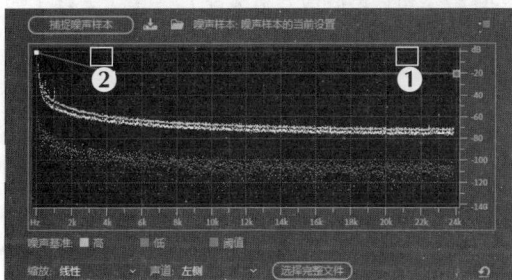

图4-46 调整右侧控制点并新增控制点

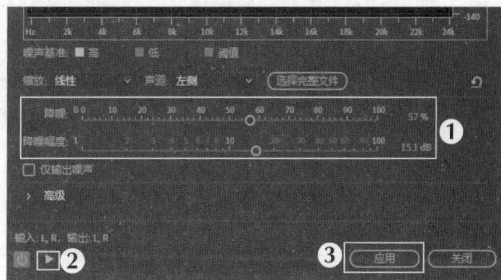

图4-47 应用降噪效果

（5）观察降噪后的波形，如图4-48所示，明显发现音频的振幅整体变低，尤其是音频开始部分的音
量变小。在增益控件上设置振幅为"＋8dB"，提升整体音量。

（6）选择0:00.000～0:32.4800的音频数据，在增益控件上设置振幅为"＋20dB"，提升音频开始
部分的音量，如图4-49所示。

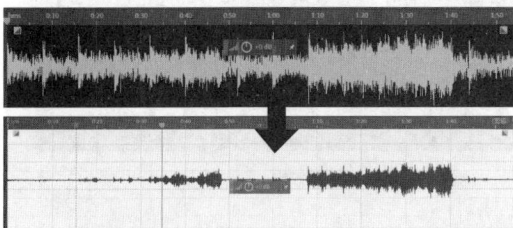

图4-48 调整降噪后的波形

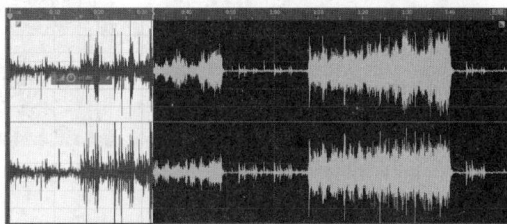

图4-49 提升音频开始部分的音量

微课视频

生成语音并添加
混响、回声效果

2. 生成语音并添加混响、回声效果

米拉考虑到音频整体的和谐性，准备先生成提示语音，将其与交响乐音频合成为一个音频后，再统一添加混响和回声效果，增强音频的质感，同时模拟在较大场景中说话的回声效果，具体操作如下。

（1）打开"提示语.txt"素材，复制其中的内容。返回Audition，单击工具栏中的 ▣ 多轨 按钮，切换到多轨模式，选择轨道2，防止生成的提示语自动放置在轨道1中与交响乐音频重叠。

（2）选择【效果】/【生成】/【语音】命令，打开"新建音频文件"对话框，设置名称为"提示语"，单击 确定 按钮，打开"效果 - 生成语音"对话框，在文本输入框中粘贴文本，设置说话速率为"-3"，单击 确定 按钮，轨道2中将出现生成的语音，如图4-50所示。

图4-50　生成提示语

（3）将时间指示器移至0:50.268处，使用移动工具 ⊕ 将轨道2中的音频拖曳到时间指示器右侧，在左侧的轨道控件中设置音量为"+10"。选择【多轨】/【将会话混音为新文件】/【整个会话】命令，切换回波形编辑模式。

（4）选择【效果】/【混响】/【混响】命令，打开"效果 - 混响"对话框，设置感知为"102"，干为"89%"，单击 应用 按钮，如图4-51所示。

（5）选择【效果】/【延迟与回声】/【回声】命令，打开"效果-回声"对话框，设置预设为"偶偶细语"，单击 应用 按钮，如图4-52所示，最后导出文件。

效果预览

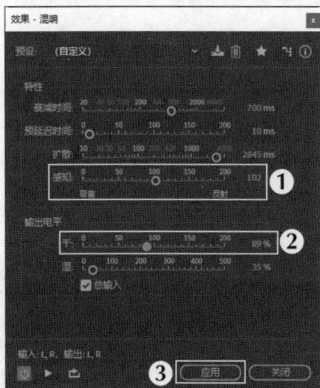

图4-51　添加混响效果

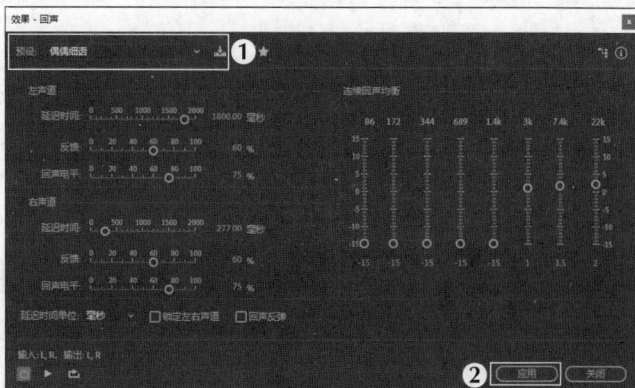

图4-52　添加回声效果

调整"茶叶"卖点介绍音频

课堂练习

新建多轨会话，运用生成语音效果生成"茶叶"卖点介绍音频，再导入并添加配乐音频，逐一处理音量后制作淡入淡出效果，然后将其合成为同一个音频，设置混响、延迟等效果，使卖点介绍音频层次分明、质感较佳。

效果预览

素材位置： 素材\项目4\茶叶卖点介绍.txt、茶叶卖点配乐.wav

效果位置： 效果\项目4\"茶叶"卖点介绍音频.mp3

综合实战 编辑"大学生体育竞赛"解说音频

米拉已经可以熟练地使用 Audition 编辑各种类型的音频，老洪便将当前需要在"大学生体育竞赛"视频中使用的音频交给米拉编辑，要求她尽快处理好该音频中的问题。

实战描述

实战背景	某大学参加了一年一度的"大学生体育竞赛"活动，该校学生在各个赛事中均获得了较好的成绩，为此学校准备将全程赛事录像中具有吸引力和精彩的瞬间制作成视频在校园中循环播放，以展示学生们的风采，并激励学生们再接再厉。由于设备有限，各段录像中解说人员的音频出现了噪声、音量参差不齐等问题，需要设计师分别进行编辑
实战目标	① 制作时长为1分54秒左右，格式为MP3的音频
	② 去除音频中的噪声，删除音频中不需要的部分，再将保留下来的音频按照时间顺序重新组合
	③ 在轨道控件中分别调整每个轨道的音量，使它们的音量几乎相同，从而解决音量参差不齐的问题
知识要点	新建多轨会话、剪辑音频数据、复制与粘贴音频数据、淡出处理音频、降噪效果、调整音量

素材位置： 素材\项目4\解说音频1.mp3、解说音频2.mp3、解说音频3.mp3、解说音频4.mp3、欢呼拍手呼喊声.wav

效果位置： 效果\项目4\"大学生体育竞赛"解说音频.mp3

思路及步骤

由于提供的解说音频数量较多，需要先用"多轨会话"命令将提供的音频逐一放置在不同轨道中，再进行单独编辑，去除每个解说音频中的噪声。受降噪效果影响，以及考虑到各个解说音频原始音量不一致，还需要依次调整每个音频的音量，使整体音量均衡。本例的制作思路如图4-53所示，参考步骤如下。

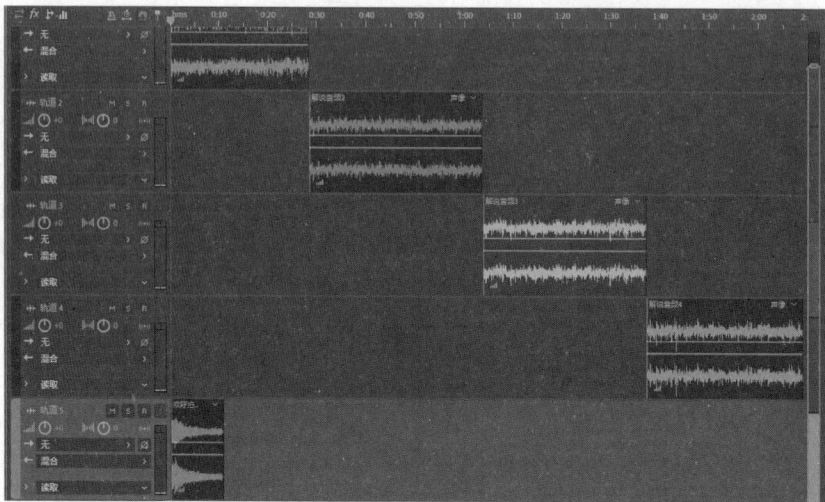

① 添加并对齐轨道中的音频

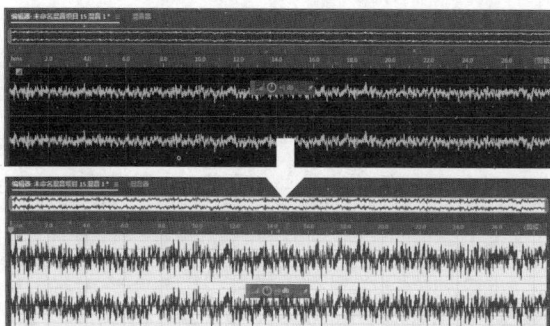

② 调整解说音频1的音量并对其进行降噪

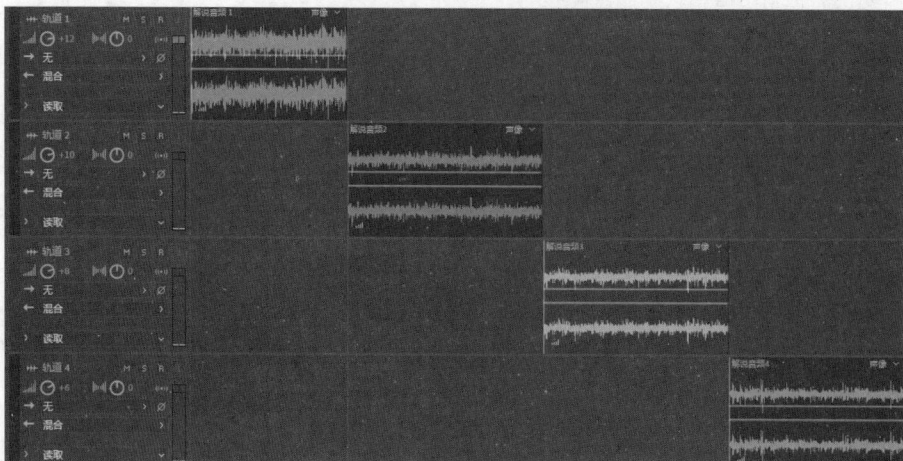

③ 调整各个轨道的音量

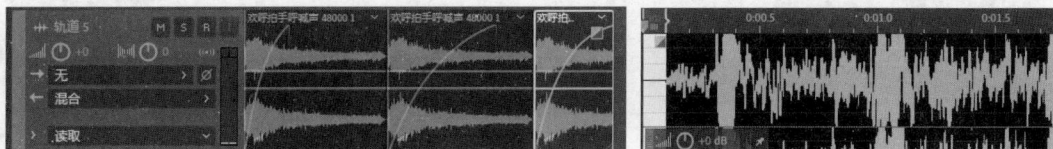

④ 复制、粘贴与剪辑音频数据

⑤ 调整整体音量并延长开头时长

图4-53 编辑"大学生体育竞赛"解说音频的思路

微课视频

编辑"大学生体育竞赛"解说音频

（1）新建多轨会话文件，导入所有音频素材，将有关解说的音频按照序号依次拖到与序号相对应的轨道中，将"欢呼拍手呼喊声.wav"音频放置到轨道5，然后依次调整轨道1～轨道4中的音频，使其头尾相连。

（2）双击"轨道1"中的音频切换编辑器模式，使用增益控件提高音频的音量，选择任意音频数据，使用"降噪（处理）"命令去除噪声，单击 多轨 按钮返回多轨模式。

（3）按照与步骤（2）相同的方法，依次递减调整轨道2和轨道3中的音频音量，并进行降噪。在轨道控件中再次递减设置轨道1～轨道4的音量，使4个音频层次分明。

（4）此时，轨道1中的音频仍有少许噪声，可使用轨道5中的音频进行掩盖，选择轨道5中的音频，按2次【Ctrl+C】组合键和【Ctrl+V】组合键，在同一轨道中复制和粘贴音频，剪辑多余的音频数据，使它们与轨道1中的音频时长相同，另外为轨道5中的每个音频添加"线性"淡入效果，使其过渡自然。

（5）将多轨道会话混音为新文件，使用增益控件提高音频的音量，并复制结尾处水平波形的音频数据到开头处，增加音频时长。最后导出名称为"'大学生体育竞赛'解说音频"的音频。

效果预览

▶ 课后练习 合成苹果主图视频配音

　　苹果是一种健康且营养丰富的水果，富含维生素、矿物质和膳食纤维，一直深受人们的喜爱。某商家在苹果大量成熟之际，准备上架该商品，并以主图视频的形式展现其卖点，以吸引消费者购买。现需要设计师合成主图视频配音，提升主图视频的吸引力，要求根据提供的文本资料制作特殊音色的配音，并搭配恢宏大气的背景音乐，配音时长需控制在60秒内。设计师需要新建多轨会话，生成卖点语音，同时制作变调效果，使原音频中生硬的朗读效果变得更加自然、流畅，然后导入并剪辑配乐音频，进行淡化处理，调整多个音频的音量，再将多轨音频合成为一个音频，最后调整开头时长，添加混响效果，使配音音频的声音浑厚、节奏分明。

效果预览

素材位置： 素材\项目4\苹果卖点.txt、音效1.wav、音效2.wav
效果位置： 效果\项目4\苹果主图视频配音.mp3

项目5
应用Premiere编辑视频

情景描述

　　老洪看到米拉在处理多媒体图像、动画和音频方面得心应手，便提前让她接触视频编辑的工作。

　　老洪告诉米拉："视频是一种信息丰富、表现力强的多媒体形式，视频编辑也是设计部门的主要工作之一。在当今多媒体迅速发展的时代，越来越多的企业、商家选择使用视频来传播商品、业务和品牌信息等内容，因此，你需要深入掌握视频编辑的方法和技巧。设计公司通常使用Premiere来编辑视频，它是一款功能强大的视频编辑软件，提供了丰富的编辑功能，支持多种视频格式，具有高效的视频编辑和音频处理能力，能充分满足客户的各种需求。"

学习目标

知识目标

- 熟悉Premiere工作界面
- 掌握Premiere的基本操作
- 掌握应用Premiere编辑视频的各种方法

素养目标

- 注重对视频内容的优化和整合，通过视频传递积极向上的价值观
- 具备敏锐的观察力，提升审美能力
- 培养良好的时间管理和组织能力，合理规划设计任务的开展进程

任务5.1 剪辑"青山绿水"旅游风光视频

老洪交给米拉一些关于旅游风光的视频，要求她去除部分视频中的音频，剪辑出这些视频中的精彩片段，再将这些片段组合成一个完整的视频。

任务描述

任务背景	某旅行社计划开设一条以"青山绿水"为主题的新旅行线路。为了吸引更多游客，他们在该旅行线路拍摄了多个风景视频，需要设计师剪辑并保留质量较佳且独具特色的片段，最终制作成一个精彩的视频，并将其发布到各大平台上
任务目标	① 制作尺寸为1280像素×720像素，时长为40秒左右，格式为MP4的视频
	② 添加并剪辑视频片段，依次展示该线路的青山绿水等特色美景，要求视频画面优美，具有较强的吸引力
	③ 调整素材的位置、播放速度和持续时间，使视频整体节奏分明，最终时长符合要求
知识要点	新建项目文件、导入素材、新建序列、在轨道中添加素材、添加标记、剪辑素材、删除素材、"速度/持续时间"命令、导出视频、保存项目文件

本任务的参考效果如图5-1所示。

效果预览

图5-1 "青山绿水"旅游风光视频参考效果

素材位置： 素材\项目5\"青山绿水"旅游风光视频\

效果位置： 效果\项目5\"青山绿水"旅游风光视频.prproj、"青山绿水"旅游风光视频.mp4

知识准备

米拉打开计算机中已安装的Premiere Pro 2021的工作界面，熟悉了一些简单的基本操作后，便开始查看老洪交给她的视频，她发现这些视频的数量较多，可将它们放在不同的轨道上处理。预览这些视频时，她还发现部分视频画面的变化速度相差较大，需要在剪辑视频时解决这个问题。

1. 认识Premiere工作界面

Premiere的工作界面由标题栏、菜单栏、工作区模式、"源"面板、"项目"面板、"工具"面板、"时间轴"面板、"音频仪表"面板和"节目"面板等组成，如图5-2所示。

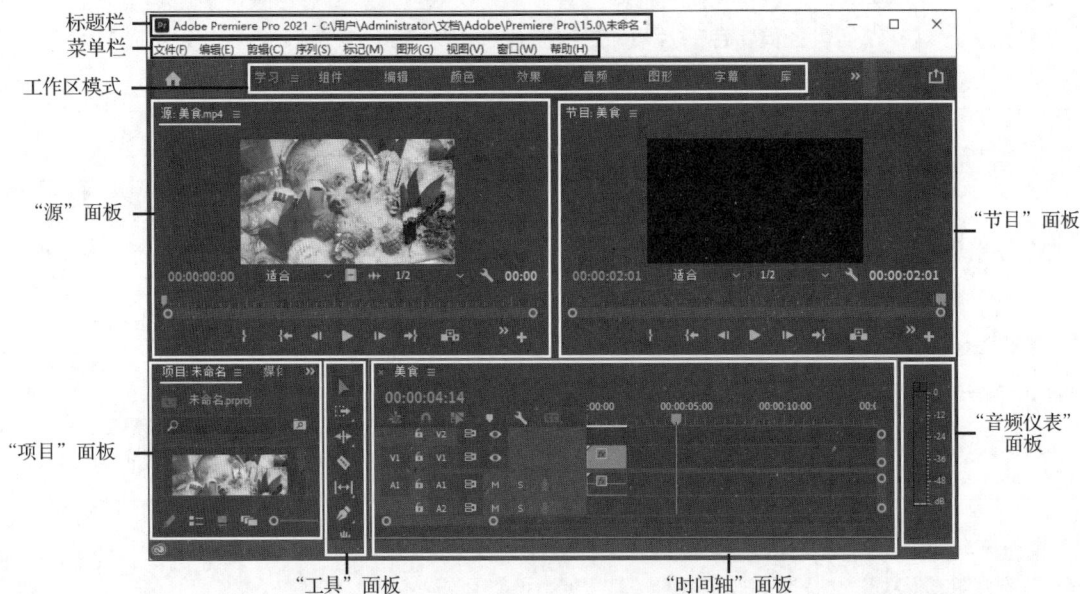

图5-2　Premiere Pro 2021的工作界面

（1）标题栏

标题栏包括Premiere的软件图标 Pr 、项目文件所在的保存位置，以及窗口控制按钮组 — □ ×。单击 Pr 图标，可在弹出的快捷菜单中选择相应命令以对窗口进行移动、最小化、最大化和关闭等操作。

（2）菜单栏

菜单栏包含文件、编辑、剪辑、序列、标记、图形、视图、窗口、帮助9个菜单项，每个菜单项下包含了对应的菜单命令，充分利用这些菜单命令可以完成对视频的编辑和处理操作。若菜单命令后有 > 图标，则表明其下还有子菜单。

（3）工作区模式

在该区域中可以根据实际需要来选择不同模式，从而使工作界面发生变化，主要包括学习（默认的工作区模式）、组件、编辑、颜色、效果、音频、图形、字幕、库9种模式。若需要更多模式的工作区，可选择【窗口】/【工作区】命令，在弹出的子菜单中选择多种工作区模式。

（4）"源"面板

"源"面板常用于预览还未添加到"时间轴"面板中的源素材，只需在"项目"面板中双击某素材，即可在"源"面板中查看并编辑该素材。

"源"面板下方为该面板的工具栏（见图5-3），各个选项的作用如下。

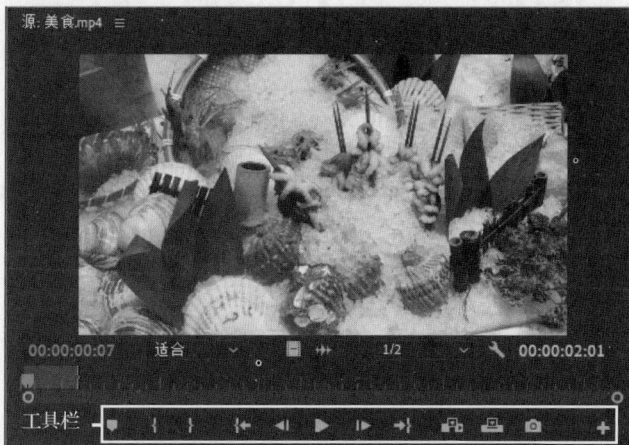

图5-3 "源"面板

- **"添加标记"按钮**：单击该按钮，当前时间指示器所在位置将被添加一个没有编号的标记。
- **"标记入点"按钮**：单击该按钮，当前时间指示器所在位置将被设置为入点（指当前内容的起始位置）。
- **"标记出点"按钮**：单击该按钮，当前时间指示器所在位置将被设置为出点（指当前内容的结束位置）。
- **"转到入点"按钮**：单击该按钮，时间指示器将快速跳转到入点位置。
- **"后退一帧"按钮**：单击该按钮，时间指示器跳转到上一帧位置。
- **"播放-停止切换"按钮**：单击该按钮，可从当前时间指示器所在位置播放视频，并且按钮将变为状态。单击按钮，可暂停播放。
- **"前进一帧"按钮**：单击该按钮，时间指示器跳转到下一帧位置。
- **"转到出点"按钮**：单击该按钮，时间指示器将快速跳转到出点位置。
- **"插入"按钮**：单击该按钮，正在编辑的素材将插入"时间轴"面板中当前时间指示器所在位置。
- **"覆盖边框"按钮**：单击该按钮，正在编辑的素材将覆盖到"时间轴"面板中当前时间指示器所在位置。
- **"导出帧"按钮**：单击该按钮，可导出当前编辑帧的画面内容。
- **"按钮编辑器"按钮**：单击该按钮，可打开"按钮编辑器"面板。

（5）"项目"面板

"项目"面板用于存放和管理导入的素材（包括视频、音频、图像等），以及在Premiere中创建的序列文件和自带素材。在"项目"面板中单击"新建素材箱"按钮，新建类似于文件夹的素材箱，可将素材添加到素材箱中进行分类管理。

（6）"工具"面板

"工具"面板用于在编辑素材时进行选择、剪切、抓取等操作。单击"工具"面板中的工具，便可将其激活，根据选择工具的不同，鼠标指针会变成对应工具的形状，此时可以在"时间轴"面板中使用该工具。

"工具"面板中各个工具的作用

在"工具"面板中，有的工具右下角有一个小阶梯图标 ▣，表示该工具位于工具组中，其中还隐藏有其他工具，在该工具组上按住鼠标左键不放，可显示该工作组中隐藏的工具。"工具"面板中各个工具的作用可扫描右侧二维码查看。

（7）"时间轴"面板

"时间轴"面板（见图5-4）是编辑素材的主要工作区，素材在"时间轴"面板中按照时间的先后顺序从左到右排列在各自的轨道上，且被统称为剪辑。该面板中各个选项的作用如下。

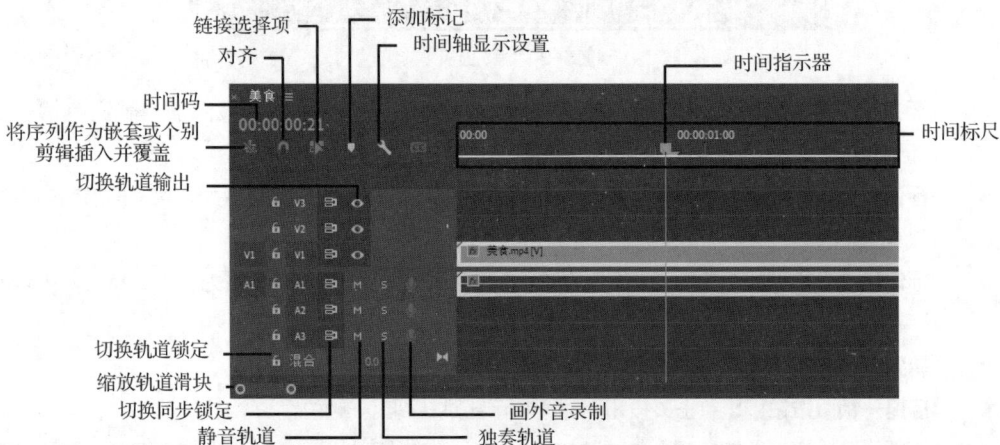

图5-4 "时间轴"面板

- **时间码：** 用于显示时间指示器当前在时间标尺中的位置。
- **"将序列作为嵌套或个别剪辑插入并覆盖"按钮 ▣：** 默认处于选中状态，在另一个序列被拖入当前序列时，将会把该序列作为当前序列的一个单独剪辑。再次单击该按钮使其变为 ▣ 形状，在另一个序列被拖入当前序列时，则会把该序列的内容依次插入当前序列中。
- **"切换轨道输出"按钮 ◉：** 单击该按钮，可设置轨道内容在序列中是否可见。
- **"切换轨道锁定"按钮 ▣：** 单击该按钮，可锁定或解锁该轨道，锁定后的轨道无法修改，解锁后方可编辑。
- **缩放轨道滑块 ◯▬◯：** 用于缩放轨道，以放大或缩小显示比例。
- **"切换同步锁定"按钮 ▣：** 单击该按钮，可在波纹删除（波纹删除是指在"时间轴"面板中删除某个素材后，该素材后方的素材将直接补上已删除素材的位置）时，同步移动轨道上的相应剪辑；设置成关闭状态时，该轨道不会变化。
- **"静音轨道"按钮 M：** 单击该按钮，可静音该轨道的音频。
- **"独奏轨道"按钮 S：** 单击该按钮，可静音除了本轨道以外的其他轨道的音频。
- **"画外音录制"按钮 ▣：** 单击该按钮，可录制旁白。
- **时间标尺：** 包含时间线和时间刻度，可以指示视频的播放时间、视频中素材的播放时间长度、播放的起点时间和中止时间、时间指示器的位置等，还可以指示开始点与结束点标记的位置。

- **时间指示器：** 拖曳时间指示器可调整时间码，指定视频当前帧的位置。
- **"时间轴显示设置"按钮 🔧：** 单击该按钮，可显示或隐藏视频缩览图、视频名称、音频波形、音频关键帧、剪辑标记等。
- **"添加标记"按钮 🔖：** 单击该按钮，可在当前帧处添加一个无编号的标记。标记分为剪辑标记（选中某剪辑时）和时间轴标记（未选中任何剪辑时）。
- **"对齐"按钮 🧲：** 默认处于选中状态，在移动剪辑时，将自动靠拢并对齐其他剪辑或当前时间指示器的位置。再次单击该按钮，使其变为 🧲 形状，则移动剪辑时将不会自动靠拢或对齐。
- **"链接选择项"按钮 🔗：** 默认处于选中状态，表明在插入素材时，可将视频中自带的音频与视频变成链接关系。再次单击该按钮，使其变为 🔗 形状，则插入素材时将不会自动链接。

（8）"音频仪表"面板

"音频仪表"面板主要用于监控音频的音量大小，调整音频的状态和参数。当音量大于0时，可以听到声音；当音量小于0时，将无法听到声音。此外，若音频仪表的上方显示为红色，则表示音量过大，可能超出安全范围。

（9）"节目"面板

"节目"面板用于显示当前时间指示器所处位置的序列效果，可用于预览和编辑视频，也是预览视频最终输出效果的面板。

另外，"节目"面板下方为该面板的工具栏，工具栏中各个按钮的作用与"源"面板工具栏中各个按钮的作用一致。但是"节目"面板工具栏中的按钮效果会对"时间轴"面板中的素材生效，而"源"面板工具栏中的按钮效果不会对"时间轴"面板中的素材生效。

2. Premiere 的基本操作

在Premiere中编辑视频的流程大致为新建项目文件和序列，添加视频、图像、音频等素材，编辑素材，最后导出并保存视频，主要涉及以下几项基本操作。

（1）新建项目文件

若需要在Premiere中编辑视频，首先要新建项目文件。具体操作方法为：选择【文件】/【新建】/【项目】命令，或在开始界面单击 新建项目... 按钮，打开"新建项目"对话框，单击"位置"文本框后的 浏览... 按钮，打开"请选择新项目的目标路径"对话框，选择新建项目文件的保存位置，完成后单击 选择文件夹 按钮，返回"新建项目"对话框，再设置项目文件的名称，单击 确定 按钮。

项目文件保存位置的注意要点

🎯
知识补充

　　新建项目时若指定了保存位置，那么在后续的操作中应尽量不要更改。默认情况下，Premiere会将渲染的预览、匹配的音频文件以及捕捉的音频和视频存储在用于保存项目的文件夹中。因此，若要移动项目文件，则还需移动其关联文件，否则会造成项目文件内容的缺失。

（2）新建序列

序列是将多个素材以时间为序进行排列组合的一个集合，包括上下轨道关系、过渡效果及特效等内容，它是视频剪辑的基础。Premiere中的大部分工作都是在序列中完成。若要在项目文件中编辑导入的素材，则需要新建序列。

新建序列的具体操作方法为：选择【文件】/【新建】/【序列】命令；或单击"项目"面板右下角的"新建项"按钮▤，在打开的下拉列表中选择"序列"选项；或在"项目"面板空白处单击鼠标右键，在弹出的快捷菜单中选择【新建项目】/【序列】命令，都将打开"新建序列"对话框，在"序列预设"选项卡中选择一种预设，单击"设置"选项卡，自行设置各种参数后，单击 确定 按钮。

另外，直接将素材拖曳到"时间轴"面板上，会自动新建与素材同名的序列。新建序列后选择【序列】/【序列设置】命令，可在打开的"序列设置"对话框中修改序列参数。

"设置"选项卡中各项参数的作用

知识补充

"新建序列"对话框"设置"选项卡中的参数繁多，每个参数都有自己独特的作用。例如，"时基"下拉列表用于计算每个编辑点的时间位置，"24帧/秒"选项适用于编辑电影胶片，"25帧/秒"选项适用于编辑PAL制式和SECAM制式的视频，"29.97帧/秒"选项适用于编辑NTSC制式的视频。"设置"选项卡中各项参数的作用可扫描右侧二维码查看。

知识补充

"设置"选项卡中各项参数的作用

（3）打开项目文件

在需要修改和处理已有的项目文件时，可以使用"打开项目"和"打开最近使用的内容"命令打开项目文件。

- **使用"打开项目"命令：** 选择【文件】/【打开项目】命令，打开"打开"对话框，选择要打开的项目文件，单击 打开(O) 按钮。
- **使用"打开最近使用的内容"命令：** 选择【文件】/【打开最近使用的内容】命令，在弹出的子菜单中选择最近打开过的项目文件（系统默认最多为10个），单击想要打开的项目文件的名称，可迅速打开该文件。该命令只适用于已在Premiere中打开过的项目文件。

为什么打开项目文件时，有时会自动弹出"链接媒体"对话框？

疑难解析

由于Premiere不会将视频、音频或图像文件存储在项目文件中，而只会存储对这些文件的引用，因此，若移动、重命名或删除这些文件，则再次打开项目文件时，或在视频编辑过程中，存储在计算机中的源素材发生了修改，Premiere都会自动弹出"链接媒体"对话框，这表示有素材文件丢失，或素材的存储路径发生了改变，此时可使用以下方法解决。

若需要将缺失文件替换为脱机剪辑，可单击 脱机 按钮，保留项目中任意位置对缺失文件的全部引用占位符；若需要将所有缺失文件替换为永久脱机文件，可单击 全部脱机 按钮。这两种方法都能直接打开项目文件，但打开后工作界面的"项目"面板、"时间轴"面板、"节目"面板等都会与原项目文件有所区别。

若需要搜索丢失文件并进行链接，可单击 查找 按钮，找到缺失素材的当前保存位置并进行链接后，可以重新打开丢失文件。

（4）导入素材

如果需要在 Premiere 中编辑视频、音频、图像等素材，则需要将这些素材导入"项目"面板中，因为只有导入"项目"面板中的素材才能在后期编辑过程中使用。将素材导入"项目"面板中后，还会显示文件的详细信息，如名称、属性、大小、持续时间、文件路径、备注等。

导入素材的具体方法为：双击"项目"面板的空白区域；或在该面板中单击鼠标右键，在弹出的快捷菜单中选择"导入"命令；或选择【文件】/【导入】命令；或按【Ctrl+I】键，均可打开"导入"对话框，选择需要添加的一个或多个素材，单击 打开(O) 按钮。

（5）导出视频

完成项目文件的编辑后，可以将其导出为指定格式的视频，以便在其他硬件设备上播放。具体操作方法为：选择【文件】/【导出】/【媒体】命令，打开"导出设置"对话框，自行设置相关参数后，单击 导出 按钮开始渲染，此时会显示导出的进度条，渲染完成后，根据保存路径可以找到导出的视频。

"导出设置"对话框右侧的"导出设置"栏和"视频"选项卡中的参数（见图5-5）会直接影响视频的导出质量，关键参数的作用如下。

- **与序列设置匹配：**勾选该复选框，导出的视频将与原始的序列设置一致，且"导出设置"栏中所有的选项都将变为灰色状态，不能再对其进行自定义设置，因此通常不勾选该复选框。
- **格式：**用于设置需要导出的文件格式。
- **预设：**用于设置文件的序列预设，即视频的画面大小。
- **输出名称：**单击"输出名称"选项对应的超链接，在打开的对话框中可以设置视频的保存路径和名称。
- **导出视频：**勾选该复选框，将导出视频。
- **导出音频：**勾选该复选框，视频中的音频将随着视频一同被导出。
- **摘要：**用于查看视频文件信息。
- **"基本视频设置"栏：**用于设置视频的分辨率，使其达到特定的输出要求，设置后会对视频文件的大小产生影响。

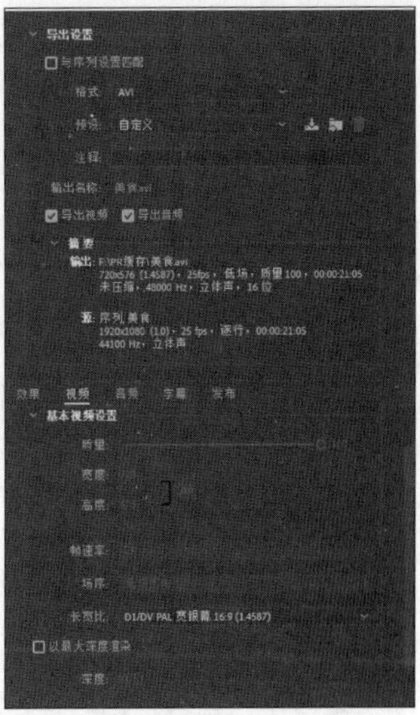

图5-5 "导出设置"栏和"视频"选项卡

（6）保存项目文件

完成项目文件的编辑后，还需保存项目文件。具体操作方法为：选择【文件】/【保存】命令，可直接使用新建项目文件时设置的保存位置和项目名称来保存项目文件；若需要重新设置项目名称和保存位置，可选择【文件】/【另存为】命令，打开"保存项目"对话框，设置好文件名和保存位置后，单击 保存(S) 按钮。

3. 使用轨道

由于 Premiere 中的大部分编辑操作在"时间轴"面板中进行，而在其中编辑素材的主要位置就是轨道。因此，我们需要先充分认识轨道，掌握轨道的类型、添加和删除轨道、在轨道中添加或插入素材，以及剪辑轨道中素材的方法，才能更高效地编辑视频。

（1）轨道的类型

"时间轴"面板中默认存在3个视频轨道（V1、V2、V3）、3个音频轨道（A1、A2、A3）、1个主音频轨道（混合）。

- **视频轨道：**用于编辑视频的轨道，可自行添加或删除。
- **音频轨道：**用于编辑音频的轨道，可自行添加或删除。
- **主音频轨道：**用于控制序列中所有音频轨道的合成输出，有且仅有一条。

（2）添加和删除轨道

在编辑视频的过程中，设计师可根据实际需要添加和删除轨道。

- **添加轨道：**在"时间轴"面板的轨道左侧空白处单击鼠标右键，在弹出的快捷菜单中选择"添加轨道"命令，打开"添加轨道"对话框，自行设置要添加的视频轨道或音频轨道数量，然后设置"放置"下拉列表和"轨道类型"下拉列表的参数，单击 确定 按钮，如图5-6所示。

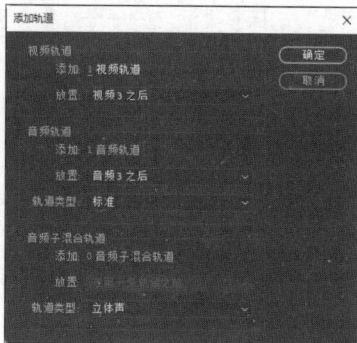
图5-6 "添加轨道"对话框

- **删除轨道：**在需要删除的轨道左侧的空白处单击鼠标右键，在弹出的快捷菜单中选择"删除单个轨道"命令，可删除该轨道；在任意轨道左侧的空白处单击鼠标右键，在弹出的快捷菜单中选择"删除轨道"命令，打开"删除轨道"对话框，选择要删除的轨道，单击 确定 按钮，如图5-7所示。

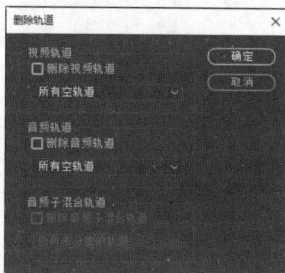
图5-7 "删除轨道"对话框

（3）在轨道中添加或插入素材

设计师只有将"项目"面板中的素材添加或插入轨道中，才能进行编辑。

- **将素材添加到轨道：**在"项目"面板中选择需要添加的素材，将其拖曳到"时间轴"面板中相应的轨道上，再释放鼠标左键。

- **将素材插入轨道：**在"项目"面板中双击素材文件，在"源"面板中打开素材，将时间指示器定位在开始的时间点，单击"标记入点"按钮 ；将时间指示器定位在结束的时间点，单击"标记出点"按钮 ；最后单击"插入"按钮 可将两个标记之间的素材插入"时间轴"面板的轨道中。

（4）选择、删除、移动、复制和粘贴轨道中的素材

将素材添加或插入轨道中后，可对其进行选择、删除、移动、复制和粘贴操作。

- **选择轨道中的素材：**将鼠标指针移至轨道中的素材上，单击即可将其选中。
- **删除轨道中的素材：**选中素材后，按【Delete】键可将其删除。
- **移动轨道中的素材：**选中素材，按住鼠标左键不放并拖曳可将其移动，释放鼠标便可确认移动。移动素材前，可将时间指示器移动到目标位置，以便移动素材时可以快速定位到该位置。
- **复制和粘贴轨道中的素材：**选择需复制的素材，按【Ctrl+C】组合键复制素材，拖曳时间指示器至目标位置，按【Ctrl+V】组合键粘贴素材。

（5）剪辑轨道中的素材

在轨道中放置素材后，可使用选择工具 或剃刀工具 剪辑素材。

- **使用选择工具▶剪辑素材：** 选择该工具，在"时间轴"面板中选中要编辑的入点（轨道中素材的开始时间）或出点（轨道中素材的结束时间），当出现"修剪入点"图标█或"修剪出点"图标█后，向左或向右拖曳鼠标。需要注意的是，修剪时不能超出素材的原始入点和出点。

- **使用剃刀工具◆剪辑素材：** 选择该工具，将时间指示器移至素材要剪辑的时间点，在该位置单击。

4. 调整视频的播放速度

要想让视频看上去更加富有节奏感，可以调整视频的播放速度，让视频呈现出快速播放或慢速播放的特殊效果。视频的播放速度跟剪辑速度和持续时间有关，剪辑的速度是指视频回放速率与录制速率之比，持续时间是指从入点到出点的播放时长。

调整视频的播放速度的具体方法为：在素材上单击鼠标右键，在弹出的快捷菜单中选择"速度/持续时间"命令，打开"剪辑速度/持续时间"对话框，设置相关参数后，单击 确定 按钮，如图5-8所示。

- **速度：** 用于设置视频的播放速度的百分比。

- **持续时间：** 用于设置素材显示时间的长短，该值越大，播放速度越慢；值越小，播放速度越快。

- **倒放速度：** 勾选该复选框，可反向播放视频。

- **保持音频音调：** 当视频中包含音频时，可勾选该复选框，使音频的播放速度保持不变。

- **波纹编辑，移动尾部剪辑：** 勾选该复选框，调整后的素材后方的素材将自动紧贴该素材，两个素材间不存在间隙。

图5-8 "剪辑速度/持续时间"对话框

- **时间插值：** 选择"帧采样"选项可根据需要重复或删除帧，以达到所需的速度；选择"帧混合"选项可根据需要重复帧并混合帧，以辅助提升动作的流畅度；选择"光流法"选项，可以插入缺失的帧，以便进行时间重映射，这样将正常拍摄的视频处理成慢动作效果时，画面效果会更加美观和流畅。

✂ 任务实施

1. 新建项目文件和序列

米拉准备先新建项目文件，再将需要编辑的视频导入"项目"面板中，根据视频的内容重新整理顺序，具体操作如下。

微课视频

新建项目文件和序列

（1）启动Premiere进入开始界面，单击 新建项目 按钮，打开"新建项目"对话框，单击 浏览 按钮，打开"请选择新项目的目标路径。"对话框，设置新建项目文件的保存位置，单击 选择文件夹 按钮，返回"新建项目"对话框，再设置项目文件的名称为"'青山绿水'旅游风光视频"，单击 确定 按钮，如图5-9所示。

（2）选择【文件】/【导入】命令，打开"导入"对话框，选择"'青山绿水'旅游风光视频"文件夹，单击 导入文件夹 按钮，文件夹将被添加到"项目"面板中，如图5-10所示。

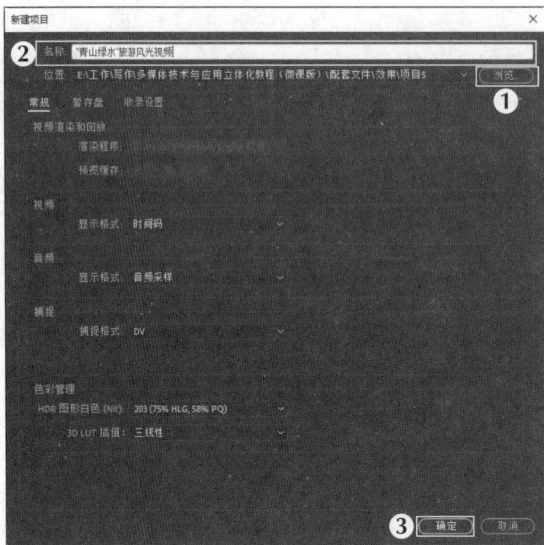

图5-9　新建项目文件

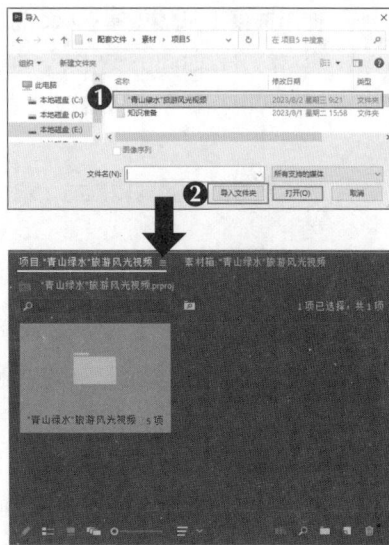

图5-10　导入文件夹

（3）双击"'青山绿水'旅游风光视频"文件夹，可跳转到素材箱中，并查看文件夹内包含的所有素材内容，如图5-11所示。"山脚.mp4"素材和"河流.mp4"素材的缩览图右下角出现了 ⊷ 图标，代表该视频自带音频。

（4）选择"日出.mp4"素材，将其拖曳到"时间轴"面板的V1轨道上，Premiere将自动创建与该素材同名的序列，同时"素材箱"中也将出现与该素材内容相同的缩览图，缩览图右下角出现了 ▤ 图标，表示为序列，如图5-12所示。

图5-11　查看文件夹内的素材

图5-12　新建序列

（5）按照顺序依次拖曳"云海.mp4""山脚.mp4""河流.mp4""小溪.mp4"素材到V1轨道中，为"日出"序列添加新素材，如图5-13所示。

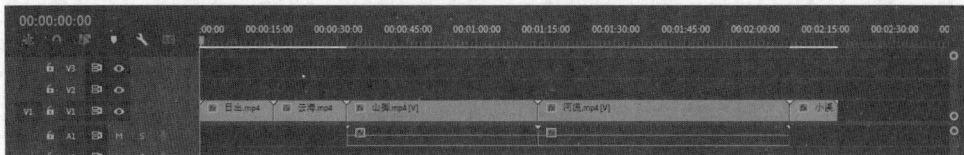

图5-13　添加素材到序列

2．剪辑旅游风光素材

目前序列的时长已经远远超出客户的要求，并且部分视频素材自带音频，米拉准备先去除这些音频，再剪辑素材，删除多余的素材，以缩短序列时长，具体操作如下。

（1）若需要对原始视频素材中的视频和音频单独操作，就要先分离音频和视频。

微课视频

剪辑旅游风光素材

使用选择工具▶选中"山脚.mp4"素材，再单击鼠标右键，在弹出的快捷菜单中选择"取消链接"命令，选择A1轨道中"山脚.mp4"素材的音频，按【Delete】键将其删除，如图5-14所示。

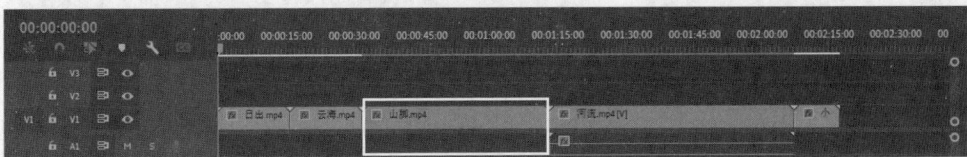

图5-14　删除A1轨道中"山脚.mp4"素材的音频

（2）按照与步骤（1）相同的方法取消"河流.mp4"素材的音/视频链接，删除A1轨道中的音频。

（3）剪辑素材前需要先确定需要保留的片段，并通过添加标记的方式来定位，然后再统一进行剪辑。将时间指示器移至00:00:01:00处，单击"节目"面板下方的"添加标记"按钮▼，时间指示器上方将出现标记，如图5-15所示。

（4）按照与步骤（3）相同的方法依次在00:00:06:12、00:00:16:22、00:00:25:11、00:00:33:00、00:00:53:24、00:01:14:18、00:01:37:23添加标记。

（5）向左拖曳右侧的缩放轨道滑块来放大轨道显示比例，将时间指示器移至第一个标记处，选择剃刀工具◆，在时间指示器位置单击，如图5-16所示。依次将时间指示器移至其他标记处，然后单击以剪辑素材，如图5-17所示。

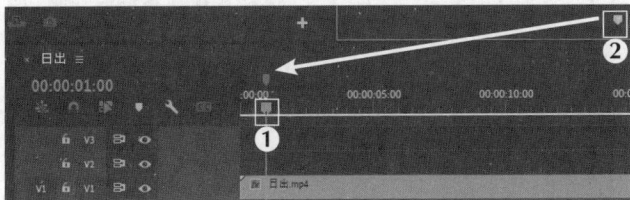

图5-15　添加第一个标记

图5-16　剪辑第一个标记处的素材

图5-17　剪辑所有标记处的素材

（6）使用选择工具▶，按住【Shift】键不放的同时依次选择第1、3、5、6、8、9、11个视频片段，再按【Delete】键删除，效果如图5-18所示。

（7）此时保留的素材之间都有长度不一的间隔。单击第一个视频间隔处，单击鼠标右键，在弹出的快捷菜单中选择"波纹删除"命令，该处的间隔将消失，并且间隔后方的素材自动前移补上间隔，如图5-19所示。依次使用"波纹删除"命令去除所有素材的间隔，如图5-20所示。

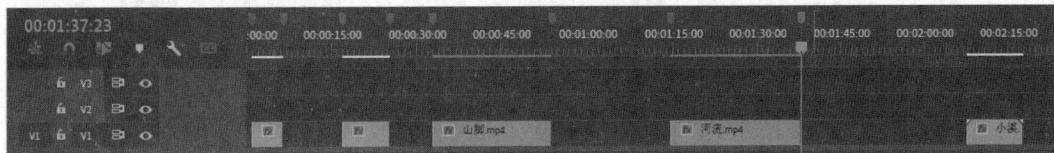

图5-18　删除多余的素材

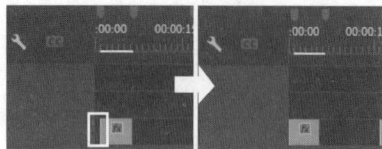

图5-19　删除第一个素材遗留的间隔

图5-20　删除所有素材的间隔

3. 调整视频的播放速度和持续时间

米拉剪辑完素材后，预览了目前保留的素材，发现"小溪.mp4"素材中水流的速度较快，而前4个素材中主体对象的运动速度都较慢，因此可适当调整所有视频的播放速度，使各个素材中主体对象的运动速度在视觉上较为一致，再根据调整后素材的时长调整相应的持续时间，以符合客户对时长的要求，具体操作如下。

微课视频

调整视频的播放速度和持续时间

（1）将时间指示器移至00:00:00:00处，选择"日出.mp4"素材，单击鼠标右键，在弹出的快捷菜单中选择"速度/持续时间"命令，打开"剪辑速度/持续时间"对话框，设置速度为"120%"，勾选"波纹编辑，移动尾部剪辑"复选框，设置时间插值为"帧混合"，单击 确定 按钮，如图5-21所示。此时，V1轨道中"日出.mp4"素材名称后方将出现图5-22所示的文本，表示该素材将以120%倍的速度播放。

（2）按照与步骤（1）相同的方法调整"云海.mp4"素材的播放速度，设置速度为"140%"，其他参数与步骤（1）保持一致；由于"山脚.mp4"素材和""河流.mp4"素材的时长较长，可采用较快的播放速度，按照与步骤（1）相同的方法，设置速度为"260%"，其他参数与步骤1保持一致。

（3）调整完前4个视频后浏览"小溪.mp4"素材，发现溪水流动速度仍快于其他素材中主体对象的运动速度，因此可适当减慢"小溪.mp4"素材的播放速度，按照与步骤（1）相同的方法，参数设置如图5-23所示。

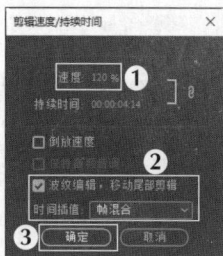

图5-21　设置"日出"素材的播放速度

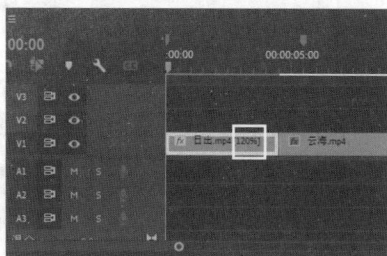

图5-22　调整播放速度的效果

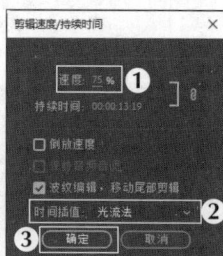

图5-23　设置"小溪"素材的播放速度

（4）调整所有视频的播放速度后，时长仍超出了客户要求，因此需要再次调整。将时间指示器移至00:00:40:00处，再将鼠标指针移至"小溪.mp4"素材的出点处，当鼠标指针变为"修剪出点"图标 后，拖曳剪辑的右边缘到时间指示器位置，缩短该素材的持续时间，如图5-24所示。

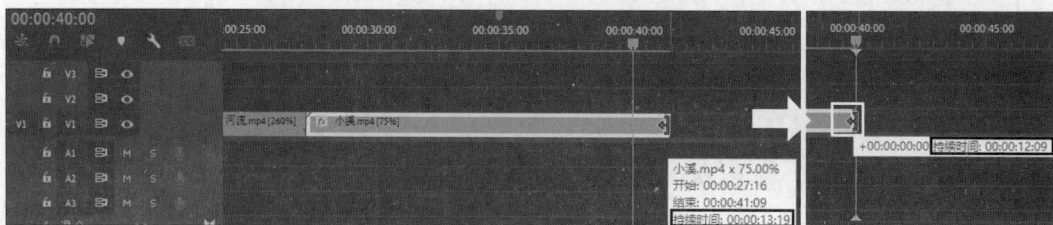

图5-24　缩短"小溪"素材的持续时间

4. 保存项目文件并导出旅游风光视频

米拉已经完成旅游风光视频的剪辑工作，现在需要保存项目文件并导出视频，
具体操作如下。

微课视频

保存项目文件并
导出旅游风光
视频

（1）按【Ctrl＋S】组合键保存项目文件，选择【文件】/【导出】/【媒体】命
令，打开"导出设置"对话框，设置格式为"H.264"，单击输出名称右侧
的超链接，打开"另存为"对话框，设置视频保存位置，名称为"'青山绿
水'"旅游风光视频"，单击 保存(S) 按钮，返回"导出设置"对话框。

（2）取消勾选"导出音频"复选框，在"基本视频设置"栏中勾选"以最大深度渲染"复选框，单击
导出 按钮，如图5-25所示。

图5-25 导出视频

（3）此时将弹出"编码 日出"提示框来渲染序列，等待进度条读取结束后，该提示框将自动消失。在
保存位置查看视频文件，如图5-26所示，预览视频，效果如图5-27所示。

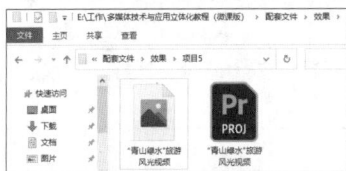

图5-26 查看导出的视频文件

图5-27 预览视频效果

剪辑"鲜切花束"包装视频

新建项目文件，导入素材并创建序列，添加素材到轨道
中，并按照包装操作的先后顺序调整素材的位置，使各个素
材首尾紧密相连，剪辑并删去重复的素材内容，以及音频，
适当加快每个素材的播放速度，提升视频整体的观感，使包
装动作更加流畅。本练习的参考效果如图5-28所示。

课堂练习

效果预览

图5-28 "鲜切花束"包装视频参考效果

素材位置： 素材\项目5\"鲜切花束"包装视频\

效果位置： 效果\项目5\"鲜切花束"包装视频.prproj、"鲜切花束"包装视频.mp4

任务5.2 制作"保护野生动物"公益视频

老洪见米拉已经可以流畅地剪辑视频，便将制作"保护野生动物"公益视频的任务交给她。米拉准备在视频中添加字幕和音频元素，提高视频的完整性，创造出极具感染力的视听效果，让"保护野生动物"的理念更深入人心。

任务描述

任务背景	公益视频是传达社会公益信息，倡导正向价值观念的视频，旨在引起人们的关注和思考，促进社会的进步和改善。某野生动物保护组织准备将收集的野生动物视频资料制作成一则公益视频发布在各个社交媒体上，号召人们投身于野生动物的保护事业中
任务目标	① 制作尺寸为1280像素×720像素，时长为44秒左右，格式为MP4的视频
	② 在视频开始处制作"保护野生动物"标题，运用客户提供的文本资料为视频制作字幕，使视频画面与字幕内容紧密关联，讲解保护野生动物的重要性，向人们传达视频的内核
	③ 为视频添加合适的背景音乐和动物音效，为音频制作和谐的过渡效果，调整音量，使所有音频音量均衡、优美动听
知识要点	"文本"面板、字幕设计器、"基本图形"面板、"音频增益"命令、"效果"面板、音频过渡效果

本任务的参考效果如图5-29所示。

图5-29 "保护野生动物"公益视频参考效果

图5-29 "保护野生动物"公益视频参考效果（续）

素材位置： 素材\项目5\"保护野生动物"公益视频\

效果位置： 效果\项目5\"保护野生动物"公益视频.prproj、"保护野生动物"公益视频.mp4

知识准备

米拉了解到Premiere提供了添加字幕的功能，可以高效地添加客户提供的大量文本资料。此外，她还需要先上网收集音频，再了解添加音频的相关知识，为制作公益视频做准备。

1. 添加字幕

在Premiere中，字幕可分为静态字幕和动态字幕两种类型，而静态字幕又分为开放式字幕和旧版标题字幕，每种字幕的添加方法各不相同。

（1）添加开放式字幕

开放式字幕也被称为硬字幕或嵌入式字幕，是指将字幕直接嵌入视频中，并在播放时无法关闭或隐藏的字幕形式。

添加开放式字幕的方法为：选择【窗口】/【文本】命令，打开"文本"面板，单击"字幕"选项卡，单击 创建新字幕轨 按钮，打开"新字幕轨道"对话框，如图5-30所示，该对话框的"格式"下拉列表中包含"澳大利亚OP-47""CEA-608""CEA-708""EBU字幕""副标题""图文电视"6种选项，通常选择"图文电视"选项，其他参数保持默认设置。单击 确定 按钮后，"文本"面板中的"添加新字幕分段"按钮 将被激活，单击该按钮，将出现图5-31所示的文本框，同时"拆分字幕"按钮 将被激活，并且"时间轴"面板中会出现新的字幕轨道。开放式字幕将以其内容为名称被放置在字幕轨道中，"节目"面板中画面的底部也会出现相同内容的字幕，输入字幕所需的文本后，将鼠标指针移至其他区域并单击以完成创建。

图5-30 打开"新字幕轨道"对话框

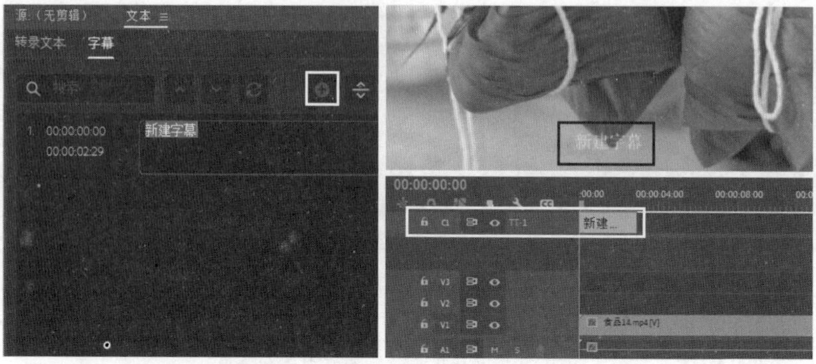

图5-31 单击"添加新字幕分段"按钮后的效果

另外，由于开放式字幕在"时间轴"面板上有单独的字幕轨道，因此可以像编辑任何其他视频或音频轨道一样对其进行操作，并且可以使用选择工具▶向右拖曳开放字幕的结尾处，以延长持续时间。

（2）添加旧版标题字幕

旧版标题字幕是指早期的字幕技术，包括模拟"电视广播"时代使用的字幕形式，与开放式字幕相比，能制作出更具艺术性的效果。

添加旧版标题字幕的方法为：选择【文件】/【新建】/【旧版标题】命令，打开图5-32所示的"新建字幕"对话框，根据需要设置相关参数（一般情况下保持默认设置，使字幕与视频的属性相匹配）。单击 确定 按钮，打开图5-33所示的字幕设计器，使用工具栏中的任意文字工具在字幕编辑区内单击，以创建文本框，在文本框内输入文本内容，单击字幕设计器右上角的 ✕ 按钮可关闭字幕设计器。"项目"面板中会生成字幕文件，使用选择工具▶将其移动到"时间轴"面板的轨道上。

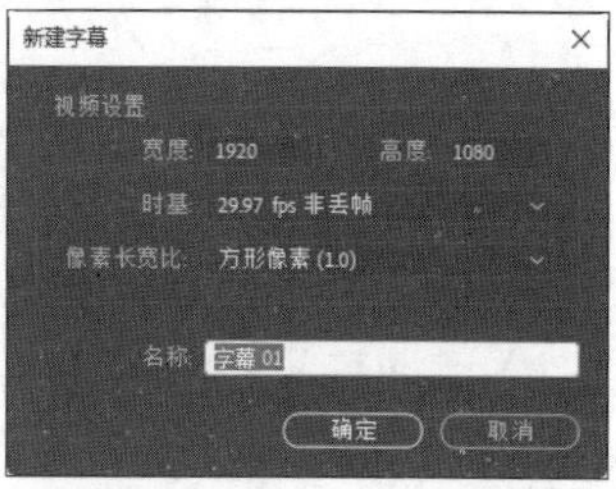

图5-32 "新建字幕"对话框

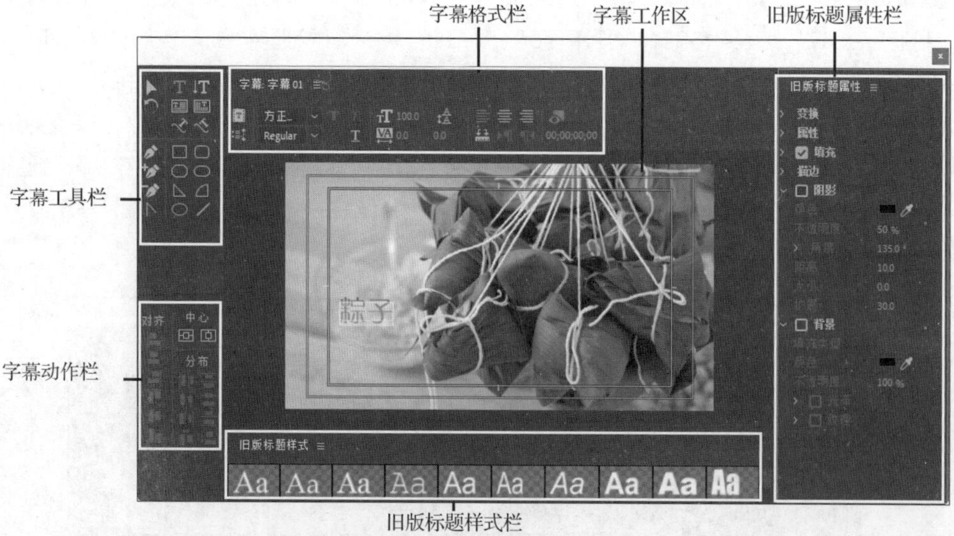

字幕格式栏　　字幕工作区　　旧版标题属性栏

字幕工具栏

字幕动作栏

旧版标题样式栏

图5-33 字幕设计器

字幕设计器中各个部分的作用如下。

● **字幕工作区：** 用于制作字幕和绘制图形的区域，在该区域以外的内容不会在画面中显示。字幕工作区在默认情况下会显示两个白色的矩形框，其中内框是字幕安全框，外框是字幕活动安全框，在创建字幕时，最好将文本和图形都放置在字幕活动安全框之内。

- **字幕格式栏：** 用于设置字幕的格式，包括字体系列、字号、字距、行距等。
- **旧版标题属性栏：** 用于编辑字幕的变换、属性、填充、描边、阴影和背景等属性。
- **字幕工具栏：** 用于提供制作字幕与图形的常用工具，通过这些工具，可以进行添加标题及文本、绘制几何图形及定义文本样式等操作。
- **字幕动作栏：** 用于设置字幕的对齐和分布方式。
- **旧版标题样式栏：** 用于放置Premiere预设的各种文本样式。

（3）添加动态字幕

动态字幕是指具有动效的字幕，比静态字幕更有趣。添加动态字幕的方法为：在字幕设计器中输入字幕，然后在字幕格式栏中单击"滚动/游动"按钮，打开"滚动/游动选项"对话框（见图5-34）。

- **静止图像：** 选中该单选项，字幕将不产生运动效果。
- **滚动：** 选中该单选项，再勾选"开始于屏幕外"复选框、"结束于屏幕外"复选框中的任意一个，或全部勾选，都能将字幕转换成沿垂直方向滚动的动态字幕。
- **向左游动：** 选中该单选项，可将字幕转换为从右向左的水平游动字幕。
- **向右游动：** 选中该单选项，可将字幕转换为从左向右的水平游动字幕。

图5-34 "滚动/游动选项"对话框

- **开始于屏幕外：** 勾选该复选框，可以使字幕的滚动或游动效果从屏幕外开始。
- **结束于屏幕外：** 勾选该复选框，可以使字幕的滚动或游动效果在屏幕外结束。
- **预卷：** 用于设置字幕在动作开始之前静止不动的帧数。
- **缓入：** 用于设置字幕开始运动后，多少帧的运动速度是由慢到快的。
- **缓出：** 用于设置字幕开始运动后，多少帧的运动速度是由快到慢的。
- **过卷：** 用于设置字幕在动作结束之后静止不动的帧数。

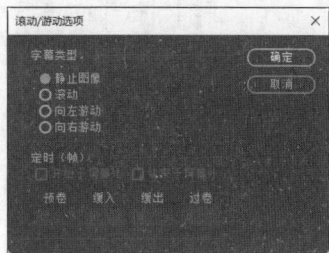

在"滚动/游动选项"对话框中设置相关参数后，单击 **确定** 按钮，"项目"面板中会生成字幕文件，使用选择工具 可将其移动到"时间轴"面板的轨道上。

（4）调整字幕的格式

新建字幕后，字幕的格式都可以根据实际需要重新进行设置，避免因画面内容的切换而出现字幕识别性降低的问题。尤其是开放式字幕的默认文本颜色为白色，默认字体为Adobe 宋体 Std，默认字号较小，在浅色画面中不易识别。

- **调整开放式字幕：** 在"节目"面板或"时间轴"面板中选中字幕，选择【窗口】/【基本图形】命令，打开"基本图形"面板，单击"编辑"选项卡，如图5-35所示，设置相关参数便可调整字幕。
- **调整旧版标题字幕和动态字幕：** 在"项目"面板或"时间轴"面板中双击字幕，将重新打开字幕设计器，调整相关参数后，关闭字幕设计器即可生效。

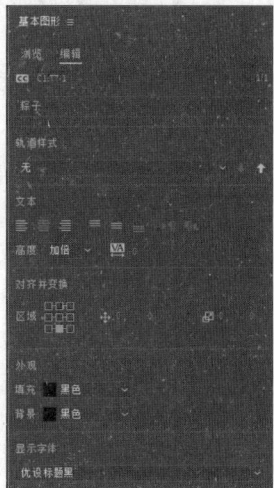

图5-35 "基本图形"面板

2. 添加音频

在视频中添加音频可以丰富视频的视听效果，增强氛围感。在Premiere中，添加音频或插入音频到轨道后，便可以像编辑其他素材一样进行操作，除此之外，还可以调整音量、添加过渡效果。

（1）认识音频轨道的类型

音频轨道有标准、单声道、5.1声道和自适应4种类型。

- **标准：** 标准是替代旧版本的立体声音频轨道。在标准音频轨道中可以同时剪辑单声道和立体声音频。

- **单声道：** 单声道是一条音频声道。将立体声音频素材添加到单声道音频轨道中，立体声音频轨道将汇总为单声道。

- **5.1声道：** 5.1声道包含左声道、中置声道、右声道这3条前置音频声道和左声道、右声道这2条后置或环绕音频声道，以及通向低音炮扬声器的低频效果音频声道。在5.1声道中只能剪辑具有5.1声道的音频。

- **自适应：** 自适应可以剪辑单声道和立体声音频，并且提供实际控制每个音频轨道的输出方式。

（2）调整音频音量

如果音频文件的音量偏大或偏小，均会影响视频的整体观感，此时就需要调整音频音量。具体操作方法为：在"时间轴"面板的音频轨道中选中音频文件，单击鼠标右键，在弹出的快捷菜单中选择"音频增益"命令，打开"音频增益"对话框，调整增益值为合适的数值（增益的数值为正数表示增大音量，负数表示减小音量），单击 确定 按钮，如图5-36所示。

另外，在音频轨道上双击音频可查看该音频的波形，调整音频音量后的波形会发生变化，如图5-37所示。

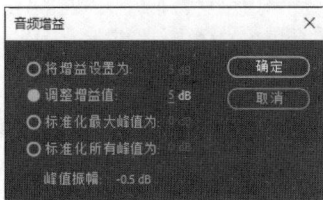

图5-36 "音频增益"对话框

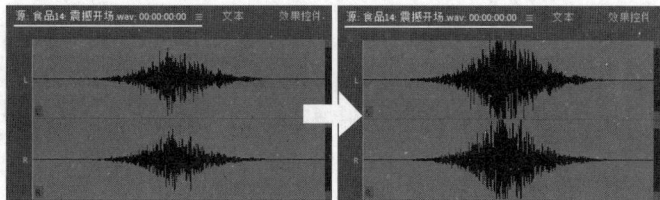

图5-37 增加音频音量前后的波形对比效果

（3）添加音频过渡效果

若需要使音频播放变得更加自然，提升视频的整体视听效果，可以添加音频过渡效果。音频过渡效果主要有恒定功率、恒定增益和指数淡化3种类型，都可以实现交叉淡化的过渡效果。

- **恒定功率：** 默认的音频过渡效果，该效果可以使音频产生类似于淡入和淡出的效果，适用于平衡音频的低频和高频内容。

- **恒定增益：** 该效果可以创建精确的淡入和淡出效果，适用于旋律音乐或连续声音的平滑过渡。

- **指数淡化：** 该效果可以创建不对称的交叉指数型曲线来产生音频的淡入和淡出效果，适用于各种类型的音频，因此是比较常用的音频过渡效果。

添加音频过渡效果的方法为：选择【窗口】/【效果】命令，打开"效果"面板，单击"音频过渡"分类选项左侧的按钮，在打开的下拉列表中单击"交叉淡化"子选项左侧的按钮，在打开的下拉列表中选择需要添加的音频过渡效果，将其拖曳至"时间轴"面板中音频的开头或结尾处。

添加过渡效果后，在轨道中选中应用在开头的过渡效果，向左拖曳可减少作用时间，向右拖曳可增加作用时间；在轨道中选中应用在结尾的过渡效果，向左拖曳可增加作用时间，向右拖曳可减少作用时间。

任务实施

1. 添加并设置动态字幕

米拉准备先将视频素材添加到轨道中，再使用 Premiere 提供的字幕功能为视频开始处添加动态字幕，展示视频主题，具体操作如下。

（1）新建名称为"'保护野生动物'公益视频"的项目文件，依次导入"老鹰.mp4""野驴.mp4""梅花鹿.mp4""金丝猴.mp4""麋鹿.mp4""小熊猫.mp4"视频素材，并按照导入顺序将这些视频素材拖曳到V1轨道中，再删除"海豚.mp4"视频自带的音频。

（2）选择【文件】/【新建】/【旧版标题】命令，打开"新建字幕"对话框，保持默认设置，单击 确定 按钮。打开旧版标题字幕的字幕设计器，选择垂直文字工具 T ，在旧版标题样式栏中选择首排第8个样式，设置字体系列为"站酷庆科黄油体"，字体大小为"75.0"，字符间距为"20.0"，填充颜色为"#3A5F81"，在字幕编辑区左侧单击以创建文本框，输入"保护野生动物"文本，如图5-38所示。

图5-38　添加旧版标题字幕

（3）单击"滚动/游动"按钮 ，打开"滚动/游动选项"对话框，选中"滚动"单选项，勾选"开始于屏幕外"复选框，设置过卷为"30"，单击 确定 按钮，如图5-39所示。

（4）单击字幕设计器右上角的 按钮，关闭界面。使用选择工具 将"项目"面板中的字幕文件拖曳到"时间轴"面板的V2轨道上，效果如图5-40所示。

图5-39　设置动态字幕参数

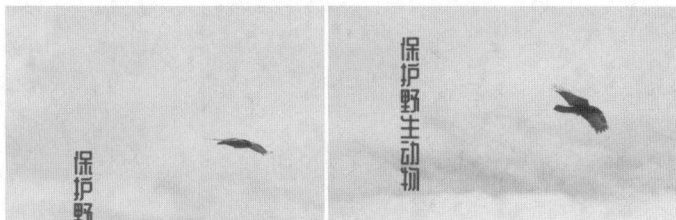

图5-40　动态字幕效果

2. 添加并设置静态字幕

米拉设想在动态字幕消失的几秒后，视频画面底部便出现静态弹幕，展示视频所要传达的信息。为了让字幕内容与视频画面更贴合，她准备将所有字幕拆分成段进行切换，具体操作如下。

微课视频

添加并设置静态
字幕

（1）将时间指示器移至00:00:08:00处，选择【窗口】/【文本】命令，打开"文本"面板，单击"字幕"选项卡，单击【创建新字幕轨】按钮，打开"新字幕轨道"对话框，设置格式为"图文电视"，单击【确定】按钮，如图5-41所示。

（2）打开"字幕.txt"素材，复制第一段文本。单击"文本"面板中的"添加新字幕分段"按钮，在文本框中粘贴文本；选择【窗口】/【基本图形】命令，打开"基本图形"面板，单击"编辑"选项卡，设置高度为"加倍"，字距为"5"，外观填充为"#000000"，显示字体为"思源宋体 CN"，如图5-42所示。

图5-41 新建字幕轨道

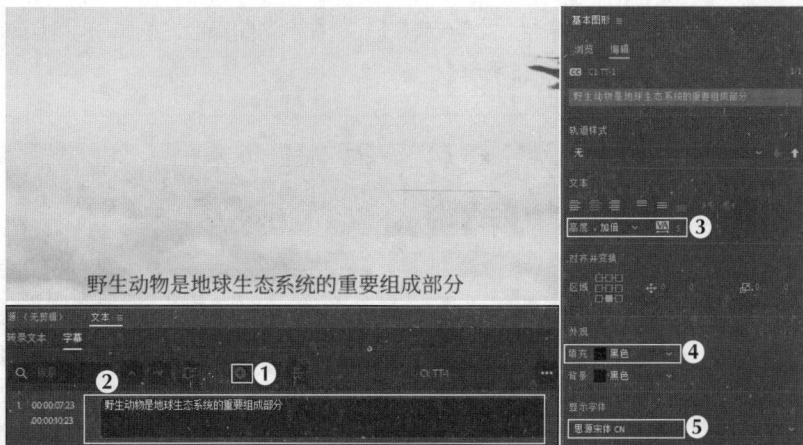

图5-42 添加并设置开放式字幕

（3）使用选择工具▶拖曳字幕轨道中的开放式字幕素材，使其入点为00:00:06:22，出点为00:00:09:12。按【Ctrl+C】组合键复制该字幕轨道，将时间指示器移至00:00:11:19处，按【Ctrl+V】组合键粘贴字幕。

（4）将时间指示器移至00:00:11:19处，双击屏幕中的字幕，出现文本框，如图5-43所示。输入"字幕.txt"素材的第二段文本，并修改外观填充为"#FFFFFF"，使用选择工具▶单击文本框外的任意区域，完成字幕的修改，效果如图5-44所示。

图5-43 双击屏幕中的字幕

图5-44 修改字幕内容

（5）按照步骤（3）和步骤（4）的方法添加"字幕.txt"素材中剩余的文本内容，入点依次为

00:00:17:00、00:00:22:06、00:00:27:14、00:00:32:20、00:00:38:00、00:00:42:17，效果如图5-45所示。

图5-45 添加静态字幕效果

3. 添加并编辑音频

为了增强视频的代入感，米拉准备在视频开头处添加与画面相符的老鹰叫声音效，再添加贯穿视频始终的背景音乐，渲染凝重的氛围，具体操作如下。

微课视频

添加并编辑音频

（1）导入"老鹰.mp3"和"背景音乐.mp3"音频素材，先将"老鹰.mp3"音频拖曳到A1轨道中，再将"背景音乐.mp3"音频拖曳到A1轨道中，使两段音频首尾相连，如图5-46所示。

图5-46 添加音频到轨道中

（2）按【Space】键预览音频，可以很明显地发现背景音乐的音量过低，双击该音频可在"源"面板中查看波形。选中该音频，单击鼠标右键，在弹出的快捷菜单中选择"音频增益"命令，打开"音频增益"对话框，设置调整增益值为"12"，单击 确定 按钮，如图5-47所示。

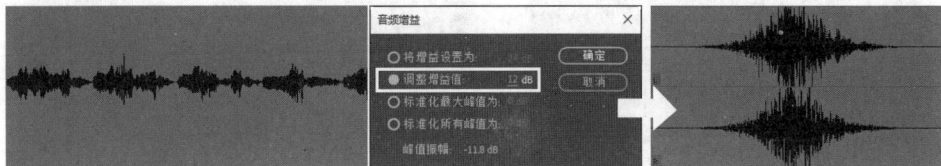

图5-47 调整背景音乐的音量

（3）将时间指示器移至00:00:45:13处，使用剃刀工具 分割背景音乐，删除时间指示器右侧的音频，使背景音乐的出点与视频的出点保持一致。

（4）为使音频的出现和切换效果更加自然，可为它们添加音频过渡效果。选择【窗口】/【效果】命令，打开"效果"面板，单击"音频过渡"分类选项左侧的按钮，在打开的下拉列表中单击"交叉淡化"子选项左侧的按钮，在打开的下拉列表中选择"指数淡化"效果，将其拖曳至A1轨道中"老鹰"音频的开头处，如图5-48所示。

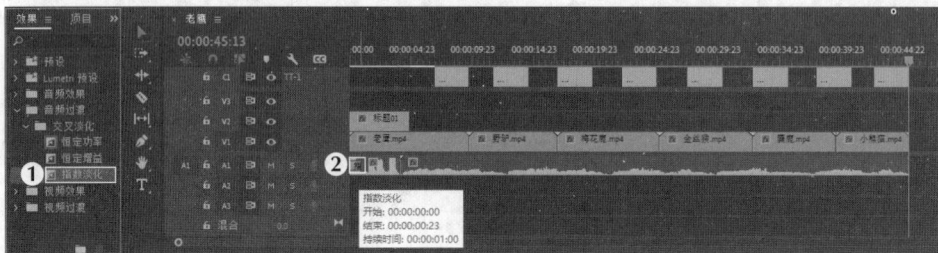

图5-48　添加"指数淡化"效果

（5）按照与步骤（4）相同的方法在A1轨道中"老鹰"音频的结尾处添加"指数淡化"效果，在A1轨道的"背景音乐"音频结尾处添加"恒定增益"效果，如图5-49所示。

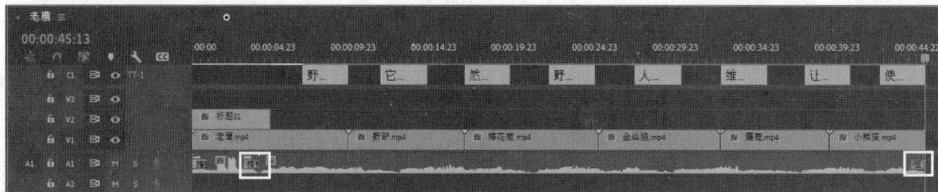

图5-49　添加其他音频过渡效果

（6）按【Ctrl+S】组合键保存项目文件，选择【文件】/【导出】/【媒体】命令，打开"导出设置"对话框，设置格式为"H.264"，名称为"'保护野生动物'公益视频"，勾选"导出视频"和"导出音频"复选框，在"字幕"栏中设置导出选项为"将字幕录制到视频"，如图5-50所示。

（7）完成"导出设置"对话框的设置后，单击　导出　按钮，导出包含音频的公益视频，预览视频效果，如图5-51所示。

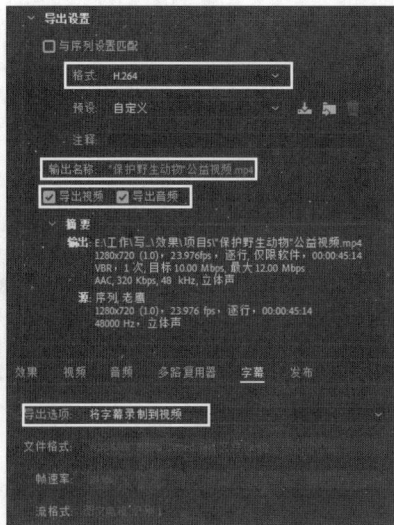

图5-50　导出包含音频的公益视频

图5-51　预览视频效果

制作"森林防火"公益视频

课堂练习

运用字幕功能为视频添加标题字幕和底部字幕，展示森林防火的重要性；再添加音频并调低音量，避免音频让人产生不适感，然后设置音频过渡效果，使音频的出现与消失过渡自然。"森林防火"公益视频的参考效果如图5-52所示。

效果预览

共同守护，远离森林之火

图5-52　"森林防火"公益视频参考效果

素材位置： 素材\项目5\"森林防火"公益视频\

效果位置： 效果\项目5\"森林防火"公益视频.prproj、"森林防火"公益视频.mp4

任务5.3　制作中餐厅宣传视频

公司承接了制作某中餐厅宣传视频的任务，需要着重展示餐厅美食的造型特点和鲜亮的色彩，激发人们的食欲，吸引人们前来消费。由于米拉的色彩敏感度和审美都不错，老洪便让米拉独立完成该任务。

任务描述

任务背景	宣传视频是一种通过影像、音频和字幕等多种元素来宣传和推广某个产品、服务、品牌或活动的视频形式。某中餐厅即将开业，为提升知名度，吸引消费者前来消费，特意拍摄了店内的特色美食，需要设计师将这些视频片段制作成一个完整的宣传视频
任务目标	① 制作尺寸为1280像素×720像素，时长为50秒左右，格式为MP4的视频
	② 为各个视频添加特殊的视频过渡效果，使画面切换变得更加自然
	③ 分析视频素材存在的色彩问题，优化视频的色彩和清晰度，从而提升美食的吸引力
	④ 为视频添加介绍美食名称的字幕，以及轻松、愉快的音频，丰富视频内容，使宣传视频整体音画协调
知识要点	"棋盘擦除"视频过渡效果、"Lumetri颜色"面板

本任务的参考效果如图5-53所示。

图5-53　中餐厅宣传视频参考效果

素材位置： 素材\项目5\中餐厅宣传视频\

效果位置： 效果\项目5\中餐厅宣传视频.prproj、中餐厅宣传视频.mp4

知识准备

　　米拉了解到Premiere提供了视频过渡效果，可以运用到宣传视频不同画面的切换中。另外，她发现同事们在调整视频色彩时，经常使用Premiere中的"Lumetri颜色"面板，她准备深入研究该面板中各个参数的详细作用，再仔细分析视频素材存在的色彩问题，通过调整相应的设置来优化视频画面。

1. 认识视频过渡效果

　　若需要使视频切换时的画面过渡得更加自然，可以使用视频过渡效果。Premiere在"效果"面板的"视频过渡"分类选项中提供了8组视频过渡效果的子选项，如图5-54所示。

- **3D 运动：** 可模拟三维空间来体现出视频中场景的层次感，从而实现3D效果。

- **内滑：** 可以滑动的形式来切换场景。

- **划像：** 可将视频A（视频过渡效果常用在两个视频之间，位于前方的视频可称为A，后方的视频可称为B）进行伸展，并逐渐过渡到视频B。

- **擦除：** 可使视频A呈现擦拭过渡到视频B的画面效果。

- **沉浸式视频：** 主要用于使VR视频更加逼真，普通素材应用"沉浸式视频"子选项中的效果，可以带来意想不到的视觉效果。

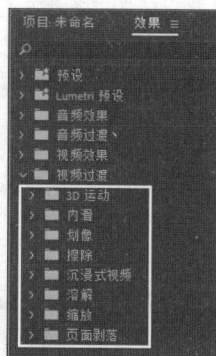

图5-54　"视频过渡"下拉列表

- **溶解：** 可使视频A逐渐淡入，从而显现视频B，很好地表现事物之间的缓慢过渡及变化。

- **缩放：** 可先将视频A放大，再切换到视频B放大后的画面，然后缩放视频B至合适的大小。

- **页面剥落：** 通过模仿翻页显示下一页的书页效果，将视频A翻转至视频B。

各个视频过渡效果的作用

Premiere 提供的视频过渡效果按照类型被放置在不同的子选项中，每种类型的过渡效果数量不一，且每个视频过渡效果的作用都略有差别，各有不同的特点。扫描右侧二维码可查看各个视频过渡效果的作用的详细内容。

（1）添加视频过渡效果

选择【窗口】/【效果】命令，打开"效果"面板，单击"视频过渡"分类选项左侧的按钮，在打开的下拉列表中继续展开所需的子选项，在其中选择需要添加的视频过渡效果，将其拖曳至"时间轴"面板中两个相邻视频之间的位置，如图5-55所示。

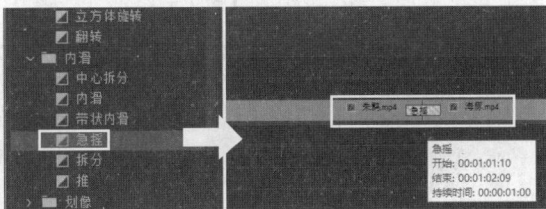

图5-55 添加视频过渡效果

（2）设置视频过渡效果的参数

添加视频过渡效果后，还可以根据实际需求设置该效果的持续时间和对齐方式。具体操作方法为：选中添加的视频过渡效果，选择【窗口】/【效果控件】命令，打开"效果控件"面板，其中将显示该效果所有能调整的参数，根据需要设置相关参数后即可生效。图5-56所示为"急摇"视频过渡效果在"效果控件"面板中显示的全部参数。

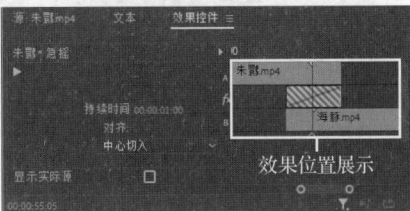

图5-56 "急摇"视频过渡效果的参数

（3）删除、复制与粘贴视频过渡效果

如果不需要添加的视频过渡效果，可在轨道中选中视频过渡效果，单击鼠标右键，在弹出的快捷菜单中选择"清除"命令将其删除。

如果需要将视频过渡效果添加到其他位置，可在轨道上选中视频过渡效果，按【Ctrl + C】组合键，再在需要添加视频过渡效果的位置按【Ctrl + V】组合键粘贴。

视频效果

除了视频过渡效果，Premiere 还提供了多种视频效果，在编辑视频时，可以为视频、图片和文本等素材添加不同的效果，使制作的视频具有强烈的视觉冲击力，从而更好地突出视频的主题。扫描右侧二维码可查看视频效果的详细内容。

2. 认识"Lumetri颜色"面板

选择【窗口】/【Lumetri颜色】命令，可打开"Lumetri颜色"面板，该面板包括基本校正、创意、曲线、色轮和匹配、HSL辅助、晕影等功能模块，每个模块的侧重不同，但可以搭配使用，以快速完成对视频的调色处理。

- **基本校正：**可以还原视频的颜色，修正其中过暗或过亮的区域，调整曝光与明暗对比等。基本校正包含输入LUT、白平衡、色调和饱和度等校正参数，如图5-57所示。
- **创意：**可以调整视频的色调进行，达到独特的艺术效果，在"创意"栏中选择"Look"下拉列表中的选项后，在图像预览框中可以直观地看到调整后的效果，还可以拖曳强度、色彩平衡等滑块进一步调整，如图5-58所示。
- **曲线：**可以调整视频中的色调范围。主曲线（白色）控制亮度，红、绿、蓝通道曲线可以调整选定的颜色范围，其操作方法与常规的RGB曲线类似，如图5-59所示。除了"RGB曲线"栏，"色相饱和度曲线"栏中还包括色相与饱和度、色相与色相、色相与亮度、亮度与饱和度、饱和度和饱和度5种曲线，可以进一步调整视频的色调。

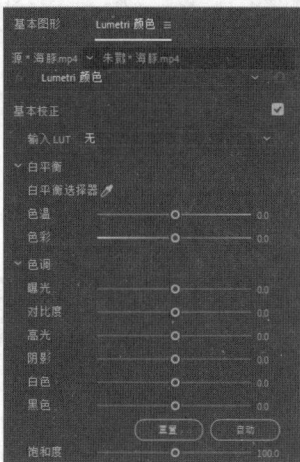

图5-57 "基本校正"栏

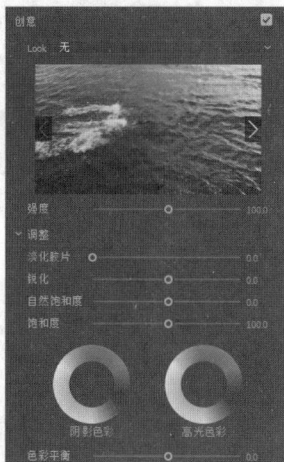

图5-58 "创意"栏

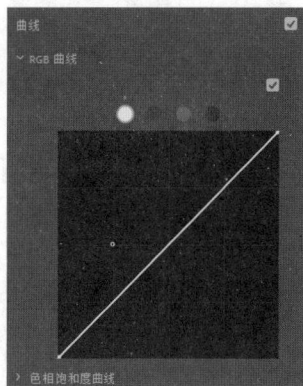

图5-59 "曲线"栏

- **色轮和匹配：**可以更加精确地调整视频色彩，包含颜色匹配、人脸参数、阴影、高光、中间调等参数，如图5-60所示。
- **HSL辅助：**可以精确地调整某个特定颜色，而不会影响画面的其他颜色，因此适用于进行局部细节调色。该功能通过"键"选项中的参数来选择区域并设置遮罩，通过"优化"选项中的参数来调整遮罩边缘，通过"更正"选项中的参数来调色，如图5-61所示。
- **晕影：**可以实现中心处明亮、边缘逐渐淡出的外观效果，还可以控制边缘的大小、形状以及变亮或变暗量，如图5-62所示。

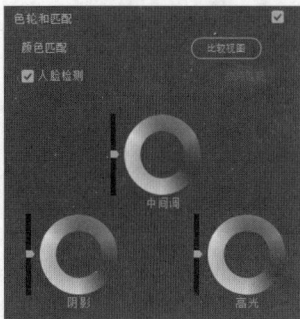

图5-60 "色轮与匹配"栏

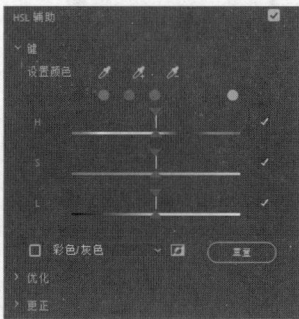

图5-61 "HSL辅助"栏

图5-62 "晕影"栏

"Lumetri颜色"面板中各个参数的使用方法

"Lumetri颜色"面板中各个参数的使用方式也有所不同，例如，"基本校正"栏的"输入LUT"下拉列表中可以任意选择一种LUT预设进行调色；使用"白平衡选择器"选项后的吸管按钮🖊，单击画面中的白色或中性色的区域，系统会自动调整白平衡。若要详细了解这些参数的使用方法，可扫描右侧二维码查看详细内容。

🔧 任务实施

1. 添加并设置视频过渡效果

米拉准备先导入所有素材，并在轨道中排布这些素材，使其初步形成一个视频，再为各个视频添加视频过渡效果，具体操作如下。

（1）新建名称为"中餐厅宣传视频"的项目文件，依次导入"美食1.mp4～美食6.mp4"和"背景音乐.mp3"素材，并按照名称的顺序依次将视频拖曳到V1轨道中，音频拖曳到A1轨道中，然后剪辑音频使其与视频出点保持一致。

（2）打开"效果"面板，展开"音频过渡"分类选项的"交叉淡化"子选项的下拉列表，选择"指数淡化"效果，将其拖曳至音频的开头和结尾处，然后使用选择工具▶拖曳结尾处的音频过渡效果，延长持续时间，如图5-63所示。

图5-63 延长音频过渡效果的持续时间

（3）打开"视频过渡"分类选项，在"擦除"子选项中选择"棋盘擦除"效果，拖曳到"美食1.mp4"素材和"美食2.mp4"素材之间。

（4）此时，将弹出名称为"过渡"的提示框，单击 确定 按钮，在两个视频之间将出现视频过渡效果标识，如图5-64所示，视频过渡效果如图5-65所示。

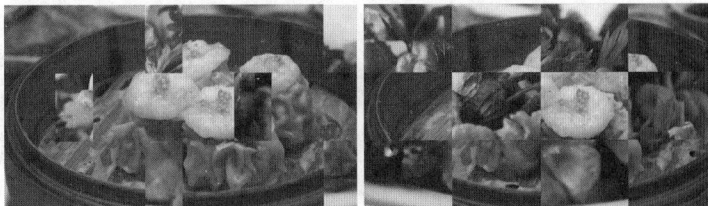

图5-64 添加视频过渡效果

图5-65 查看视频过渡效果

（5）选中"棋盘擦除"效果，选择【窗口】/【效果控件】命令，打开"效果控件"面板，勾选"反向"复选框，将鼠标指针移至面板右上角的过渡效果上，当鼠标指针变为🔁形状时，向右拖曳鼠标，调整视频过渡效果的入点和出点，如图5-66所示，此时视频画面也将发生变化。

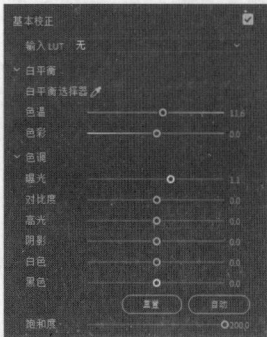

图5-66　设置视频过渡效果

（6）选中"棋盘擦除"效果，按【Ctrl+C】组合键进行复制，再依次将时间指示器移动到其他素材之间，按【Ctrl+V】组合键粘贴，如图5-67所示。

图5-67　复制与粘贴视频过渡效果

2．调整美食视频颜色

米拉预览视频后，发现部分视频画面饱和度不足、昏暗、清晰度较低，她准备先使用基本校正功能还原视频的颜色，再优化其色彩和清晰度，使视频中的美食更具吸引力，具体操作如下。

（1）将时间指示器移至00:00:00:00处，选择"美食1.mp4"素材，选择【窗口】/【Lumetri颜色】命令，打开"Lumetri颜色"面板。单击"基本校正"栏，展开该栏中的参数，设置色温为"11.6"，使画面色温偏暖，更加温馨；设置曝光为"1.1"，提升画面亮度；设置饱和度为"200.0"，使画面色彩鲜明，如图5-68所示，调色前后的素材画面对比效果如图5-69所示。

（2）"美食2.mp4"素材与"美食1.mp4"素材的问题相似，因此按照与步骤1相同的方法，为该素材调整色彩，设置色温为"16.0"，色彩为"9.4"，曝光为"1.0"，饱和度为"150.3"，调色前后的素材画面对比效果如图5-70所示。

图5-68　设置"基本校正"栏　　　图5-69　调整"美食1"素材色彩　　　图5-70　调整"美食2"素材色彩

（3）由于"美食2.mp4"素材中的画面较为模糊，因此需要使画面变得清晰。单击"创意"栏，展开该栏中的参数，在"调整"选项中设置锐化为"58.0"，自然饱和度为"40.3"，饱和度为"114.9"，色彩平衡为"44.8"，如图5-71所示。调色前后的素材画面对比效果如图5-72所示。

（4）"美食4.mp4"素材的亮度和饱和度不足，按照与步骤1相同的方式为"美食4"素材调色，设置色彩为"3.9"，曝光为"1.5"，饱和度为"165.7"，调色前后的素材画面对比效果如图5-73所示。

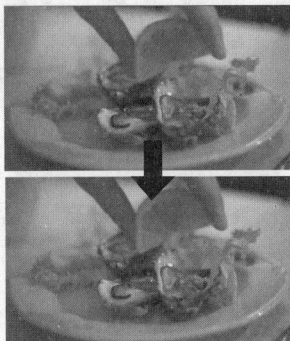

图5-71 设置"创意"栏　　图5-72 调整"美食3"素材色彩　　图5-73 调整"美食4"素材色彩

（5）为防止"美食5.mp4"素材调整亮度后，白色碗沿出现反光问题，因此需要提升该素材的对比度并减少阴影颜色。按照与步骤1相同的方式，设置对比度为"30.4"，阴影为"﹣26"，饱和度为"135.9"，调色前后的素材画面对比效果如图5-74所示。

（6）"美食6.mp4"素材存在虚焦的画面，需要提升其清晰度。按照与步骤3相同的方式，锐化为"26.0"，自然饱和度为"41.4"，饱和度为"137.0"，色彩平衡为"70.2"，调色前后的素材画面对比效果如图5-75所示。

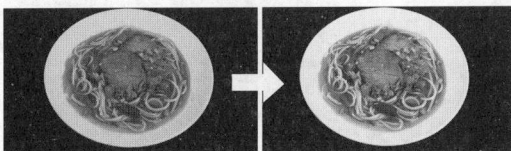

图5-74 调整"美食5"素材色彩　　　　　　图5-75 调整"美食6"素材色彩

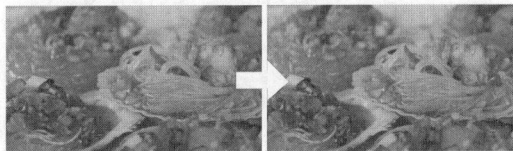

（7）将时间指示器移动到00:00:00:00处，打开"文本"面板，单击"字幕"选项卡，单击 **新建字幕轨** 按钮，打开"新字幕轨道"对话框，设置格式为"图文电视"，单击 **确定** 按钮，单击"添加新字幕分段"按钮 ➕，在文本框中输入"特色早茶系列"。在"基本图形"面板的"编辑"选项卡中，单击"右对齐文本"按钮 ▤，设置高度为"加倍"，显示字体为"站酷文艺体"，字幕效果如图5-76所示。

（8）使用选择工具 ▶ 拖曳字幕轨道中的字幕素材，增加字幕持续时间，按【Ctrl＋C】组合键复制该字幕，将时间指示器分别移至00:00:06:22和00:00:14:20处，按【Ctrl＋V】组合键粘贴，依次修改字幕内容为"鲜炒蘑菇"和"柠檬生蚝"，如图5-77所示，并适当调整持续时间。

图5-76 输入"美食1"素材名称　　　　　图5-77 修改"美食2"和"美食3"素材的名称

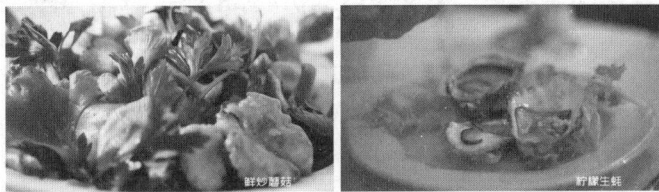

（9）按照与步骤8相同的方法，依次在00:00:26:02、00:00:32:16、00:00:40:12处添加字幕，字幕内容如图5-78所示。按【Ctrl＋S】组合键保存项目文件，然后导出格式为"H.264"、名称为"中餐厅宣传视频"的视频。

图5-78　修改其他美食素材的名称

设计素养

编辑视频是一个有创造性和挑战性的任务，设计师需要根据目标受众的特点，调整视频的内容呈现方式和画面色彩，提高视频的视觉美感，在视觉上引导观众的情绪和感受，展现个性化的创意和想法，从而提升自身编辑视频的能力，培养工匠精神，展现出对品质、技艺和专业的追求，以及对工作的热爱和负责。

制作茶叶宣传视频

课堂练习

导入素材，在每个视频素材之间添加视频过渡效果，提升整个视频的流畅度；然后运用"Lumetri颜色"面板调整视频画面，解决画面中的色彩偏绿、亮度较低等问题。最后为视频添加合适的字幕和音频，提升视频质量，茶叶宣传视频的参考效果如图5-79所示。

——效果预览——

图5-79　茶叶宣传视频的参考效果

素材位置： 素材\项目5\茶叶宣传视频\

效果位置： 效果\项目5\茶叶宣传视频.prproj、茶叶宣传视频.mp4

综合实战　制作"海洋污染"公益视频

米拉顺利完成了不少视频编辑任务，已经熟练掌握了Premiere的各种操作，于是老洪便放心地将制作"海洋污染"公益视频的任务全权交付于她。米拉查看客户提供的资料后，便开始上网搜集需要的素材，然后在Premiere中将素材合成为一个内容完整、效果美观的公益视频。

实战描述

实战背景	某沿海城市以旅游业为经济支柱，然而近期海洋污染比较严重，不少游客反映沙滩上出现了较多垃圾，因此市政府要求设计师制作一个以"海洋污染"为主题的公益视频，用以号召人们重视海洋污染问题、共同保护环境
实战目标	① 制作尺寸为1280像素×720像素，时长为50秒左右，格式为MP4的视频
	② 视频内容主线清晰，画面色彩鲜亮，视觉效果美观
	③ 在视频开始处添加标题，并在视频画面底部依次添加有关海洋污染的危害的字幕，字幕要清晰易识别，内容丰富、深刻，号召人们共同参与到保护海洋环境中来
	④ 为视频添加音频和音频过渡效果，增强视频感染力
知识要点	导入素材、剪辑素材、"音频增益"命令、音频过渡效果、视频过渡效果、新建字幕、"Lumetri颜色"面板

本实战的参考效果如图5-80所示。

图5-80　"海洋污染"公益视频参考效果

素材位置： 素材\项目5\"海洋污染"公益视频\

效果位置： 效果\项目5\"海洋污染"公益视频.prproj、"海洋污染"公益视频.mp4

思路及步骤

由于视频素材的总时长超出了公益视频时长要求，因此需要先调整各个素材的持续时间，再添加视频过渡效果，且部分视频素材画面存在亮度不足的问题，需要优化视觉效果，最后再添加并调整音频和字幕，本例的制作思路如图5-81所示，参考步骤如下。

① 添加素材到轨道

② 调整视频播放速度

③ 添加视频过渡效果

④ 调整视频画面色彩

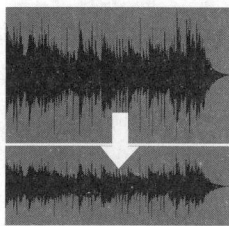

⑤ 调整音频音量　　　　　　⑥ 制作动态标题

⑦ 制作底部字幕

图5-81　制作"海洋污染"公益视频的思路

（1）新建项目文件，导入所有素材，将视频素材按照"海洋1.mp4、海洋3.mp4、海洋4.mp4、海洋2.mp4"的顺序移到V1轨道中，将音频素材移至A1轨道中。

微课视频

制作"海洋污染"公益视频

（2）使用剃刀工具 在00:00:18:20处剪辑视频，并删除后半段素材，移动其他视频素材的位置，使其首尾紧密相连，接着调整每段视频的播放速度，使视频的持续时间与音频的持续时间基本一致。

（3）为视频添加视频过渡效果，使视频画面切换更加流畅。

（4）使用"Lumetri颜色"面板依次为视频调整颜色，解决画面亮度不足、色彩昏暗、色调不统一的问题，使视频画面偏向冷色调，配合背景音乐渲染的悲伤气氛。

（5）使用"音频增益"命令调低音频音量，降低高音量带来的刺耳感。

（6）使用"旧版标题"命令，在视频开始处制作动态字幕，以传达视频主题。

（7）使用"文本"面板，制作有关海洋污染危害的开放式字幕，为避免识别困难，可采用黑底白字的字幕样式。保存项目文件，导出MP4格式的视频。

课后练习 制作脐橙宣传视频

　　某果园的脐橙逐渐成熟，为保证能够顺利地进行销售，准备利用互联网发布一则脐橙宣传视频，以招揽水果批发商前来采购。要求整个宣传视频画面美观，主线清晰，字幕清晰易识别。设计师需要按照展示果树，清洗、挑拣、切开、展示橙子的顺序来剪辑视频，并调整视频的播放速度，利用"Lumetri 颜色"面板解决画面偏色、饱和度不足、亮度过高和过暗等问题，再添加音量适当的音频渲染气氛，为音频和视频添加过渡效果，运用字幕介绍脐橙的卖点，参考效果如图5-82所示。

效果预览

图5-82　脐橙宣传视频参考效果

素材位置： 素材\项目5\脐橙宣传视频\
效果位置： 效果\项目5\脐橙宣传视频.prproj、脐橙宣传视频.mp4

项目6

应用Dreamweaver
制作网页

情景描述

　　米拉已经掌握了处理和编辑图像、动画、音频和视频等的核心技能，便向老洪申请参与网页制作项目，希望可以进一步提升个人能力并拓展职业发展空间。

　　老洪告诉米拉："网页可以包含图像、图形、音频、动画、视频等多种内容，能向人们展示更加多元化的信息。Dreamweaver具有可视化设计、丰富的代码编辑器和跨平台兼容等特点，能够帮助你高效地制作出优秀的网页。我将转给你关于特屿森家居网站的任务资料，你可以使用Dreamweaver来制作该网站中不同的网页。"

学习目标

知识目标

- 熟悉Dreamweaver工作界面
- 掌握Dreamweaver的基本操作
- 掌握制作站点和各种网页的方法

素养目标

- 培养网页设计兴趣并提高内容策划能力，树立全局思维
- 提高网页美化与布局能力，关注用户体验

任务6.1　制作"特屿森家居"站点

公司承接了"特屿森家居"网站设计项目，需要制作的网页数量较多，老洪准备让米拉根据同事们的平面图来制作对应的网页。站点是由多个网页组成的整体，相当于网页设计的基石，为此米拉需要先制作"特屿森家居"站点。

🔍 任务描述

特屿森家居是一家以销售家具、家纺、厨房用具、灯具、家居装饰品等为业务的品牌，随着业务的不断扩大，该品牌准备建立一个官方网站，包括首页、活动页、介绍页等页面，以便消费者充分了解该品牌的商品和活动，为消费者提供更好的服务。

任务背景	特屿森家居是一家以销售家具、家纺、厨房用具、灯具、家居装饰品等为业务的品牌，随着业务的不断扩大，该品牌准备建立一个官方网站，包括首页、活动页、介绍页等页面，以便消费者充分了解该品牌的商品和活动，为消费者提供更好的服务
任务目标	① 制作名称为"特屿森家居"的站点，并设置该站点的URL
	② 创建并编辑站点，使站点的层级与所需的根文件夹层级一致
	③ 管理站点文件，保存文件并导出该站点，使其能在任意计算机中打开，以便于网站的传播
知识要点	新建文件、保存文件、"站点设置对象"对话框、"文本"面板、导出站点、管理站点

本任务的参考效果如图6-1所示。

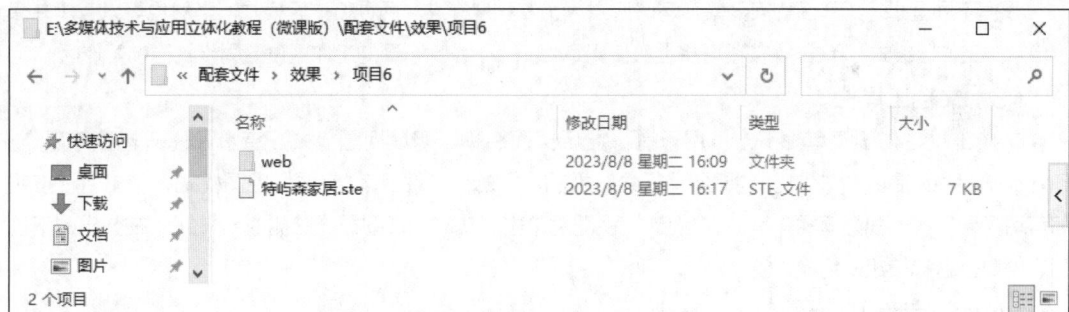

图6-1　"特屿森家居"站点参考效果

效果位置： 效果\项目6\特屿森家居.ste

📦 知识准备

米拉还不太熟悉Dreamweaver的工作界面和基本操作，以及如何创建和管理站点。她决定一边熟悉相关知识一边动手制作。

1. 认识Dreamweaver工作界面

启动Dreamweaver 2021，进入工作界面（见图6-2），可发现该界面主要由菜单栏、工作区切换器、文档工具栏、文档窗口、工具栏、"属性"面板和面板组等组成。

图6-2　Dreamweaver 2021的工作界面

（1）菜单栏

菜单栏包含9个菜单项，其中集合了Dreamweaver的所有命令，单击某个菜单项，在打开的菜单中选择相应的子命令可执行对应的操作，充分利用这些命令就能制作出优秀的网页。

（2）工作区切换器

根据不同需求，工作区切换器集合了"开发人员"和"标准"两种工作区模式，当然也可以新建并保存自定义工作区模式，单击 按钮可将上次使用Dreamweaver布局的工作区设置同步到当前工作区。

（3）文档工具栏

文档工具栏位于菜单栏下方，用于执行显示页面名称、切换视图模式、查看源代码标签等操作。Dreamweaver提供了"代码"视图、"拆分"视图、"设计"视图和"实时"视图模式，单击名称按钮即可切换到相应的视图模式，其中，"设计"视图需单击"实时"视图模式右侧的 ▼ 按钮，在弹出的下拉列表中单击名称按钮来切换。

（4）文档窗口

文档窗口用于显示当前创建和编辑的网页文档内容。文档窗口由标题栏、编辑区和状态栏组成，如图6-3所示。

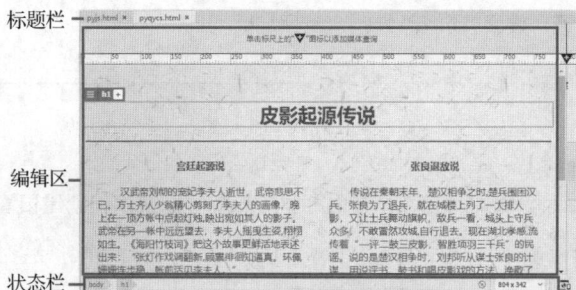

图6-3　Dreamweaver文档窗口的组成

- **标题栏：** 用于显示当前页面的名称。
- **编辑区：** 用于编辑网页。
- **状态栏：** 用于显示网页区域中的标签名称，以及切换不同页面的分辨率，如智能手机的分辨率为375像素×667像素，平板电脑的分辨率为1024像素×768像素，计算机的分辨率为1920像素×1080像素。另外可单击右侧的▦按钮，在打开的下拉列表中选择某个浏览器选项，来启动该浏览器并实时浏览正在编辑的网页。

（5）工具栏

工具栏位于文档窗口的左侧，在不同视图下的工具栏中会显示不同的工具。设计师也可以根据需要自行设置工具栏中显示的工具，具体操作方法为：在工具栏中单击"自定义工具栏"按钮⋯，在打开的"自定义工具栏"对话框中选中需要的工具，然后单击〈完成〉按钮。

（6）"属性"面板

"属性"面板用于在文档窗口中显示所选元素的属性，并允许设计师在该面板中修改元素属性。在网页中选择的元素不同，其"属性"面板中的各参数也会有所不同，如选择文档，那么"属性"面板上将会出现用于设置文档的"HTML属性"面板和"CSS属性"面板。

（7）面板组

面板组是停靠在操作界面右侧的浮动面板集合，包含编辑网页文档的常用面板，如"文件"和"插入"面板。

- **"文件"面板：**用于查看站点、文件或文件夹。设计师可以展开或折叠"文件"面板，当折叠时，将以文件列表的形式显示本地站点等内容。

- **"插入"面板：**该面板是Dreamweaver面板组中非常重要的组成部分，用于在网页中插入各类网页元素，包括"HTML""表单""Bootstrap组件""jQuery Mobile""jQuery UI""收藏夹"等类别，如图6-4所示。"插入"面板的默认类别为"HTML"，若需要切换到其他类别，只需展开"类别"下拉列表，在其中选择所需的类别选项即可。

图6-4　"插入"面板

2. Dreamweaver的基本操作

在使用Dreamweaver制作网页前，应了解文件的命名规则，以及"常规"和"新建文档"参数的设置，还有新建文件和保存文件的方法，以提高工作效率。

（1）了解命名规则

网站内容的分类决定了站点中创建文件夹和文件的数量，通常网站中每个分支的所有文件统一存放在单独的文件夹中，根据网站的大小，又可细分文件夹。如果把图书室看作一个站点，每个书柜相当于文件夹，书柜中的书本则相当于文件。

在制作网页时，为保证制作的网页能够顺利生效，最好遵循以下4种命名规则。

- **汉语拼音：**根据每个网页的标题或主要内容提取关键词，将其拼音作为文件名，如"公司简介"页面文件可以命名为"gongsijianjie.html"。

- **拼音缩写：**根据每个页面的标题或主要内容，提取每个关键词拼音的首字母作为文件名，如"公司简介"页面文件可以命名为"gsjj.html"。

- **英文缩写：**通常适用于专用名词，如使用图像（image）的英文缩写，将图像文件命名为"img.jpg"。

- **英文原意：**直接将中文名称翻译成英文，如模板文件可以命名为"template.dwt"。

以上4种命名规则也可结合数字和符号使用。但要注意，文件名开头不能使用数字和符号，也不要使用中文命名。

（2）设置"常规"和"新建文档"参数

若需要提升进入工作界面的时间和工作效率，可设置"常规"和"新建文档"参数。

- **设置"常规"参数：** 选择【编辑】/【首选项】命令，或按【Ctrl+U】组合键，打开"首选项"对话框，"分类"列表框中默认选择"常规"选项，取消勾选"显示开始屏幕"复选框，单击 应用 按钮，再次启动Dreamweaver时，将不会显示欢迎界面。
- **设置"新建文档"参数：** 在"首选项"对话框的"分类"列表框中选择"新建文档"选项，其右侧的"默认文档的类型"下拉列表中可重新设置默认文档的类型，单击 应用 按钮，再次启动Dreamweaver新建文件时，默认文档的类型将会显示为当前设置的选项。

（3）新建文件

使用Dreamweaver制作网页时，首先需要新建文件。具体操作方法为：选择【文件】/【新建】命令，打开"新建文档"对话框，在其中设置相关参数后，单击 创建(R) 按钮，创建一个HTML文档。

（4）保存文件

完成网页的制作后，需保存文件。具体操作方法为：选择【文件】/【保存】命令，或选择【文件】/【另存为】命令，打开"另存为"对话框，设置存储位置、文件名和保存类型等参数后，单击 保存(S) 按钮。另外，选择【文件】/【保存全部】命令，也可打开"另存为"对话框，设置相关参数后，单击 保存(S) 按钮，可同时保存所有已打开的文件。

3. 认识站点

在Dreamweaver中，站点是指某个网站文档的本地或远程存储位置，进行网页编辑的目录和与网页有关的文件都应放在站点中，利用站点可以组织和管理Web文档，将站点上传到Web服务器，以便跟踪和维护超链接，以及管理和共享文档。

（1）认识"管理站点"对话框

新建站点、编辑站点，以及复制、删除站点等操作都离不开"管理站点"对话框。选择【站点】/【管理站点】命令，可打开该对话框。"管理站点"对话框中部分选项的作用如图6-5所示。

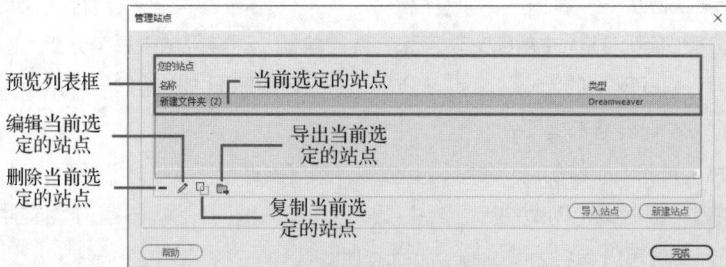

图6-5 "管理站点"对话框中部分选项的作用

（2）新建站点

在Dreamweaver中新建站点有以下3种方法。

- **使用命令：** 选择【站点】/【新建站点】命令，打开"站点设置对象"对话框，设置站点的名称、保存位置等参数，单击 保存 按钮。

- **使用"管理站点"对话框：** 在"管理站点"对话框中单击 新建站点 按钮，在打开的"站点设置对象"对话框中进行设置，单击 保存 按钮。
- **使用"文件"面板：** 在"文件"面板中 定义服务器 按钮左侧的下拉列表中选择图6-6所示的"管理站点"选项，打开"站点设置对象"对话框，设置站点的名称、保存位置等参数，单击 保存 按钮。

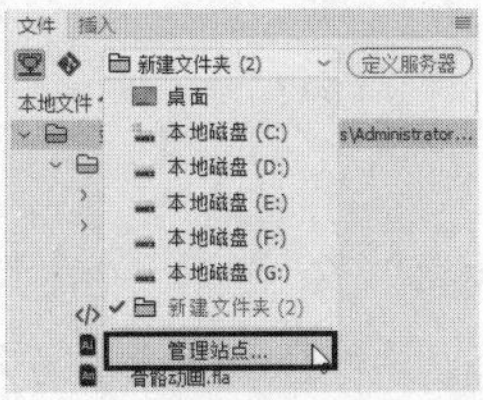

图6-6 "管理站点"超链接

（3）编辑站点

编辑站点可以重新设置站点的相关参数，如为创建的站点输入URL。输入URL的方法为：在"管理站点"对话框中选择需要修改的站点，单击"编辑当前选定的站点"按钮 ✎，在打开的"站点设置对象"对话框的左侧选择"高级设置"选项，在展开的列表中选择"本地信息"选项，选中"站点根目录"单选项，在"Web URL"文本框中输入URL，单击 保存 按钮。

（4）导出和导入站点

在多台计算机中同时开发同一网站，需要导出和导入站点。在Dreamweaver中，导出和导入站点的文件的扩展名为".ste"。

- **导出站点：** 在"管理站点"对话框中选择需导出的站点，单击"导出当前选定的站点"按钮 ➡，打开"导出站点"对话框，选择导出站点保存的位置，其他参数保持默认设置，单击 保存(S) 按钮。
- **导入站点：** 打开"管理站点"对话框，单击 导入站点 按钮，打开"导入站点"对话框，找到需要导入站点的位置并将其选中，单击 打开(O) 按钮，返回"管理站点"对话框，查看导入的站点，单击 完成 按钮，返回Dreamweaver工作界面，将自动打开"文件"面板显示导入的站点。

需要注意的是，导出和导入功能不会导出和导入站点文件，仅会导出和导入站点设置，文件和文件夹只能手动复制到站点目录下。

（5）管理站点中的文件和文件夹

为了更好地管理网页和素材，在新建站点后，设计师需要先将制作网页所需的所有文件都存放在站点根目录中，之后便可在"文件"面板中进行查看，还可以在该面板中进行站点文件或文件夹的添加、移动、复制、删除、重命名等操作。

- **添加文件或文件夹：** 单击鼠标右键，在弹出的快捷菜单中选择"新建文件"或"新建文件夹"命令。
- **移动和复制文件或文件夹：** 选择需要移动的文件或文件夹，将其拖曳到需要的新位置，即可完成移动文件或文件夹的操作；若在移动的同时按住【Ctrl】键不放，则可复制文件或文件夹。
- **删除文件或文件夹：** 选择需删除的文件或文件夹，单击鼠标右键，在弹出的快捷菜单中选择

【编辑】/【删除】命令，或直接按【Delete】键，在弹出内容为"您确认要删除所选文件吗？"的提示框中，单击 是 按钮。

● **重命名文件或文件夹：** 选择需重命名的文件或文件夹，单击鼠标右键，在弹出的快捷菜单中选择【编辑】/【重命名】命令，使文件或文件夹的名称呈可编辑状态，输入新名称后，按【Enter】键完成重命名。

⚒ 任务实施

1. 创建与编辑站点

米拉提前在计算机中创建了"web"文件夹，并在其中创建了名称为"wenben"和"tuxiang"的空白文件夹，用作存放站点和网页素材，然后她开始创建"特屿森家居"站点，并设置站点的相关参数，具体操作如下。

微课视频

创建与编辑站点

（1）启动Dreamweaver，选择【站点】/【新建站点】命令，打开"站点设置对象"对话框，设置站点名称为"特屿森家居"，此时该对话框的名称将自动变为"站点设置对象 特屿森家居"，如图6-7所示。

（2）单击"浏览文件夹"按钮 📁，打开"选择根文件夹"对话框，选择已创建好的"web"文件夹，单击 选择文件夹 按钮，如图6-8所示，此时将返回"站点设置对象"对话框，单击 保存 按钮完成站点的创建。

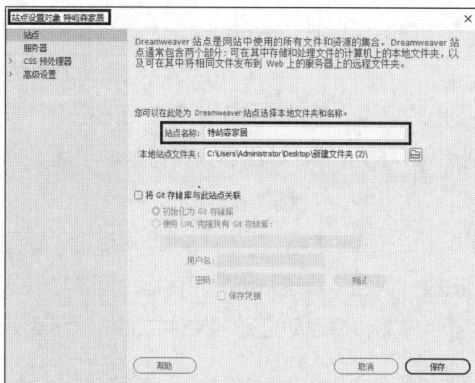

图6-7 设置站点名称

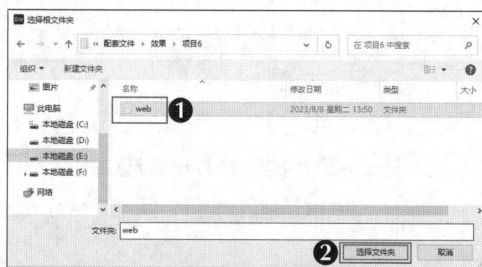

图6-8 设置站点文件夹存放位置

（3）在"文件"面板中可查看新建的站点，并显示"web"文件夹中的层级结构，如图6-9所示。

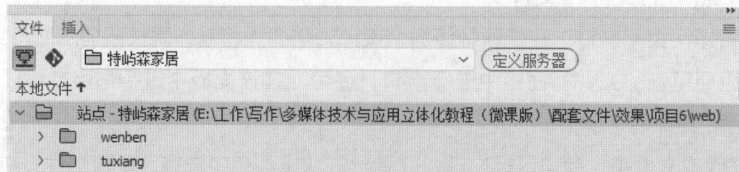

图6-9 新建站点的效果

（4）选择【站点】/【管理站点】命令，打开"管理站点"对话框，选择"特屿森家居"选项，单击"编辑当前选定的站点"按钮 ✏，如图6-10所示。在打开的"站点设置对象 特屿森家居"对话框的左侧选择"高级设置"选项，在展开的列表中选择"本地信息"选项，选中"文档"单选项，设置Web URL为"http://localhost/"，单击 保存 按钮，如图6-11所示。

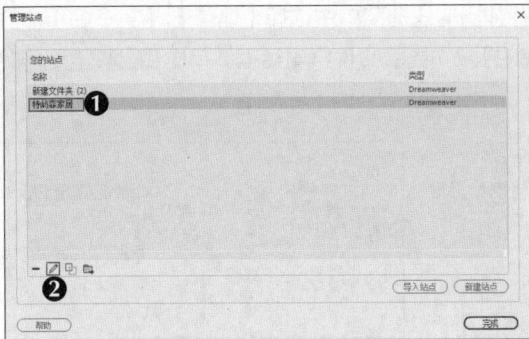

图6-10　编辑"特屿森家居"站点

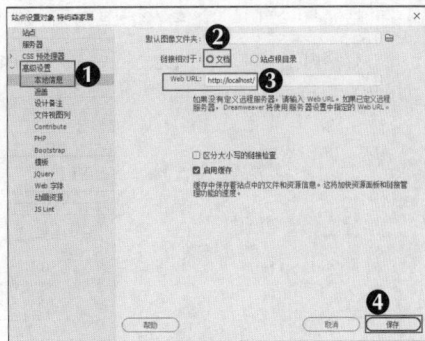

图6-11　设置Web URL

为什么要为站点设置Web URL?

疑难解析

设置Web URL后，Dreamweaver才能使用测试服务器显示数据，并连接到数据库，其中测试服务器的Web URL由域名和Web站点主目录的任意子目录或虚拟目录组成。

（5）弹出名称为"Dreamweaver"的提示框，单击 确定 按钮，返回"管理站点"对话框，单击 完成 按钮，关闭"管理站点"对话框。

2. 管理与导出站点内容

米拉创建完"特屿森家居"站点后，为了更好地管理网页和素材，需要在站点中编辑文件和文件夹，再导出该站点，具体操作如下。

（1）按住【Shift】键不放，选择"站点-特屿森家居"文件夹下方的"wenben"和"tuxiang"文件夹，单击鼠标右键，在弹出的快捷菜单中选择【编辑】/【删除】命令，在弹出的提示框中单击 是 按钮删除文件夹。

（2）在"站点-特屿森家居"选项上单击鼠标右键，在弹出的快捷菜单中选择"新建文件"命令，此时将自动新建名称为"untitled"的HTML文件，如图6-12所示。修改文件名为"index"，然后按【Enter】键确认，效果如图6-13所示。

（3）在"站点-特屿森家居"选项上单击鼠标右键，在弹出的快捷菜单中选择"新建文件夹"命令，然后更改新建的文件夹名称为"web"，设置完成后按【Enter】键，如图6-14所示。

微课视频

管理与导出站点内容

图6-12　新建HTML文件

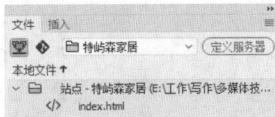

图6-13　重命名HTML文件

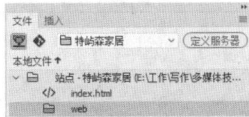

图6-14　新建并重命名文件夹

（4）使用与步骤（2）和步骤（3）相同的方法在创建的"web"文件夹内部创建两个HTML文件和一个用于存放图片的文件夹。其中两个文件的名称分别为"product"和"introduction"，文件夹的名称为"image"，如图6-15所示。

（5）在"web"文件夹上单击鼠标右键，在弹出的快捷菜单中选择【编辑】/【复制】命令，此时"文件"面板中将出现"web-拷贝"文件夹，展开该文件夹，可发现内部层级与原文件夹一致，如图6-16所示。

（6）在"web-拷贝"文件夹上单击鼠标右键，在弹出的快捷菜单中选择【编辑】/【重命名】命令，输入新的名称"manage"，按【Enter】键打开"更新文件"对话框，单击 **更新(U)** 按钮，如图6-17所示。

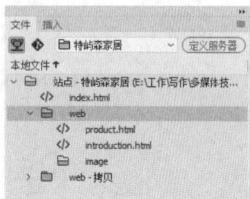

图6-15　新建文件和文件夹　　　图6-16　查看复制的文件夹　　　图6-17　更新文件链接

（7）选择【站点】/【管理站点】命令，打开"管理站点"对话框，选择"特屿森家居"站点，单击"导出当前选定的站点"按钮 ，打开"导出站点"对话框，选择保存的位置，单击 **保存(S)** 按钮完成站点的导出，如图6-18所示。

图6-18　导出站点

制作"圈粉商务网"站点

新建"圈粉商务网"站点，结合编辑和管理站点的相关知识，运用更新文件功能将提供的图像素材添加到站点中，然后将站点导出，以供在其他计算机中使用，参考效果如图6-19所示。

课堂练习

图6-19　"圈粉商务网"站点参考效果

效果位置：效果\项目6\圈粉商务网.ste

任务6.2　制作"特屿森家居"网站首页

米拉在制作完"特屿森家居"站点后，就开始制作"特屿森家居"网站首页。该首页主要分为页头、主体、页脚3个部分，页头部分主要包括网页Logo、导航栏和两个超链接；主体部分是一张特屿森家居的宣传图像；页脚部分包括一些超链接、版权信息、电话等内容。

任务描述

任务背景	网站首页是用户进入网站时所看到的第一个页面，可以向用户传达整个网站的主要信息和功能，并吸引用户留下来继续浏览网站。现需要设计师为"特屿森家居"网站制作首页，要求具有清晰明了的导航栏、精美的视觉设计和简洁明了的文本介绍等元素
任务目标	① 打开index.html网页文件，并设置页面属性
	② 插入图形、文本等网站元素
	③ 利用鼠标经过图像制作导航栏
	④ 为网页添加背景音乐
知识要点	设置页面属性、插入文本、插入图像、插入表格、插入音频、插入视频、插入鼠标经过图像

本任务的参考效果如图6-20所示。

图6-20　"特屿森家居"网站首页效果

素材位置： 素材\项目6\"特屿森家居"网站首页\
效果位置： 效果\项目6\"特屿森家居"网站首页\index.html

知识准备

制作"特屿森家居"网站首页时，米拉首先需要设置页面属性，然后在网页中插入文本、图像等网页元素，因此米拉需要深入了解相关知识。

1. 页面属性

选择【文件】/【页面属性】命令，打开"页面属性"对话框，在其中可以设置网页的外观、链接、标题等属性。

（1）设置"外观（CSS）"属性

在"页面属性"对话框的"分类"列表框中选择"外观（CSS）"选项，可通过CSS（Cascading Style Sheet，串联样式表）样式来设置网页的外观，如图6-21所示，其中各属性选项的含义如下。

- **页面字体：** 用于设置文本的字体、样式和粗细。
- **大小：** 用于设置文本的字号和单位。
- **文本颜色：** 用于设置文本的颜色。
- **背景颜色：** 用于设置网页的背景颜色。
- **背景图像：** 用于设置网页的背景图像，单击 浏览(W)... 按钮，在打开的"选择图像源文件"对话框中选择需要设置为网页背景的图像，然后单击 确定 按钮。

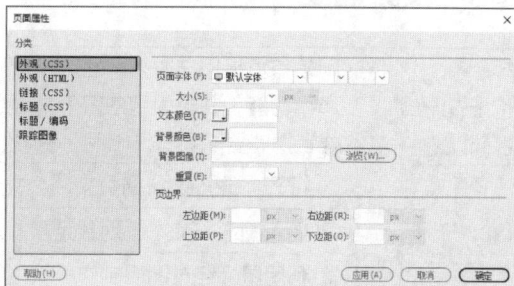

图6-21 "外观（CSS）"属性

- **重复：** 用于设置背景图像的重复方式，其中"no-repeat"表示不重复；"repeat"表示在 x 轴上和 y 轴上都重复；"repeat-x"表示在 x 轴上重复；"repeat-y"表示在 y 轴上重复。
- **左边距、右边距、上边距、下边距：** 用于设置网页内容与浏览器左、右、上、下边界的距离。

（2）设置"外观（HTML）"属性

在"分类"列表框中选择"外观（HTML）"选项，可通过<body>标签的属性来设置网页的外观，如图6-22所示，其中各属性选项的含义如下。

- **背景图像：** 用于设置网页的背景图像。
- **背景：** 用于设置网页的背景颜色。
- **文本：** 用于设置文本的颜色。
- **已访问链接：** 用于设置已访问超链接的颜色。
- **链接：** 用于设置文本超链接的颜色。
- **活动链接：** 用于设置在超链接上单击时的鼠标指针的颜色。
- **左边距、上边距：** 用于设置网页内容与浏览器左、上边界的距离。
- **边距宽度：** 用于设置网页内容左右内边距的大小。
- **边距高度：** 用于设置网页内容上下内边距的大小。

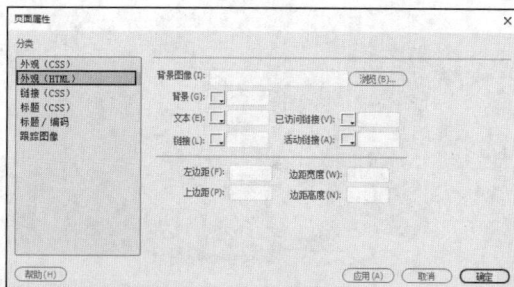

图6-22 "外观（HTML）"属性

（3）设置"链接（CSS）"属性

在"分类"列表框中选择"链接（CSS）"选项，可通过CSS样式来设置网页中的超链接属性，如图6-23所示，其中各属性的含义如下。

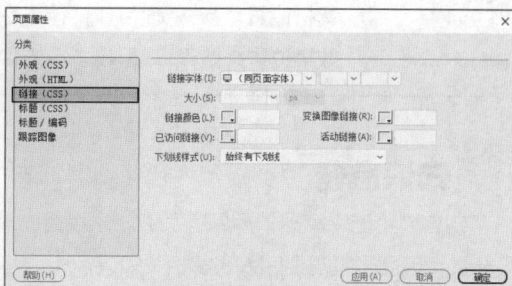

图6-23 "链接（CSS）"属性

- **链接字体：** 用于设置网页超链接的字体、样式和粗细。
- **大小：** 用于设置网页超链接的字号。
- **链接颜色：** 用于设置超链接的颜色。
- **变换图像链接：** 用于设置将鼠标指针放在超链接上时的颜色。
- **已访问链接：** 用于设置已访问超链接的颜色。
- **活动链接：** 用于设置在单击超链接时的鼠标指针的颜色。
- **下划线样式：** 用于设置超链接是否显示下画线。

（4）设置"标题（CSS）"属性

在"分类"列表框中选择"标题（CSS）"选项，可通过CSS样式设置1～6级标题文本的字体、样式、字号及颜色，如图6-24所示，其中各属性的含义如下。

- **标题字体：** 用于设置网页中各级标题的字体、样式和粗细。
- **标题1～标题6：** 用于设置网页中各级标题的字号和颜色。

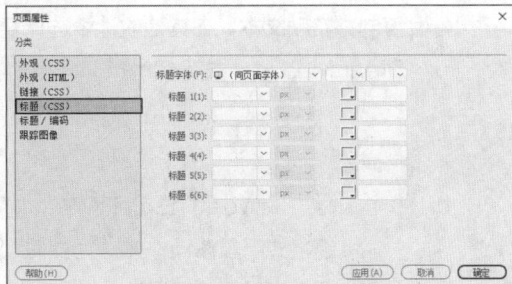

图6-24 "标题（CSS）"属性

（5）设置"标题/编码"属性

在"分类"列表框中选择"标题/编码"选项，可设置页面的标题和编码等，如图6-25所示，其中各属性的含义如下。

- **标题：** 用于设置页面的标题。
- **文档类型：** 用于选择文档的类型，默认类型为"HTML5"。
- **编码：** 用于选择文档的编码语言，默认为"Unicode（UTF-8）"，修改编码后可单击 重新载入(R) 按钮，转换现有文档或使用选择的新编码重新打开网页。
- **Unicode标准化表单：** 选择编码类型为"Unicode（UTF-8）"时，该选项为可用状态，用于设置Unicode标准化表单的类型。

图6-25 "标题/编码"属性

- **包括Unicode签名（BOM）：** 勾选该复选框，将在文档中包含一个字节顺序标记——BOM（Byte Order Mark），该标记位于文档开头的2～4字节，可将文档识别为Unicode格式。

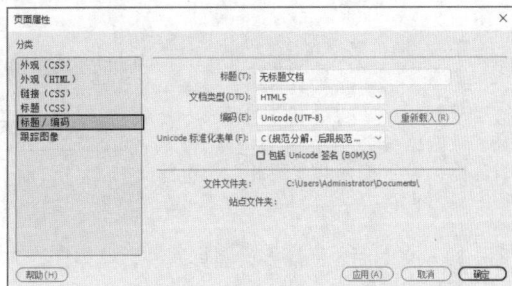

（6）设置"跟踪图像"属性

在"分类"列表框中选择"跟踪图像"选项，单击 浏览(W) 按钮可在打开的"选择图像源文件"对话框中选择一张图片作为跟踪图像。跟踪图像将作为背景显示在网页编辑区域中，在制作网页时可以进行参考，跟踪图像在发布后的网页中不会显示。拖曳"透明度"滑块可以调整跟踪图像的透明程度，如图6-26所示。

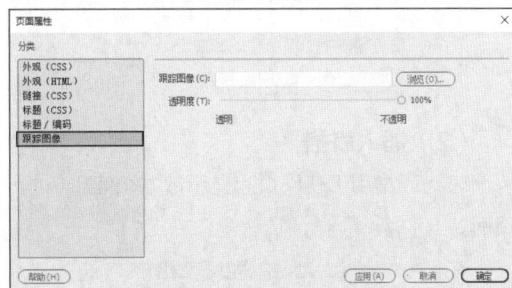

图6-26 "跟踪图像"属性

2．网页元素

网页元素是指构成网页的各种内容，如文本、表格、图像、音频和视频等。这些元素在网页中起着不同的作用，并且需要遵循一定的规范和标准来确保网页的显示效果和可访问性。

（1）插入文本

文本是网页中最基本的元素之一，包括标题、段落、列表等，文本不仅是网站内容和信息的核心载体，更是网站与用户之间进行交流和沟通的主要手段。在Dreamweaver中插入文本的方法主要有以下两种。

- **输入文本：** 在需要输入文本的位置单击以定位插入点，然后输入文本。
- **复制并粘贴文本：** 在其他软件中选择要复制的文本，按【Ctrl+C】组合键复制，然后返回到Dreamweaver，按【Ctrl+V】组合键粘贴文本。

选择性粘贴

从Word、Excel等软件中复制的内容通过选择性粘贴可以保留部分格式或全部格式。具体操作方法为：先切换到"设计"视图，选择【编辑】/【选择性粘贴】命令，打开"选择性粘贴"对话框，在"粘贴为"栏中选中不同的单选项，即可保留相应的格式，如图6-27所示。

知识补充

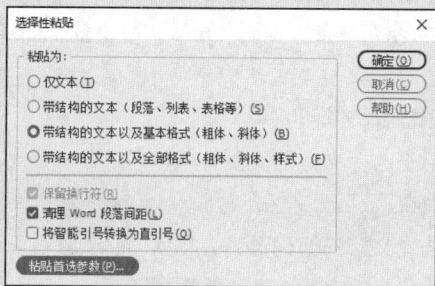

图6-27 "选择性粘贴"对话框

输入文本后，还需要设置其属性，具体操作方法为：选择要设置属性的文本，选择【窗口】/【属性】命令或按【Ctrl+F3】组合键，打开"属性"面板。"属性"面板分为"HTML""CSS"两种模式，单击 <> HTML 按钮可切换到"HTML"模式，单击 CSS 按钮可切换到"CSS"模式，如图6-28所示。

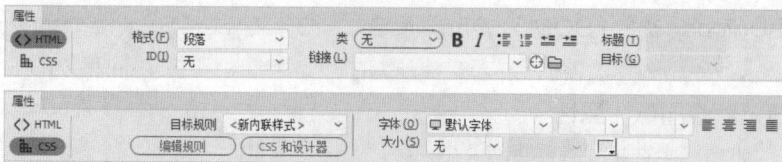

图6-28 "属性"面板的两种模式

（2）插入表格

表格通常用于在网页上显示数据和信息，如成绩单、日历、价格表等。此外，也可以使用表格布局页面。

在Dreamweaver中插入表格的方法为：将插入点定位到要插入表格的位置，选择【插入】/【Table】命令，或在"插入"面板中单击 Table 按钮，打开"Table"对话框，在其中设置相应的参数后，单击 确定 按钮，如图6-29所示。

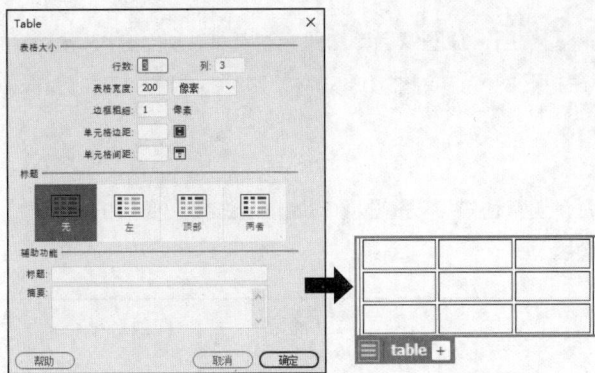

图6-29 插入表格

（3）插入图像

图像可以增强网页的可视化效果和吸引力，它们可以是照片、图表、背景图片等。在选择和使用图像时，需要注意文件大小和格式，以确保它们能够快速地加载并在不同设备上正确显示。在Dreamweaver中插入图像的方法主要有以下3种。

● **直接插入：** 将鼠标指针定位到需要插入图像的位置，选择【插入】/【Image】命令或在"插入"面板中单击 Image 按钮，在打开的"选择图像源文件"对话框中选择需要插入的图像，再单击 确定 按钮插入图像，如图6-30所示。

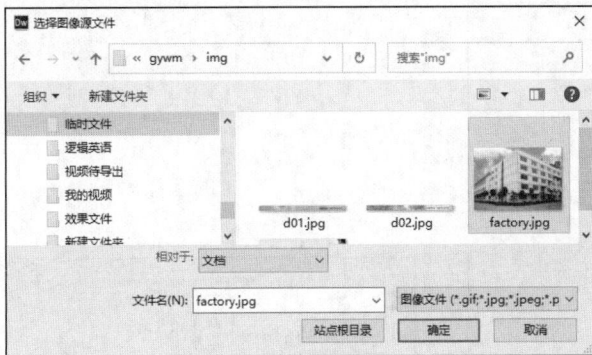

图6-30 选择图像

● **通过"文件"面板插入：** 在"文件"面板的站点文件夹中选择需要插入的图像，将其直接拖曳到插入位置，如图6-31所示。

● **通过"资源"面板插入：** 在"资源"面板中选择需要插入的图像，将其直接拖曳到插入位置或单击 插入 按钮，如图6-32所示。

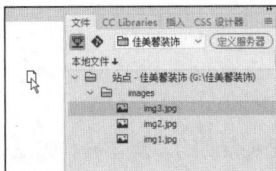

图6-31 通过"文件"面板插入图像

图6-32 通过"资源"面板插入图像

在网页中插入图像后，通常还需要设置图像的属性。选择图像后的"属性"面板如图6-33所示，在其中可以设置图像的属性。

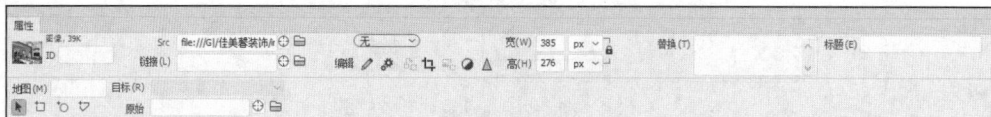

图6-33　图像的"属性"面板

（4）插入音频

在Dreamweaver中插入音频是通过插入<audio>标签来实现的，具体操作方法为：将插入点定位到需要插入<aideo>标签的位置，选择【插入】/【HTML】/【HTML5 Audio】命令，或在"插入"面板中单击 ◀ HTML5 Audio 按钮以插入<audio>标签，并生成一个标签占位符，如图6-34所示，然后在"代码"视图中为<aideo>标签添加"src"属性，以指定音频文件的路径。插入音频后还需要在"属性"面板中设置音频的相关属性，如图6-35所示。

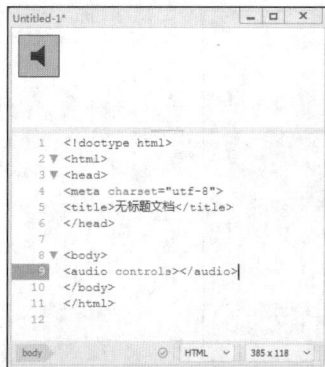

图6-34　插入<audio>标签

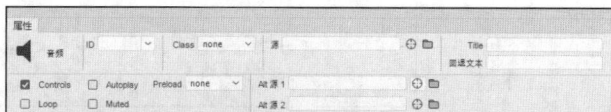

图6-35　<audio>标签的"属性"面板

（5）插入视频

在Dreamweaver中插入视频是通过插入<video>标签来实现的，具体操作方法为：将光标插入点定位到需要插入<video>标签的位置，选择【插入】/【HTML】/【HTML5 Video】命令或在"插入"

面板中单击 **日 HTML5 Video** 按钮以插入<video>标签，并生成一个标签占位符，如图6-36所示，然后在"代码"视图中为<video>标签添加"src"属性，以指定视频文件的路径。插入视频后还需要在"属性"面板中设置视频的相关属性，如图6-37所示。

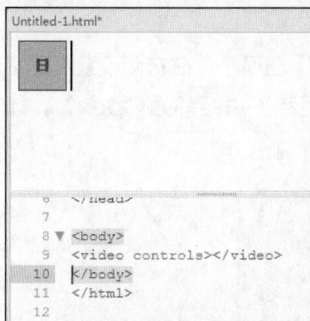

图6-36　插入<video>标签

图6-37　<video>标签的"属性"面板

3. 鼠标经过图像

鼠标经过图像是一种具有特殊效果的图像，在浏览器中查看网页时，若将鼠标指针移动到鼠标经过图像上，就会显示另外一张图像。

在创建鼠标经过图像时，需要准备两张图像，一张主图像用于首次加载页面时显示，另一张图像则是鼠标指针经过时显示的图像。需注意的是，这两张图像的大小最好相同，如果大小不同，第二张图像会自动与第一张图像的大小相匹配，有可能会产生较为严重的变形。

创建鼠标经过图像的方法为：在"插入"面板中单击 **◨ 鼠标经过图像** 按钮，打开"插入鼠标经过图像"对话框，选择原始图像和鼠标经过图像的路径，并设置相关参数，再单击 确定 按钮，如图6-38所示。

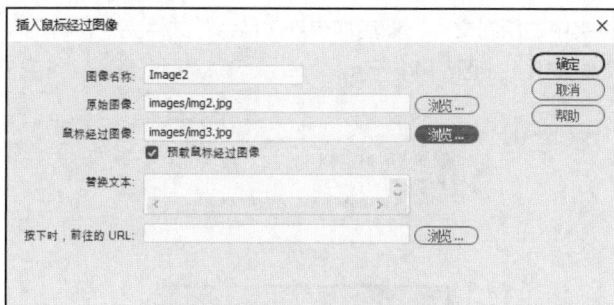

图6-38　插入鼠标经过图像

✕ 任务实施

1. 设置页面属性

米拉打开了"特屿森家居"站点的首页文件（index.html），然后开始设置页面标题和属性，具体操作如下。

（1）启动Dreamweaver，在"文件"面板中双击打开"index.html"网页文件，按【Ctrl+F3】组合键打开"属性"面板，在"文档标题"文本框中输入"特屿森家居"文本，单击 页面属性… 按钮，如图6-39所示。

微课视频

设置页面属性

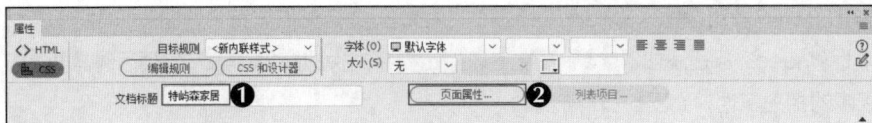

图6-39 设置网页标题

（2）打开"页面属性"对话框，在"分类"列表框中选择"外观（CSS）选项"，在右侧设置页面字体为"微软雅黑"，大小为"16px"，左边距、右边距、上边距和下边距都为"0px"，如图6-40所示，单击 确定 按钮完成页面属性的设置。

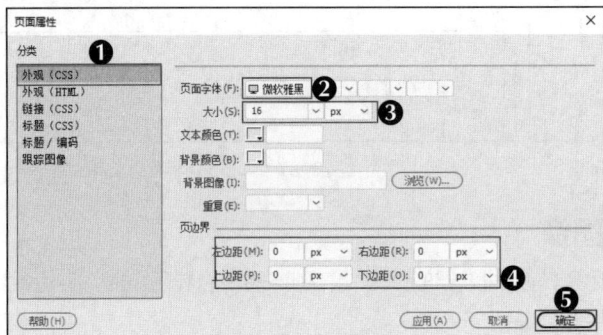

图6-40 设置页面属性

2. 插入页面内容

米拉设置完网站首页的页面属性后，接着为网页插入文本、图像等页面内容，为了更方便地控制页面内容的位置，米拉准备先使用表格布局网页，具体操作如下。

（1）在"文件"面板的"站点-特屿森家居"文件夹下新建一个"files"文件夹，选择素材文件夹中的所有文件，然后拖曳到"files"文件夹中，将文件复制到"files"文件夹中，如图6-41所示。

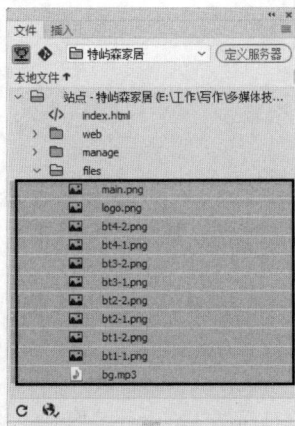

微课视频

插入页面内容

图6-41 复制素材文件

（2）选择【插入】/【Table】命令，打开"Table"对话框，设置表格的行数为"2"、列数为"2"、表格宽度为"100百分比"，边框粗细为"0像素"，单元格边距为"10"，单元格间距为"0"，单击 确定 按钮，如图6-42所示。

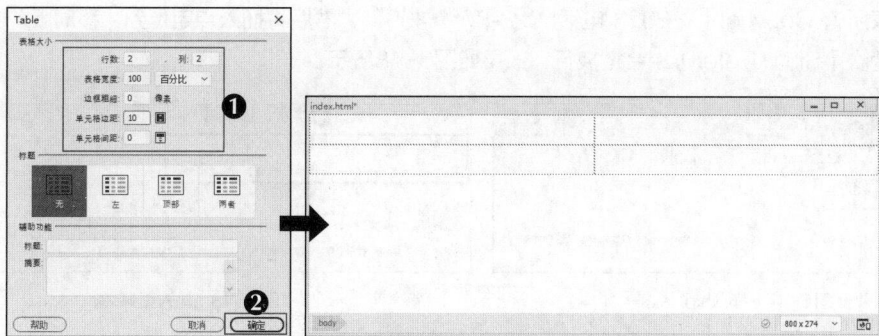

图6-42 插入表格

（3）选择第1列单元格，单击鼠标右键，选择【表格】/【合并单元格】命令，合并单元格，然后在 "属性"面板中设置合并后的单元格的宽度为"200"，如图6-43所示。

（4）从"文件"面板中拖曳"logo.png"图像文件到合并后的单元格中，效果如图6-44所示。

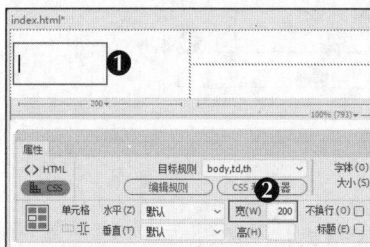

图6-43 合并单元格并设置宽度

图6-44 插入"logo.png"图像文件

（5）在第1行第2列单元格中输入"注册 | 登录"文本，然后在"属性"面板中设置单元格的水平对齐 方式为"右对齐"，如图6-45所示。

（6）从"文件"面板中拖曳"main.png"图像文件到表格下方，然后切换到"拆分"视图，将 "<img src="files/main.png" width="1920" height="739" alt=""/>"修改为 "<img src="files/ main.png" width="100%" alt=""/>"，如图6-46所示，这样图像会随着浏览器的宽度自动变换 大小。

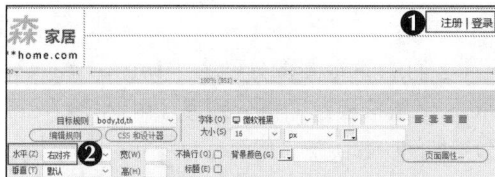

图6-45 输入文本并设置单元格的水平对齐方式

图6-46 插入"main.png"图像文件

（7）将插入点定位到<img>标签后，选择【插入】/【段落】命令，插入一个<p>标签，如图6-47 所示。

（8）修改<p>标签中的文本内容为"关于我们 | 意见建议 | 法律声明 | 侵权投诉 | 移动版 特屿森家居

版权所有 Copyright © 2023 电话: 028-87****69"，然后将插入点定位到"移动版"文本后，按两次【Shift+Enter】组合键换行，效果如图6-48所示。

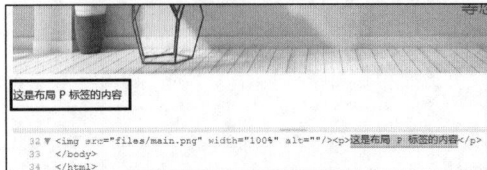

图6-47　插入\<p\>标签

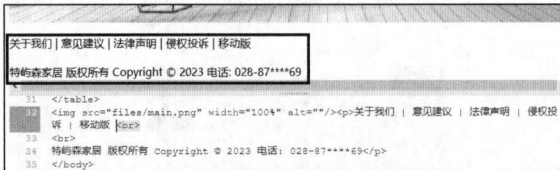

图6-48　输入页脚文本

（9）选择输入的文本，在"属性"面板的"目标规则"下拉列表中选择"\<内联样式\>"选项，然后设置字体为"微软雅黑"，大小为"12px"，颜色为"#404040"，对齐方式为"居中对齐"，如图6-49所示。

图6-49　设置页脚文本格式

3. 制作导航栏

米拉制作完网站首页的页面内容后，还需要使用鼠标经过图像来制作网页的导航栏，具体操作如下。

（1）将插入点定位到页面上方表格的第2行第2列单元格中，设置单元格的水平对齐方式为"右对齐"。

（2）选择【插入】/【HTML】/【鼠标经过图像】命令，打开"插入鼠标经过图像"对话框，设置原始图像为"files/bt1-1.png"，鼠标经过图像为"files/bt1-2.png"，单击 确定 按钮以插入鼠标经过图像，如图6-50所示。

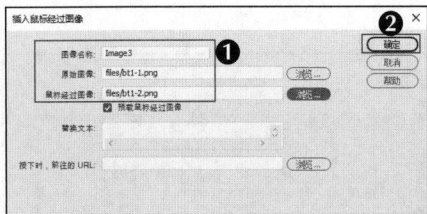

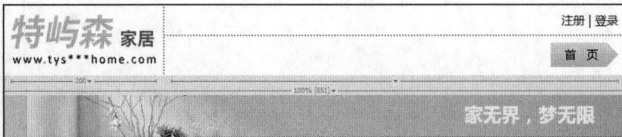

微课视频

制作导航栏

图6-50　插入鼠标经过图像

（3）使用相同方法，再插入3个鼠标经过图像，设置它们的原始图像分别为"files/bt2-2.png""files/bt3-2.png""files/bt4-2.png"，鼠标经过图像分别为"files/bt2-1.png""files/bt3-1.png""files/bt4-1.png"，效果如图6-51所示。

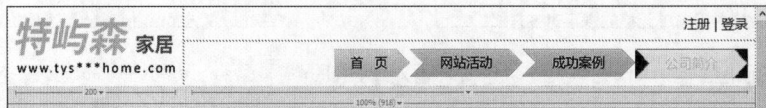

图6-51　插入3个鼠标经过图像

4. 添加背景音乐

米拉制作完网站首页的导航栏后，为了使首页更具有吸引力，准备为网页添加背景音乐，具体操作如下。

（1）将插入点定位到页脚文本下方，按【Enter】键换行，选择【插入】/【HTML】/【HTML5 Audio】命令，插入<audio>标签，如图6-52所示。

（2）在"属性"面板中设置源为"files/bg.mp3"，然后取消勾选"Controls"复选框，不显示播放控件，再勾选"Autoplay"和"Loop"复选框，如图6-53所示。

图6-52 插入<audio>标签

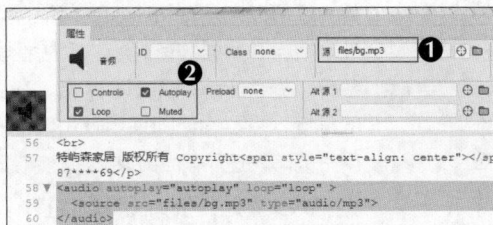

图6-53 设置<audio>标签属性

（3）按【Ctrl+S】组合键保存文件，完成网站首页的制作。

制作"圈粉"商品展示页面

课堂练习

使用Dreamweaver制作"圈粉"商品展示页面。打开"product.html"网页文件，在网页各板块中插入"圈粉"网站的商品图像，然后设置这些图像的属性，参考效果如图6-54所示。

图6-54 "圈粉"商品展示页面参考效果

素材位置： 素材\项目6\"圈粉"商品展示页面\

效果位置： 效果\项目6\"圈粉"商品展示页面\product.html

任务6.3 为"特屿森家居"网站活动页添加超链接

米拉制作完"特屿森家居"网站的首页后，需要为"特屿森家居"网站活动页添加超链接，该网页已经由她的同事添加好网页内容，老洪安排米拉继续在其中添加文本、图像等各种类型的超链接。

🔍 任务描述

任务背景	网站活动页是用于介绍网站近期推出的各种促销活动的页面，该页面通常包含活动的主题、时间、内容、参与方式等信息，以吸引用户参与并促进网站的流量和销售。此外，还可以在活动页中加入奖品展示、参与者评论等元素，提高用户的参与度和互动性。特屿森家居准备开展"唤醒春季 换新活动"，需要制作活动页，宣传该品牌沙发、餐桌、柜、床系列的部分家具，在页面中添加相关图片、家具名称、卖点和参与活动的链接，需要设计师采用吸引人的图片、简洁明了的文本描述和清晰的参与方式，使用户能够快速了解活动内容并参与其中
任务目标	① 插入文本超链接和图像超链接
	② 插入文件下载超链接、脚本超链接和电子邮件超链接
	③ 插入图像热点超链接和锚点超链接
知识要点	超链接的组成、超链接的种类、超链接的创建方法

本任务的参考效果如图6-55所示。

图6-55 "特屿森家居"网站活动页效果

素材位置： 素材\项目6\"特屿森家居"网站活动页\

效果位置： 效果\项目6\"特屿森家居"网站活动页\websiteevent.html

知识准备

米拉对于超链接的组成、种类和创建方法都还不熟悉，于是她决定先了解一下相关知识，然后再开始动手制作。

1. 超链接的组成

URL的基本格式为："访问方案://主机名:端口/路径/文件#锚记"，例如"http://baike.abc***def.com:80/view/10021486.html#2"。

- **访问方案：** 访问方案是指在客户端程序和服务器之间进行通信的协议。访问方案有多种，如Web服务器的访问方案是超文本传送协议（Hyper Text Transfer Protocol，HTTP），除此以外，还有文件传送协议（File Transfer Protocol，FTP）和简单邮件传送协议（Simple Mail Transfer Protocol，SMTP）等。
- **主机名：** 主机名是指提供资源的网页服务器地址，可以是IP地址或域名，如"baike.abc***def.com"。
- **端口：** 端口是指服务器提供资源服务的端口，一般使用默认端口，HTTP服务器的默认端口是"80"，通常可以省略。当服务器提供资源服务的端口不是默认端口时，要加上端口才能访问。
- **路径：** 路径是指资源在服务器上的位置，如上例中的"view"，说明访问的资源在该服务器根目录的"view"文件夹中。
- **文件：** 文件是指具体访问的资源名称，如"10021486.html"。
- **锚记：** 锚记是指HTML文档中的命名锚记，主要用于标记网页的不同位置，是可选内容。当打开网页时，窗口将直接显示锚记所在位置的内容。

2. 超链接的种类

超链接主要有文本超链接、图像超链接、锚点超链接、文件下载超链接、电子邮件超链接、空超链接和脚本超链接7种。

- **文本超链接：** 文本超链接的超链接源端点是一段文本，默认情况下该文本的颜色为蓝色，有下画线，访问后的超链接文本的颜色为紫色，设计师可以通过CSS样式修改文本超链接的文本颜色以及是否有下画线等属性。
- **图像超链接：** 图像超链接的超链接源端点是图像或图像热点（图像中的部分区域）。
- **锚点超链接：** 锚点超链接可跳转到指定的网页位置，适用于网页内容超出窗口高度，需使用滚动条辅助浏览的情况。
- **文件下载超链接：** 文件下载超链接是指超链接的目标端是浏览器不可识别的文件格式时，浏览器会打开下载窗口并提供该文件的下载服务。运用这一原理，设计师可以在网页中添加下载功能，用户单击文件下载超链接就能下载所需的文件。
- **电子邮件超链接：** 电子邮件超链接能够让用户快速创建电子邮件，单击此类超链接，可打开系统默认的电子邮件软件，还可以预先设置好收件人的邮件地址。
- **空超链接：** 空超链接不具有跳转网页的功能，但是可以返回当前页面的顶部。

- **脚本超链接：** 脚本超链接可以运行指定的JavaScript语句或函数，在网页中实现一些自定义的功能或效果，如实现"设为首页""收藏本站""打印网页"等功能。

3. 超链接的创建方法

不同类型超链接的创建方法也有所不同，下面分别进行介绍。

（1）创建文本超链接

在网页中，文本超链接是最常见的超链接之一。创建文本超链接的方法有以下两种。

- **通过命令：** 将插入点定位到需要创建文本超链接的位置，选择【插入】/【Hyperlink】命令或在"插入"面板中单击 ⑧ Hyperlink 按钮，在打开的"Hyperlink"对话框中设置文本、链接、目标、标题等内容，单击 确定 按钮，如图6-56所示。

- **输入HTML代码：** 在"代码"视图中输入HTML代码创建文本超链接，如图6-57所示。

图6-56 "Hyperlink"对话框

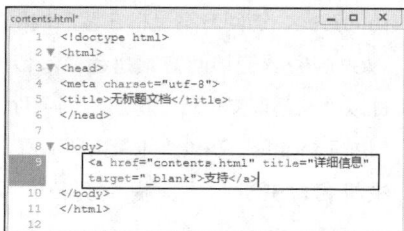

图6-57 输入HTML代码

（2）创建图像超链接

创建图像超链接的方法主要有为整个图像创建超链接和为图像热点（又称图像地图，表示图像中指定的部分热点区域）创建超链接两种方法。

- **为整个图像创建超链接：** 为整个图像添加超链接与创建文本超链接的方法基本相同，具体操作方法为：在"设计"视图中选择需添加超链接的图像，然后在"属性"面板中的"链接"文本框中输入要跳转的网页地址，如图6-58所示。

- **为图像热点创建超链接：** 若要为图像热点创建超链接，首先需要为图像创建热点，然后再为热点创建超链接，具体操作方法为：选择要创建热点的图像，在"属性"面板中单击矩形热点工具、圆形热点工具或多边形热点工具，并在图像中按住鼠标左键不放并拖曳，创建相应形状的热点，然后在该热点的"属性"面板中的"链接"文本框中输入要跳转的网页地址，如图6-59所示。

图6-58 为整个图像创建超链接

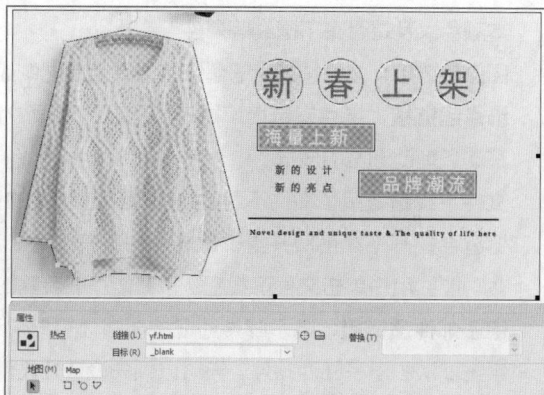

图6-59 为图像热点创建超链接

（3）创建锚点超链接

通过锚点超链接可以跳转到网页中设置的锚点的位置，或设置了ID属性的网页元素的位置。在网页中插入锚点，需先在"代码"视图中插入一个<a>标签，并设置其name属性，如图6-60所示。若要为网页元素设置ID属性，需要在"属性"面板中的ID文本框中进行设置，如图6-61所示。

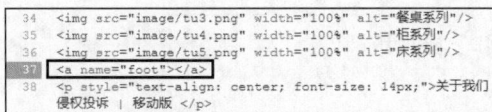

图6-60　插入锚点

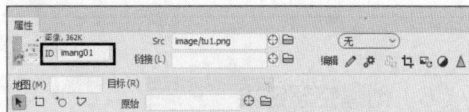

图6-61　为网页元素设置ID属性

锚点超链接有两种形式，一种是跳转到当前网页中的锚点或指定ID的网页元素，需要在"属性"面板的"链接"文本框中先输入一个"#"符号，然后再输入要跳转的锚点名称，如图6-62所示。另一种是跳转到其他网页中的锚点或指定ID的网页元素，需要在"属性"面板的"链接"文本框中先输入要超链接的网址和一个"#"号，再输入要跳转的锚点名称，如图6-63所示。

图6-62　跳转到当前网页的锚点超链接

图6-63　跳转到其他网页的锚点超链接

（4）创建文件下载超链接

创建文件下载超链接的操作方法与其他超链接一样，在"设计"视图中选择需要创建文件下载超链接的文本，然后在"属性"面板的"链接"文本框中输入或选择要下载文件的路径，如图6-64所示。

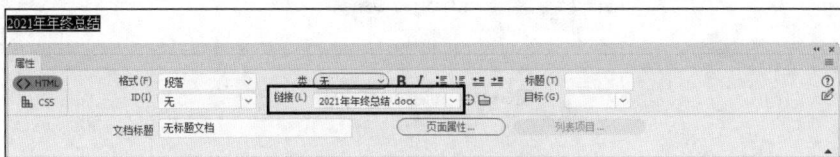

图6-64　创建文件下载超链接

（5）创建电子邮件超链接

创建电子邮件超链接主要有以下3种方法。

- **通过命令创建：** 将插入点定位到需要创建电子邮件超链接的位置，选择【插入】【HTML】/【电子邮件链接】命令或在"插入"面板中单击 ☒ 电子邮件链接 选项，打开"电子邮件链接"对话框，在该对话框中输入超链接文本和电子邮件地址，单击 确定 按钮，如图6-65所示。
- **通过HTML代码创建：** 在"代码"视图中的<body></body>标签中输入"<a href="mailto:电子邮件地址">超链接内容</a>"，如图6-66所示。

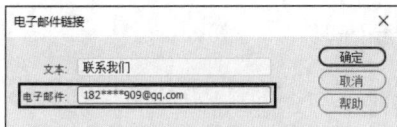

图6-65　"电子邮件链接"对话框

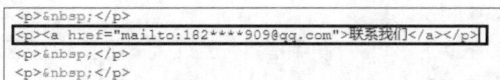

图6-66　通过HTML代码创建

● **通过"属性"面板创建：** 选择要创建电子邮件超链接的文本，在"属性"面板的"链接"文本框中输入"mailto:电子邮件地址"，如图6-67所示。

图6-67　通过"属性"面板创建

（6）创建空超链接

创建空超链接的方法为：选择要创建空超链接的文本或图像，在"属性"面板的"链接"文本中输入"#"文本创建空超链接，如图6-68所示。

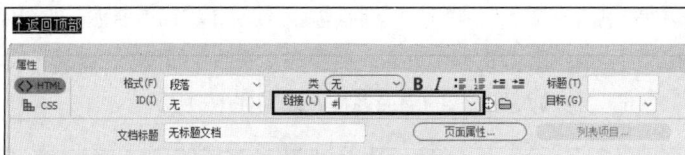

图6-68　创建空超链接

（7）创建脚本超链接

创建脚本超链接的方法为：选择要添加脚本超链接的文本或图像后，在"属性"面板的"链接"文本框中输入"javascript:脚本程序代码"，如"javascript:alert('Hello World.');"，单击该脚本超链接（即"问候语"文本）后将弹出一个提示对话框，并显示"Hello World."文本，如图6-69所示。

图6-69　创建脚本超链接

任务实施

1. 插入文本超链接和图像超链接

米拉的同事已在网站活动页（websiteevent.html）中制作好了网页内容，她准备先在其中添加文本和图像超链接，具体操作如下。

（1）选择素材文件夹中的所有文件，然后拖曳到"特屿森家居"站点的"web"文件夹中，复制素材文件，如图6-70所示。

（2）双击"websiteevent.html"文件打开该网页。选择"注册"文本，在"属性"面板的"链接"文本框中输入"reg.html"文本，如图6-71所示。

微课视频

插入文本超链接和图像超链接

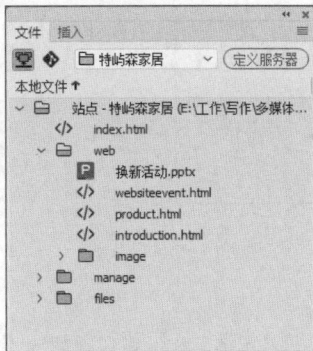

图6-70 复制素材文件

图6-71 为"注册"文本添加文本超链接

（3）选择"登录"文本，在"属性"面板的"链接"文本框中输入"login.html"文本，如图6-72所示。

（4）选择Logo图像，在"属性"面板的"链接"文本框中输入"../index.html"文本，如图6-73所示。

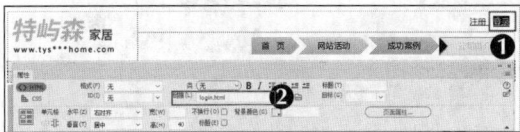

图6-72 为"登录"文本添加文本超链接

图6-73 为Logo图像添加图像超链接

2. 插入文件下载超链接、脚本超链接和电子邮件超链接

米拉为网页添加好文本超链接和图像超链接后，还需要在页面中添加文件下载超链接、脚本超链接和电子邮件超链接，具体操作如下。

（1）选择"换新活动PPT下载"文本，在"属性"面板中的"链接"文本框中输入"换新活动.pptx"文本，如图6-74所示。

（2）选择"打印页面"文本，在"属性"面板中的"链接"文本框中输入"javascript:window.print();"文本，如图6-75所示。

微课视频

插入文件下载超链接、脚本超链接和电子邮件超链接

图6-74 插入文件下载超链接

图6-75 插入脚本超链接

（3）选择"给我们发邮件"文本，在"属性"面板中的"链接"文本框中输入"mailto:main@tys***home.com"文本，如图6-76所示。

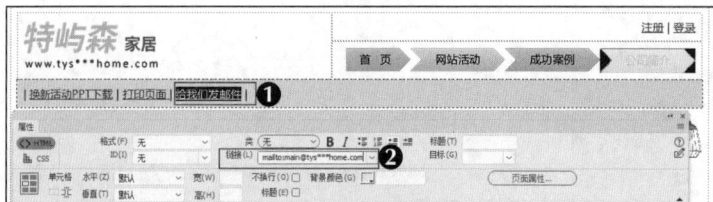

图6-76　插入电子邮件超链接

3. 插入图像热点超链接和锚点超链接

米拉最后还需要在页面中添加图像热点超链接和锚点超链接，便于消费者快速跳转到相应页面，具体操作如下。

（1）选择"沙发系列"图像，在"属性"面板的"ID"文本框中输入"sofa"文本，如图6-77所示。

（2）选择"餐桌系列"图像，在"属性"面板的"ID"文本框中输入"table"文本，如图6-78所示。

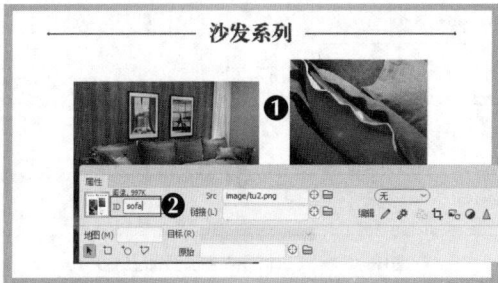

图6-77　为"沙发系列"图像设置ID属性

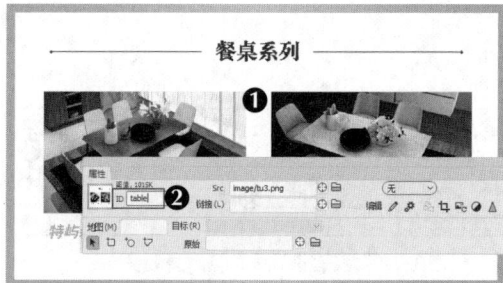

图6-78　为"餐桌系列"图像设置ID属性

（3）选择"柜系列"图像，在"属性"面板的"ID"文本框中输入"cabinet"文本，如图6-79所示。

（4）选择"床系列"图像，在"属性"面板的"ID"文本框中输入"bed"文本，如图6-80所示。

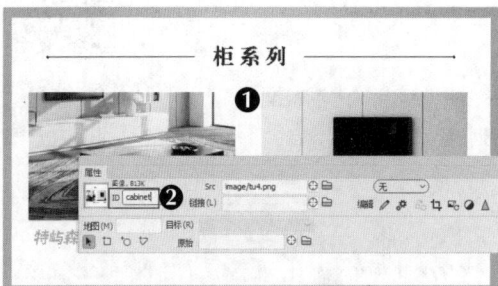

图6-79　为"柜系列"图像设置ID属性

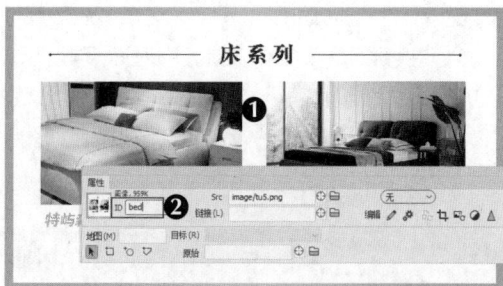

图6-80　为"床系列"图像设置ID属性

（5）选择"唤醒春季 换新活动"图像，在"属性"面板中单击"矩形热点工具"按钮，并在图像中的沙发系列图标上绘制一个矩形热点，然后在"链接"文本框中输入"#sofa"文本，如图6-81所示。

（6）在餐桌系列图标上绘制一个矩形热点，然后在"链接"文本框中输入"#table"文本，如图6-82所示。

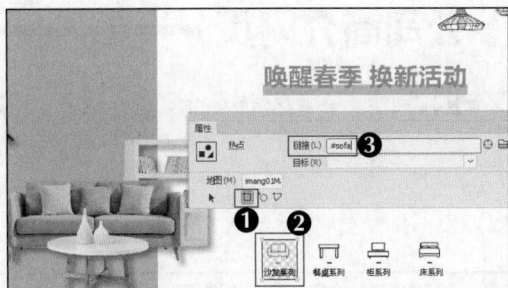

图6-81　为沙发系列图标创建热点并设置超链接

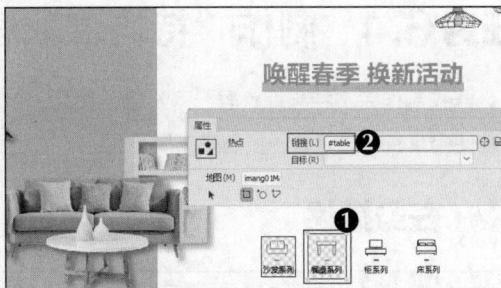

图6-82　为餐桌系列图标创建热点并设置超链接

（7）在柜系列图标上绘制一个矩形热点，然后在"链接"文本框中输入"#cabinet"文本，如图6-83所示。

（8）在床系列图标上绘制一个矩形热点，然后在"链接"文本框中输入"#bed"文本，如图6-84所示。

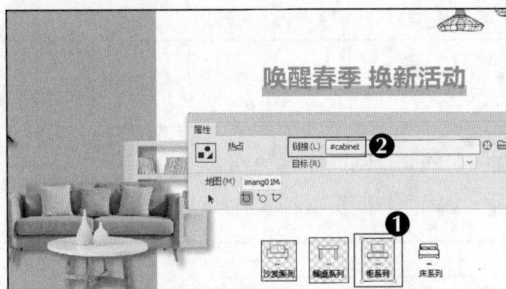

图6-83　为柜系列图标创建热点并设置超链接

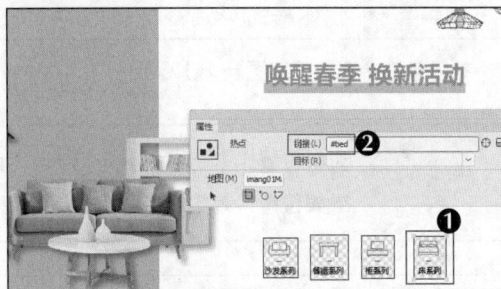

图6-84　为床系列图标创建热点并设置超链接

（9）按【Ctrl+S】组合键保存文件，完成网站活动页的制作。

为"圈粉"网页创建图像超链接

课堂练习　　为"圈粉"网页插入图像，然后为插入的图像创建超链接，并在展示图像中使用图像地图创建交互式热点，使访问者能够通过单击图像或图像中的某个区域跳转到指定的网页，参考效果如图6-85所示。

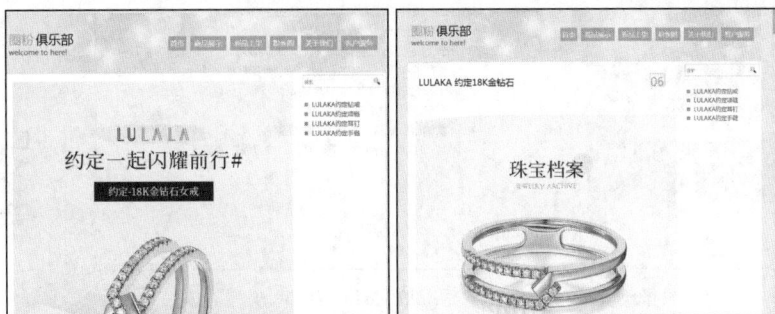

图6-85　为"圈粉"网页创建图像超链接的参考效果

素材位置：素材\项目6\"圈粉"网页\
效果位置：效果\项目6\"圈粉"网页\commodit.html

任务 6.4　制作"特屿森家居"公司简介网页

米拉制作完"特屿森家居"网站活动页后，老洪又安排她制作"特屿森家居"公司简介网页，并要求她使用 div + CSS 盒子模型来布局网页。

🔍 任务描述

任务背景	公司简介网页是向用户介绍公司的概况、发展历程、核心价值观以及业务范围等信息的页面。特屿森家居为了让用户能快速了解公司的背景和基本情况，以建立信任和吸引潜在的合作伙伴或客户，需要设计师制作公司简介网页，并在其中介绍该品牌家居产品的特点
任务目标	① 添加 \<div\> 标签，并在其中添加网页内容
	② 创建并应用 CSS 样式
知识要点	CSS 样式、\<div\> 标签、div + CSS 盒子模型

本任务的参考效果如图 6-86 所示。

素材位置：素材\项目6\"特屿森家居"公司简介网页\shafa.png

效果位置：效果\项目6\"特屿森家居"公司简介网页\index.html

图6-86　"特屿森家居"网站首页效果

📦 知识准备

制作"特屿森家居"公司简介网页需要用到 div+CSS 盒子模型，但米拉对使用该方法来布局网页还不太熟悉，因此决定先深入了解相关知识。

1. CSS样式

CSS是一种用来表现HTML或XML（Extensible Markup Language，可扩展标记语言）等文件样式的计算机语言，目前的最新版本是CSS3。通过CSS能够精确控制网页中各元素的样式及位置，并进行初步的交互设计。

（1）CSS语法规则

CSS语法规则由选择器和声明（大多数情况下为包含多个声明的代码块）两部分组成。选择器用于标识要设置格式的网页元素的术语（如标签、类名或ID等），声明则用于定义样式属性。图6-87所示的代码中，body为选择器，用于选择<body>标签，{}中的内容为声明块。图中代码表示<body></body>标签内的所有内容的"外边距"为"0"，"内边距"为"0"，"字号"为"12px"，"字体"为"宋体"，"行高"为"18px"，"背景颜色"为"#F00"。

```
<style>
body {
    margin: 0;
    padding: 0;
    font-size: 12px;
    font-family: "宋体";
    line-height: 18px;
    background-color: #F00;
}
</style>
```

图6-87　CSS语法规则

（2）CSS样式的书写位置

CSS样式按照书写位置的不同可以分为外部样式、内部样式和行内样式3种。

- **外部样式：** 外部样式是将CSS样式书写在后缀名为".css"的文件中，然后在网页文件中使用超链接或导入的方式引入外部CSS文件，如图6-88和图6-89所示。使用外部CSS样式的优点是使网页内容和样式分离，可以减小网页文件的大小，加快访问速度。另外，外部CSS文件可以在多个网页中使用，以便同时修改多个网页的样式。

```
<link href="aaaaa.css" rel="stylesheet" type="text/css">
```

图6-88　超链接外部CSS文件

```
<style type="text/css">
@import url("bbbbb.css");
</style>
```

图6-89　导入外部CSS文件

- **内部样式：** 内部样式是在网页文件的<style>标签中写入CSS代码，如图6-90所示。
- **行内样式：** 行内样式是为标签增加"style"属性，然后在属性值中写入CSS代码，如图6-91所示。

```
<style type="text/css">
p {
    font-size: 16px;
    font-family: "微软雅黑";
    text-decoration: none;
}
</style>
```

图6-90　内部样式

```
<p style="font-size: 16px;">行内css样式</p>
```

图6-91　行内样式

2. <div>标签

使用<div>标签可以在页面中创建一个容器，通常被称为div盒子。<div>标签本身无任何显示效果，但是可以在其中添加任意网页元素，也可以通过CSS样式来控制<div>标签以及其内部网页元素的样式。

在Dreamweaver中能够快速地插入<div>标签并为它应用现有的CSS样式，具体操作方法为：将插入点定位到要插入<div>标签的位置，然后选择【插入】/【HTML】/【Div】命令或者在"插入"面板的HTML类别中单击 Div 按钮，在打开的"插入Div"对话框中设置"插入""Class"或"ID"参数，单击 确定 按钮，如图6-92所示。

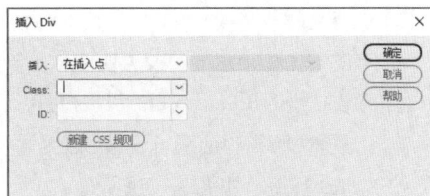

图6-92　"插入Div"对话框

3. div + CSS盒子模型

div+CSS盒子模型是布局网页的常用方式，与HTML中的表格（table）布局不同的是，div承载的是结构，CSS则精确控制页面的布局、元素等。div+CSS盒子模型完美地实现了结构和表现的结合，相较于传统的表格布局，更便于后期进行修改、维护等。

div+CSS盒子模型是将每个div当作一个可以装东西的盒子，如图6-93所示，盒子里面的内容到盒子的边框之间的距离为填充（padding），盒子本身有边框（border），盒子边框外与其他盒子之间的距离为边界（margin）。每个边框或边界，又可分为上、下、左、右4个属性值，如margin-bottom表示盒子的下边界属性。在设置div大小时需要注意，CSS中的宽和高是指填充以内的内容范围，即一个div的实际宽度为左边界+左边框+左填充+内容宽度+右填充+右边框+右边界，实际高度为上边界+上边框+上填充+内容高度+下填充+下边框+下边界。盒子模型是使用div+CSS布局时非常重要的概念，只有掌握了盒子模型和其中每个元素的使用方法，才能正确布局网页中各个元素的位置。

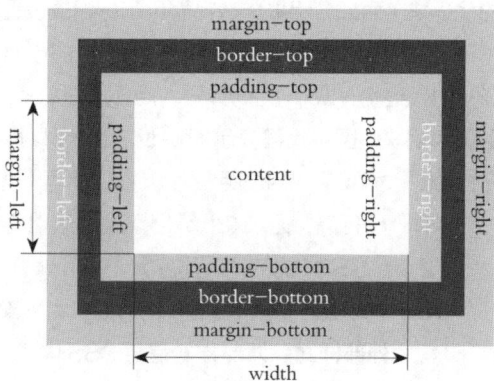

图6-93　div+CSS盒子模型

4. div + CSS盒子模型的优势

使用div+CSS盒子模型布局网页的优点主要体现在以下4个方面。

- **网页加载速度更快：** div是一个松散的盒子，使用div+CSS布局的网页，可以一边加载一边显示网页内容，从而有效提高网页的加载速度，而使用表格布局的网页必须将整个表格加载完成后才能显示出网页内容。
- **修改效率更高：** 使用div+CSS布局的网页，其外观与结构是分离的，当需要修改网页的外观时，只需要修改CSS样式。
- **搜索引擎更容易检索：** 由于div+CSS布局的网页的外观与结构是分离的，搜索引擎检索这种结构的网页时，可以不考虑结构而只专注内容，因此更容易检索。
- **站点更容易被访问：** 使用div+CSS布局的网页，可使站点更容易被浏览器和用户访问。

✂ 任务实施

1. 添加<div>标签和网页内容

米拉准备先使用<div>标签创建多个盒子，然后在其中添加网页内容，具体操作如下。

（1）选择素材文件夹中的"shafa.png"图像文件，然后拖曳到"特屿森家居"站点的"web\image"文件夹中，复制素材文件，如图6-94所示。

（2）双击"introduction.html"打开该网页。选择【插入】/【Div】命令，打开"插入Div"对话框，设置Class为"header"，单击 确定 按钮，插入一个<div>标签，如图6-95所示。

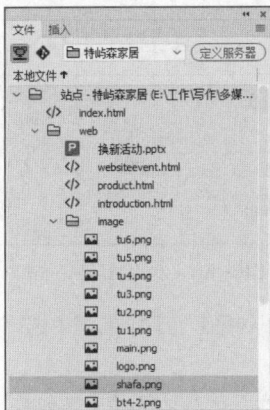

图6-94　复制素材文件

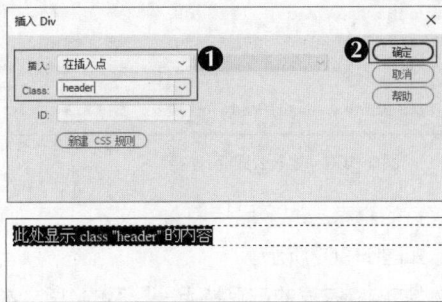

图6-95　插入 header<div> 标签

（3）删除"此处显示 class "header" 的内容"文本，然后在header<div>标签中插入一个<div>标签，并设置class为"logo"，如图6-96所示。

（4）删除"此处显示 class "logo" 的内容"文本，然后在logo<div>标签中插入"logo.png"图像文件，如图6-97所示。

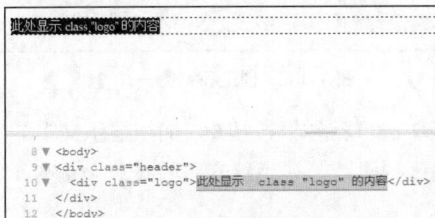

图6-96　插入logo<div>标签

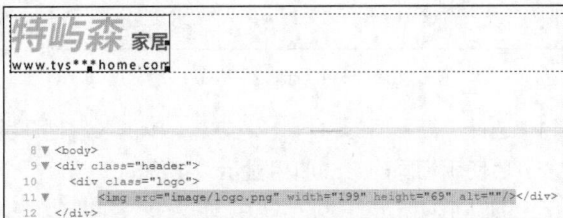

图6-97　插入logo图像

（5）在logo<div>标签后插入一个<div>标签，设置class为"header_right"，并在其中插入两个<div>标签。在第一个<div>标签中输入"注册 | 登录"文本，在第2个<div>标签中插入"bt1-2.png""bt2-2.png""bt3-2.png""bt4-1.png"4张图像文件，如图6-98所示。

（6）在header<div>标签后插入一个<div>标签，设置class为"main"，并在其中插入两个<div>标签，分别设置class为"left"和"right"。在left<div>标签中插入"shafa.png"图像文件，如图6-99所示。

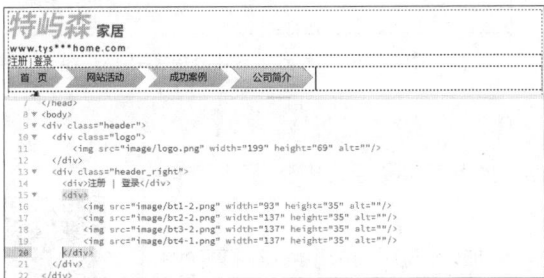

图6-98　插入 header_right<div> 标签并输入内容

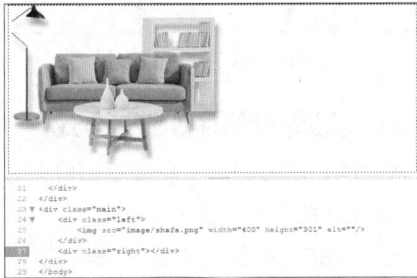

图6-99　插入3个<div>标签并插入图像

（7）在right<div>标签中输入公司简介的具体内容，如图6-100所示。

（8）选择"公司简介"文本，在"属性"面板的"格式"下拉列表中选择"标题1"选项，如图6-101所示。

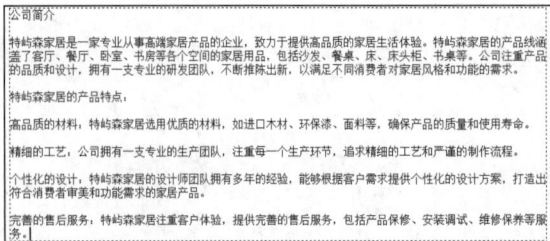

图6-100　输入公司简介内容

图6-101　设置"标题1"格式

（9）选择"特屿森家居的产品特点："文本，在"属性"面板的"格式"下拉列表中选择"标题2"选项，如图6-102所示。

（10）选择"特屿森家居的产品特点："后的4段文本，单击"属性"面板中的"无序列表"按钮，创建无序列表，如图6-103所示。

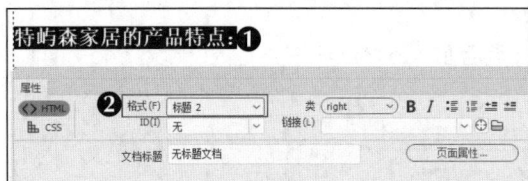

图6-102　设置"标题2"格式

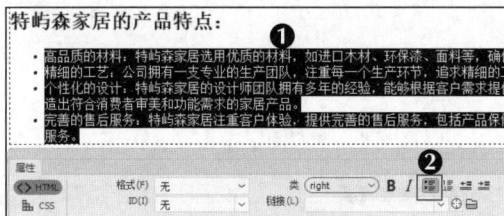

图6-103　创建无序列表

（11）选择"高品质的材料："文本，单击"属性'面板中的"粗体"按钮 **B**，加粗显示文本。然后使用相同的方法加粗显示"精细的工艺""个性化的设计""完善的售后服务"文本，如图6-104所示。

（12）在main<div>标签后插入一个<div>标签，设置class为"footer"，并在其中输入页脚的内容，如图6-105所示。

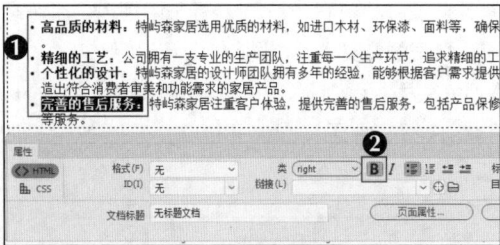

图6-104　设置加粗显示

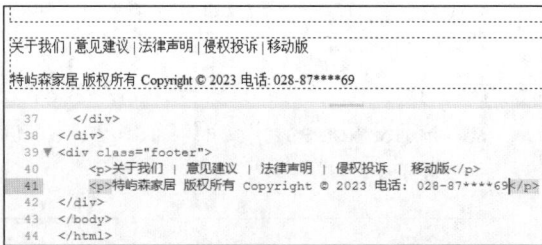

图6-105　插入footer<div>标签并输入内容

2. 创建并应用CSS样式

米拉为网页添加好<div>标签和网页内容后，接下来需要定义并应用CSS样式，具体操作如下。

（1）在"CSS设计器"面板的"源"栏中单击"添加CSS源"按钮，在打开的列表中选择"创建新的CSS文件"选项。打开"创建新的CSS文件"对话框，在"文件/URL"文本框中输入"tys.css"文本，单击 确定 按钮，如图6-106所示。

微课视频

创建并应用CSS样式

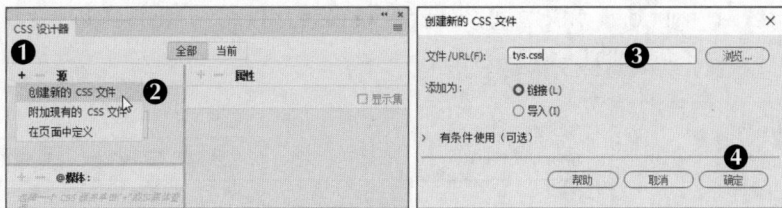

图6-106　创建新的CSS文件

（2）在"CSS设计器"面板的"选择器"栏中单击"添加选择器"按钮➕，在出现的文本框中输入".header"文本，然后在右侧设置CSS样式。设置width（宽度）为"1024px"，height（高度）为"100px"，margin-left（左外边距）和margin-right（右外边距）都为"auto（自动）"，如图6-107所示。

图6-107　创建并设置".header" CSS样式

（3）创建".logo" CSS样式，设置width（宽度）为"200px"，padding（内边距）为"10px"，float（浮动方式）为"left"（左浮动），如图6-108所示。

图6-108　创建并设置".logo" CSS样式

（4）创建".header_right" CSS样式，设置float为"right"（右浮动），如图6-109所示。

图6-109　创建并设置".header_right" CSS样式

（5）创建".header_right div" CSS样式，设置padding为"10px"，text-align（文本对齐方式）为"right"（右对齐），如图6-110所示。

图6-110　创建并设置".header_right div" CSS样式

（6）创建".main" CSS样式，设置width为"1024px"，height为"600px"，margin-left和margin-right都为"auto"，如图6-111所示。

图6-111　创建并设置".main" CSS样式

（7）创建".left" CSS样式，设置width为"400px"，height为"600px"，float为"left"，background-color（背景颜色）为"#BEC4A2"如图6-112所示。

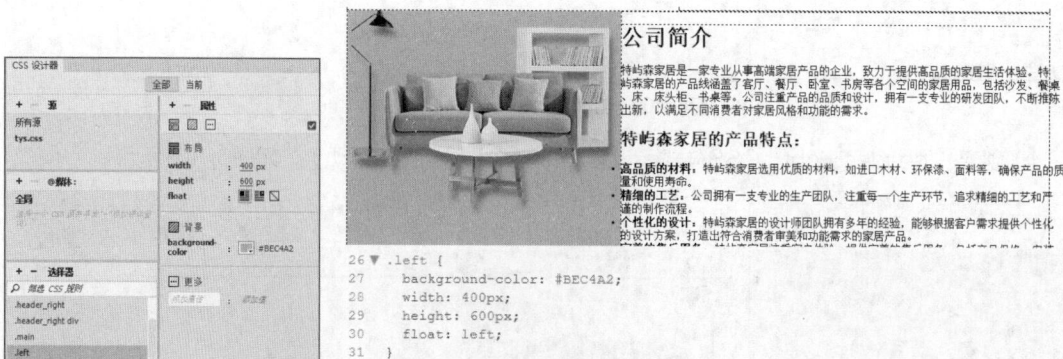

图6-112　创建并设置".left" CSS样式

（8）创建".left img" CSS样式，设置width为"480px"，height为"350px"，margin-top（上外边距）为"280px"，如图6-113所示。

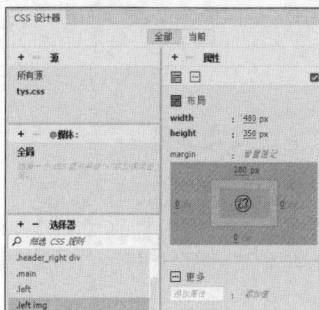

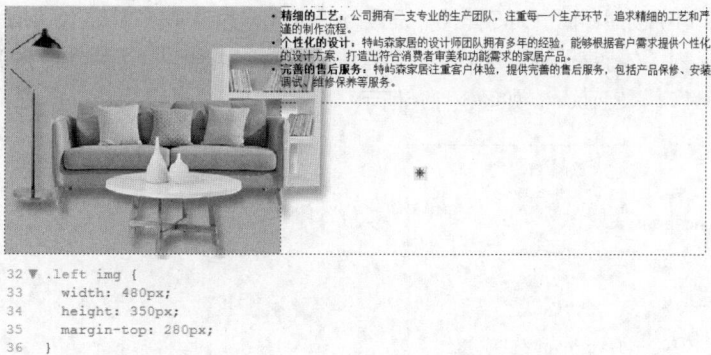

图6-113　创建并设置 ".left img" CSS样式

（9）创建 ".right" CSS样式，设置width为 "480px"，height为 "530px"，padding-top（上内边距）、padding-right（左内边距）、padding-bottom（下内边距）都为 "20px"，padding-left（左内边距）为 "120px"、float为 "right"，如图6-114所示。

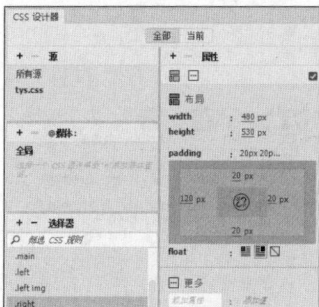

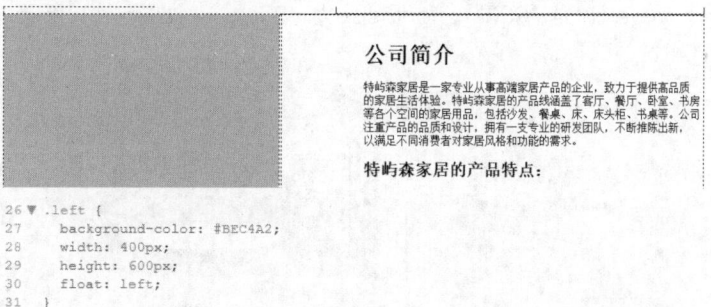

图6-114　创建并设置 ".right" CSS样式

（10）创建 "h1" CSS样式，设置margin-bottom（下外边距）为 "30px"，color（文本颜色）为 "#97A6A2"，font-family（字体）为 "微软雅黑"，font-weight（加粗）为 "900"，font-size（字号）为 "40px"，text-align（文本对齐方式）为 "两端对齐"，border-bottom（下边框线）的width（粗细）为 "5px"、style（线型）为 "solid"（实线）、color（颜色）为 "#E1C47D"，如图6-115所示。

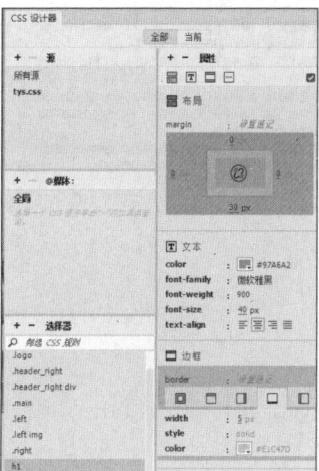

图6-115　创建并设置 "h1" CSS样式

（11）创建"p"CSS样式，设置font-family为"微软雅黑"，font-size为"16px"，line-height（行高）为"25px"，text-align为"justify"（两端对齐），text-indent（首行缩进）为"32px"，如图6-116所示。

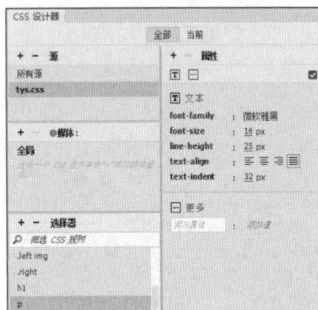

图6-116　创建并设置"p"CSS样式

（12）创建"h2"CSS样式，设置color为"#97A6A2"，font-family为"微软雅黑"，font-weight为"900"，font-size为"20px"，如图6-117所示。

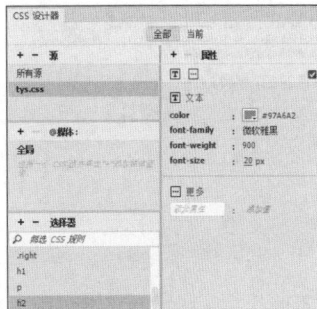

图6-117　创建并设置"h2"CSS样式

（13）创建"li"CSS样式，设置font-family为"微软雅黑"，font-size为"16px"，line-height为"25px"，text-align为"justify"，如图6-118所示。

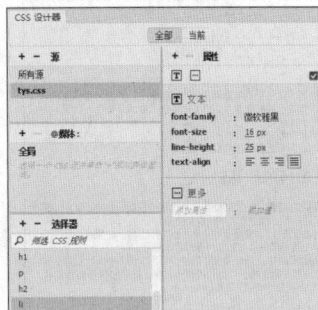

图6-118　创建并设置"li"CSS样式

（14）创建".footer"CSS样式，设置width为"984px"，margin-left和margin-right为"auto"，padding为"20px"；如图6-119所示。

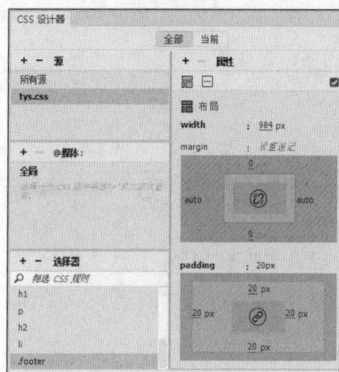

图6-119　创建并设置".footer" CSS样式

（15）创建".footer p" CSS样式，设置font-family为"微软雅黑"，font-size为"small"，line-height为"10px"，text-align为"center"（居中对齐），如图6-120所示。

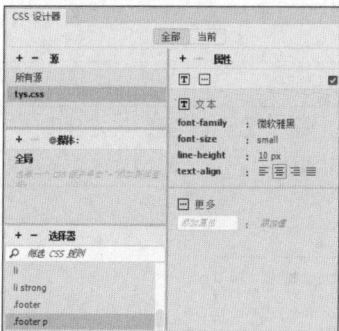

```
77 ▼ .footer p {
78      font-family: "微软雅黑";
79      font-size: small;
80      line-height: 10px;
81      text-align: center;
82  }
```

图6-120　创建并设置".footer p" CSS样式

（16）选择【文件】/【保存全部】命令，保存introduction.html网页文件和tys.css文件，完成本例的制作。

课堂练习

制作"圈粉"网站首页

制作"圈粉"网站首页，首先在空白区域插入<div>标签进行布局，并添加网页内容，然后为<div>标签添加CSS样式，对添加的标签进行定位并设置相应的属性，参考效果如图6-121所示。

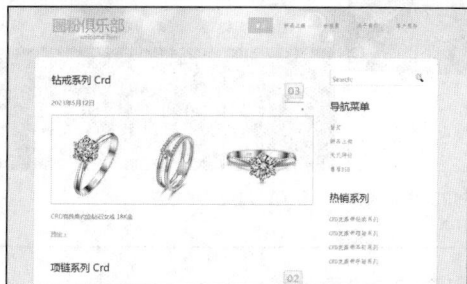

图6-121　"圈粉"网站首页参考效果

素材位置： 素材\项目6\"圈粉"网站首页\

效果位置： 效果\项目6\"圈粉"网站首页\index.html

综合实战　制作"重庆老火锅"网站首页

老洪看到米拉对 Dreamweaver 中的各项功能都比较得心应手，便放心地将制作"重庆老火锅"网站首页的任务交给米拉，要求她进行创意性构思，制作出符合"重庆老火锅"特色的网页。

实战描述

实战背景	重庆老火锅作为一种传统的重庆特色餐饮形式，其独特的香辣口感和丰富的食材吸引了众多爱好者。某店需要设计师制作一个"重庆老火锅"网站首页，加强品牌宣传，方便各地火锅爱好者了解并选择本店的重庆老火锅
实战目标	① 该网站首页需要包含页头部分、企业简介部分、健康材料部分、产品展示部分、页脚部分 ② 网页风格简约大方，信息展示直观，能充分展现火锅的魅力
知识要点	新建网页文件、设置页面属性，插入文本、插入图像、插入 <div> 标签、"CSS设计器"面板、创建 CSS 样式、使用 div+CSS 盒子模型布局网页

本实战的参考效果如图6-122所示。

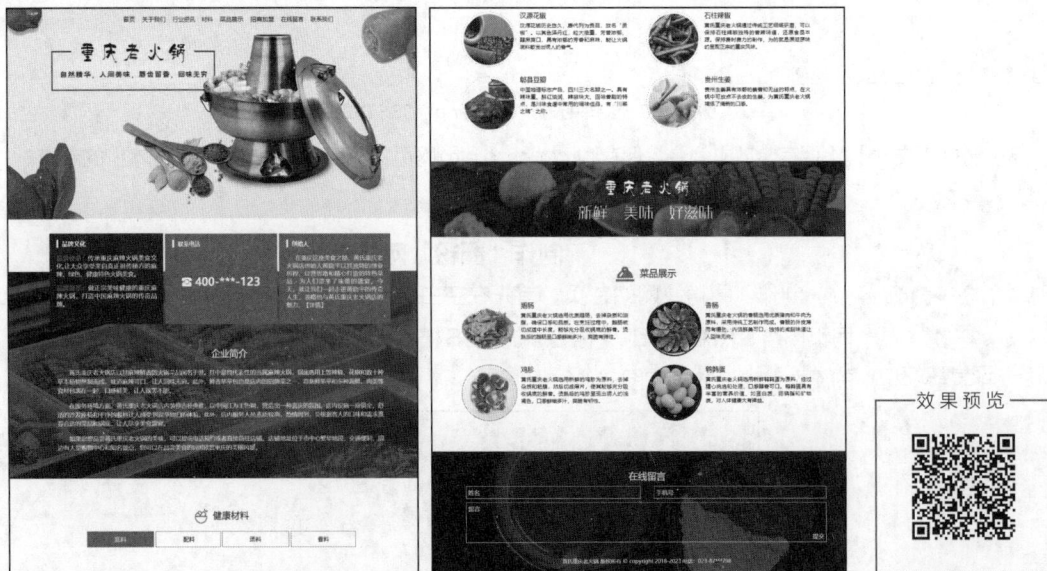

图6-122　"重庆老火锅"网站首页参考效果

素材位置： 素材\项目6\重庆老火锅\

效果位置： 效果\项目6\重庆老火锅\index.html

思路及步骤

制作页头时，可以使用灰色作为背景，并在其中添加导航栏、主图和3张小图片；制作企业简介部分时，可使用一张颜色较暗的图片作为背景，在上方使用1个黑色矩形和2个红色矩形作为背景来展示品牌文化、联系电话、创始人等内容；制作健康材料部分时，该部分的背景为白色，具体内容包括标题文本、分类按钮和材料；制作分隔条部分时，可选择一张颜色较暗的图片，并在上方添加白色的文本；制作菜品展示部分时，可直接在白色背景中展示标题文本和菜品的具体内容；制作页脚部分时，可使用一张颜色较暗的图片作为背景，展示在线留言和版权信息。本例的制作思路如图6-123所示，参考步骤如下。

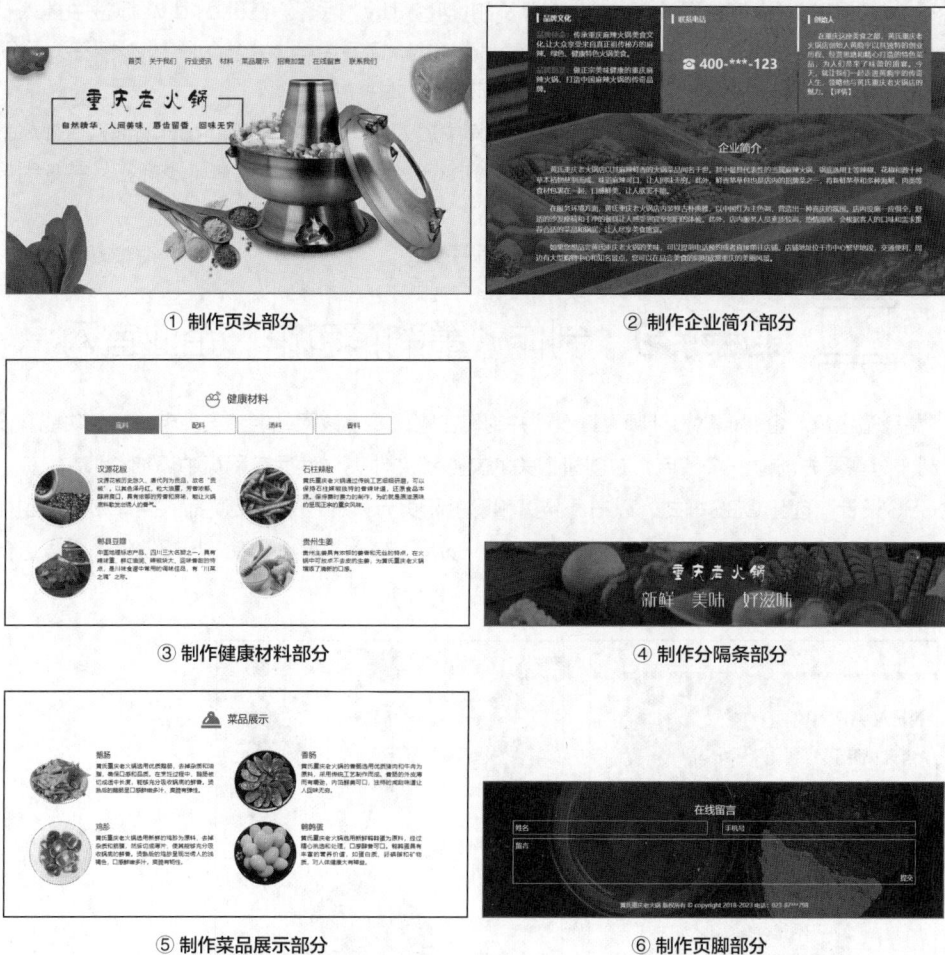

① 制作页头部分

② 制作企业简介部分

③ 制作健康材料部分

④ 制作分隔条部分

⑤ 制作菜品展示部分

⑥ 制作页脚部分

图6-123 制作"重庆老火锅"网站首页的思路

（1）新建index.html网页文件，设置上、下、左、右边距为"0"，创建外部CSS样式文件lhg.css。

（2）在index.html中插入header<div>标签，在其中插入daohang<div>标签并输入导航文本。在daohang<div>标签后插入"pic1.png、pic2.png、pic3.png、pic4.png"4张图像。

（3）在网页最下方插入main<div>标签，在其中插入boxs<div>标签和gsjj<div>标签。boxs<div>标签中插入一个box1<div>标签和2个box2<div>标签，在其中分别输入品牌文化、联系电话和创始人的具体内容。在gsjj<div>标签中插入"tb1.png"图像，然后输入

微课视频

制作"重庆老火锅"网站首页

"企业简介"文本以及公司简介的具体内容。

（4）在网页最下方插入一个main<div>标签，在其中插入一个showbox<div>标签。在showbox<div>标签中插入title<div>标签、bts<div>标签和twks<div>标签。在title<div>标签中插入"tb2.png"图像并输入"健康材料"文本。在bts<div>标签中插入4个<div>标签，并输入4个按钮的文本。在twks<div>标签中插入4个twk<div>标签，分别插入"t1.png～t4.png"图像，然后输入对应的标题和文本。

（5）在网页最下方插入一个line<div>标签，并在其中插入"wb.png"图像。

（6）在网页最下方插入一个main<div>标签，在其中插入一个showbox<div>标签。在showbox<div>标签中插入title<div>标签和twks<div>标签。在title<div>标签中插入"tb3.png"图像并输入"菜品展示"文本。在twks<div>标签中插入4个twk<div>标签，分别插入"t5.png～t8.png"图像，然后输入对应的标题和文本。

（7）在网页最下方插入一个footer<div>标签，在其中插入ly<div>标签和bq<div>标签，在ly<div>标签中插入title<div>标签、wbk1<div>标签、wbk2<div>标签、wbk3<div>标签，并分别输入对应的文本。在bq<div>标签中输入版权信息。

（8）创建并应用CSS样式，按【Ctrl+S】组合键保存文件。

▶ 课后练习　制作"墨韵箱包馆"企业官网

　　"墨韵箱包馆"企业现需设计师为其设计并制作官网，要求该网站能够实现电子商务功能。设计师在制作时需要先创建一个站点，并创建相关的文件和文件夹；然后在网页中添加<div>标签，并通过CSS设计器创建CSS样式，以布局网页和设置网页元素的格式；接着插入图像和文本到相关的<div>标签中，并调整大小、位置等属性格式；最后为部分文本或图像添加超链接。完成后参考效果如图6-124所示。

图6-124　"墨韵箱包馆"企业官网参考效果

素材位置： 素材\项目6\墨韵箱包馆\

效果位置： 效果\项目6\墨韵箱包馆\index.html

项目7
商业设计案例

因为米拉积极、严谨的工作态度，以及优秀的工作能力，老洪便和同事商量让米拉独自负责"草莓甜乐屋"品牌委托的商业设计项目，完成全屏Banner，包含动画和音频的品牌介绍视频，以及官网首页的制作等设计任务，如果她能够顺利完成，便可顺理成章地成为正式员工。

老洪将此事转达给米拉，并嘱咐她："这些设计任务需要以客户为中心，每个设计任务都或多或少存在相关性，且都具备很强的商业性、实用性和创新性，需要你从全局统筹规划。我相信你可以借此机会提升个人能力，并成功转正。"

任务 7.1　制作"奶油草莓"全屏Banner

【案例背景及要求】

项目名称	"奶油草莓"全屏Banner	接收部门/人员	设计部/米拉
项目背景	"草莓甜乐屋"是一家以销售各类草莓食品为主营业务的品牌，该品牌一直致力于科技创新，并不断提升温室种植技术，以确保产品品质。随着冬季的到来，该品牌旗下的草莓温室种植园收获颇丰，为顺利销售草莓，准备在电商、电视、互联网等多个平台对"草莓甜乐屋"品牌展开宣传。"草莓甜乐屋"品牌宣传部门准备先在电商平台进行预热，需要设计师制作以"奶油草莓"为主题的全屏Banner，投放到网店首页中		
基本信息	● 品牌名称：草莓甜乐屋 ● 宣传口号：奶油草莓上市啦 ● 商品卖点：产地直销、现拍现摘、当天顺丰发货、浓郁口感、香甜可口、营养丰富、生态种植、细嫩多汁		
客户需求	● 符合电商平台对网店首页全屏Banner的要求 ● Banner设计风格与商品印象相符，具有温暖、活泼、幸福的氛围 ● 以草莓图像为主，展示本品牌Logo，色彩靓丽，可在视觉上刺激消费者 ● 文本精练、重点突出，宣传口号和商品卖点一目了然		
项目素材	图像素材： 3个草莓　　Banner背景　　草莓　　飞叶草莓　　品牌Logo　　一篮草莓　　右侧叶子　　左侧叶子		
作品清单	全屏Banner电子稿1份：尺寸为1920像素×900像素，分辨率为72像素/英寸，RGB颜色模式		

【案例分析及制作】

1. 案例构思

● **图像设计**：根据客户需求，Banner要以草莓图像为主，为避免单调可添加少许绿叶、花朵及其他水果图像作为装饰。另外，为方便消费者识别商品信息，可在Banner中绘制规整的几何形状作为文本背景，与画面中不规则外形的图像形成对比，提升画面的视觉冲击力。

● **文本设计**：全屏Banner位于网店首页的醒目位置，需要充分展示商品卖点、商品宣传口号、商品价格等信息，以吸引消费者浏览商品详情，进而产生购买行为。因此，可为宣传口号和价格文本使用同一种可爱、灵动的字体，其他信息文本采用笔画严谨、规整的字体，两者形成对比，区分出不同信息的层级，便于消费者识别主次信息，以更好地接收和理解信息。

● **色彩设计**：以类似草莓颜色的粉红色为主色，绿色为辅助色，白色为点缀色，既可以加深消费者对商品本身的印象，又能与商品本身、品牌Logo产生联系。高对比度的红绿色搭配也能带给消费者充满活力、新鲜的视觉感受，潜移默化地展现了商品的新鲜品质。

● **构图设计:** 全屏Banner可以使用中心构图,将重要内容居中显示,将草莓图像和品牌Logo放置在中部区域的左侧,草莓图像放置在品牌Logo下方;将文本放置在中部区域的右侧,在中心构图的基础上又形成左图右文的样式,使信息展示更有规律,画面更有层次感,如图7-1所示。

图7-1　全屏Banner构图设计

本案例的参考效果如图7-2所示。

图7-2　"奶油草莓"全屏Banner参考效果

素材位置: 素材\项目7\"奶油草莓"全屏Banner\
效果位置: 效果\项目7\"奶油草莓"全屏Banner.psd

2. 制作思路

制作全屏Banner时,可先抠取所需的草莓商品图像,优化草莓色彩,然后创建全屏Banner文件并添加素材,运用形状工具组中的工具和钢笔工具绘制几何形状,运用图层样式、图层蒙版美化图像,添加草莓、Logo和装饰图像,使用画笔工具绘制图像投影,使用文字工具组中的工具输入文本信息,结合形状工具组中的工具和图层样式美化文本,制作过程参考图7-3~图7-10。

微课视频

制作"奶油草莓"
全屏Banner

图7-3　抠取一篮草莓商品图像

213

图7-4　抠取草莓商品图像并优化色彩

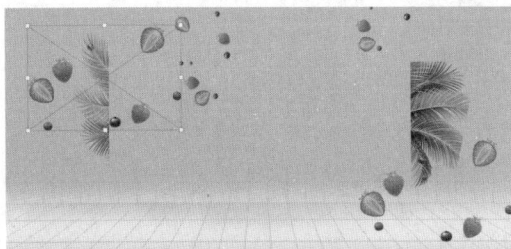

图7-5　新建文件并添加素材

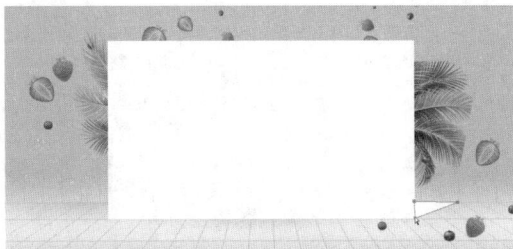

图7-6　绘制几何形状

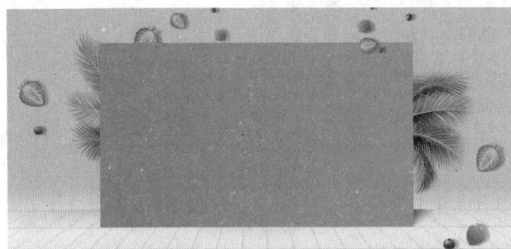

图7-7　运用图层样式和图层蒙版优化背景图像

图7-8　添加草莓商品、Logo和装饰图像

图7-9　绘制投影

图7-10　输入并美化文本

任务7.2　制作"草莓甜乐屋"品牌介绍视频片头动画

【案例背景及要求】

项目名称	"草莓甜乐屋"品牌介绍片头动画	接收部门/人员	设计部/米拉
项目背景	"草莓甜乐屋"品牌宣传部门拟定了宣传策略，需要制作一则品牌介绍视频发布在各大平台中，吸引更多潜在消费者，提升品牌知名度，扩大品牌影响力。由于MG动画通过符号化、图形化的表达方式，可以非常直观地传达		

项目背景	信息，还可以营造丰富多样的视觉效果，被广泛应用于品牌推广中，因此"草莓甜乐屋"品牌宣传部门要求设计师在品牌介绍视频中添加MG形式的片头动画，提升品牌介绍视频的吸引力
基本信息	● 动画类型：片头动画 ● 主要内容：品牌Logo + "品牌介绍视频"副标题文本
客户需求	● 片头动画与全屏Banner的色彩风格统一 ● 动画效果丰富，能充分突显品牌的主营商品 ● 布局美观大气，画面效果简洁，视觉风格活泼、可爱
项目素材	图像素材： 草莓　　品牌logo　　品牌介绍视频
作品清单	动画源文件和MP4格式的动画各1份：尺寸为1280像素×720像素，帧速率为24帧/秒，平台类型为ActionScript 3.0，动画时长为3～4秒

【案例分析及制作】

1. 案例构思

● **开场动画构思设计：** 开场动画需要吸引消费者眼球，并为主体动画的出现做铺垫，可以制作一个小平行四边形，逐渐变成整个动画的背景，由于形状补间动画可以自由地在两个矢量图形中进行变化，因此可为开场动画制作形状补间动画。

● **主体动画构思设计：** 主体动画可分为品牌Logo动画、副标题动画两部分。在设计品牌Logo动画时，可将品牌Logo拆解为3部分，分别为叶柄、果实和文本图像，可以先为叶柄制作先放大再缩小的传统补间动画，为果实制作由上到下旋转出现的遮罩动画效果，为文本制作逐渐展开的传统补间动画，以多种动画形式丰富画面的视觉效果；在设计副标题动画时，考虑到副标题是纯文本，因此可制作逐字出现的动画效果，使消费者不由自主地被副标题动态效果吸引，从而接收到视频主题。另外，为避免主体动画单调，可在展现品牌Logo和副标题动画期间，通过绘制的弯曲垂线，制作草莓由上往下掉落出画面的引导动画。

● **色彩设计：** 仍以粉红色为主色，将白色调整为辅助色，绿色作为点缀色，使Logo中的白色线条和文本更易识别，如图7-11所示。

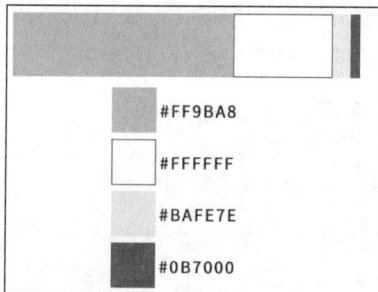

	#FF9BA8
	#FFFFFF
	#BAFE7E
	#0B7000

图7-11　片头动画色彩设计

- **布局设计：** 采用中心构图，将品牌Logo放置在画面中上部，副标题文本放置在品牌Logo右下方，让重要信息更加凸显。

MG动画

知识补充

　　MG动画是一种运用图形和动画技术创建的、富有创意和表现力的动画形式，具有图形化表现、动态流畅、抽象简化、强调视觉效果和信息传递等特点，通常运用几何图形、线条、图标和文本等元素进行创作，广泛应用于广告宣传、科普教育、节目包装等领域。

本案例的参考效果如图7-12所示。

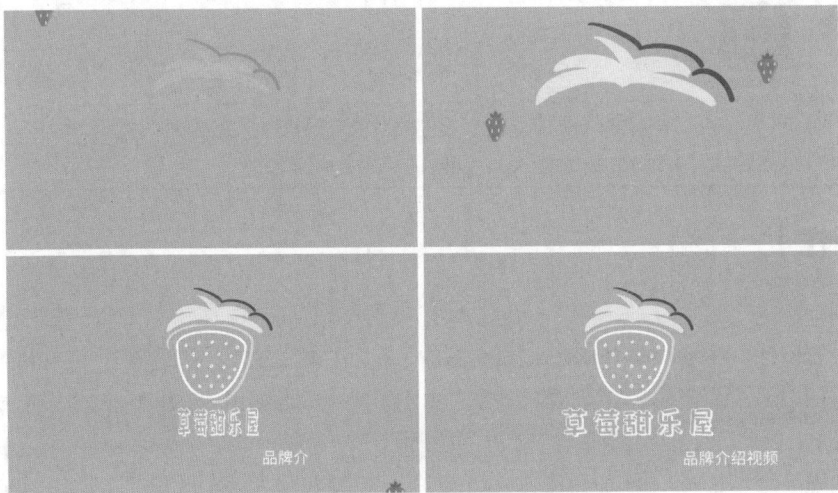

图7-12　"草莓甜乐屋"品牌介绍视频片头动画参考效果

素材位置： 素材\项目7\"草莓甜乐屋"品牌介绍片头动画\

效果位置： 效果\项目7\"草莓甜乐屋"品牌介绍片头动画.fla、
"草莓甜乐屋"品牌介绍片头动画.mp4

2．制作思路

　　制作片头动画时，可按照时间顺序逐步制作，先使用线条工具和矩形工具绘制形状补间动画所需的矩形，制作补间动画；然后导入所有素材，新建空白元件，在对应的元件编辑窗口中制作品牌Logo动画和草莓掉落动画，并依次添加到主舞台中进行布局；最后为副标题文本制作逐帧动画效果，制作过程参考图7-13～图7-19。

微课视频

制作"草莓甜乐屋"品牌介绍视频片头动画

图7-13　在主舞台绘制平行四边形并制作开场的形状补间动画

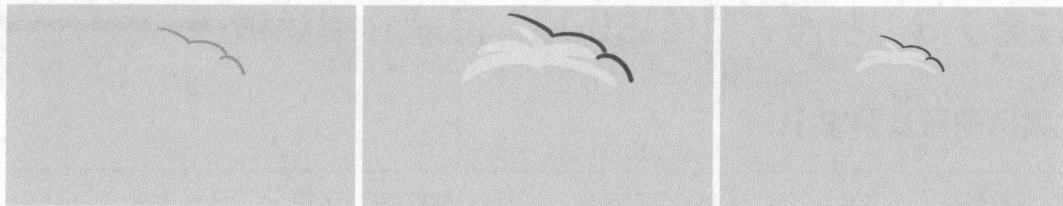

图7-14　在元件内部制作叶柄的传统补间动画

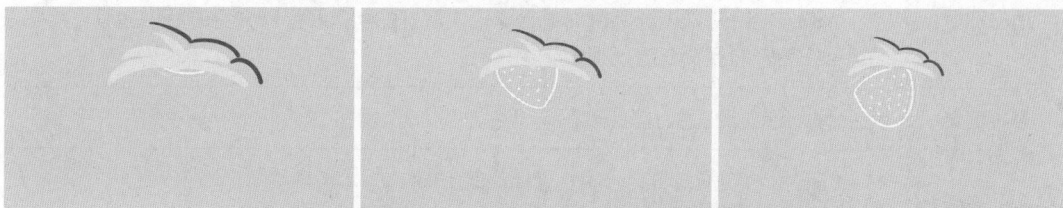

图7-15　在元件内部制作果实的遮罩动画

图7-16　在元件内部制作文本的传统补间动画

图7-17　在元件内部制作草莓掉落的引导动画

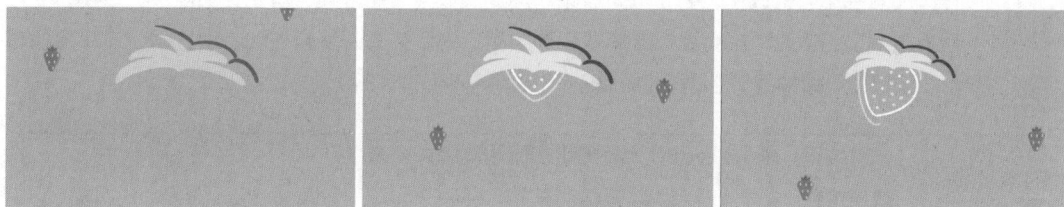

图7-18　在主舞台制作其他草莓掉落的动画

图7-19　在主舞台制作副标题文本的逐帧动画

任务7.3 制作"草莓甜乐屋"品牌介绍音频

【案例背景及要求】

项目名称	"草莓甜乐屋"品牌介绍音频	接收部门/人员	设计部/米拉
项目背景	"草莓甜乐屋"品牌的消费者群体以年轻消费者为主，这类消费者通常追求个性与独特，因此该品牌需要设计师制作符合年轻人喜好的配乐及品牌介绍的解说音频，将它们运用在后续的品牌介绍视频中		
基本信息	● 品牌介绍详细信息：详见"品牌介绍详情.txt"素材		
客户需求	● 配乐轻松、欢乐，节奏分明，旋律朗朗上口 ● 解说音频音量适中，运用甜美女声音色，吐词清晰，富有活力 ● 两种音频相互配合，向消费者传达品牌信息		
作品清单	● 配乐音频1份：时长为1分36秒，MP3格式 ● 解说音频1份：时长为1分32秒，MP3格式		

【案例分析及制作】

1. 案例构思

- **配乐音频设计**：基于目标消费群体的特征，可以搜集轻松、欢乐、潮流的音乐素材，再分析搜集的音乐素材，发现音乐前半段节奏分明、旋律朗朗上口，后半段旋律重复较多，因此可只保留更符合需要的前半段音乐，并在音乐结尾处进行淡化处理，使音乐变化更加平滑、自然。为了提升音乐质感，还可以添加类似于摇滚乐的延迟效果，再适当降低音量，使其更符合使用需求。

- **解说音频设计**：在Audition中可直接将客户提供的解说文本资料转换为解说音频，但所生成音频的音色比较机械化，因此可为音频添加变调效果，使音频的音色更加自然、亲切，更符合真人解说的音色，从而拉近与消费者的距离。为了使解说音频更加节奏分明，过渡更加自然，还可适当增加每句话之间的间隔时长和音频开头的时长。

> **素材位置：** 素材\项目7\"草莓甜乐屋"品牌介绍音频\
> **效果位置：** 效果\项目7\"草莓甜乐屋"品牌介绍配乐音频.mp3、"草莓甜乐屋"品牌介绍解说音频.mp3

2. 制作思路

制作配乐音频时，可结合切断剪辑所选工具和标记功能剪辑音频片段，使用音频淡化处理功能为音频结尾制作过渡效果，使用"延迟"命令为音频制作摇滚乐效果，再降低音频的音量，制作过程参考图7-20～图7-22。

效果预览

微课视频

制作"草莓甜乐屋"品牌介绍音频

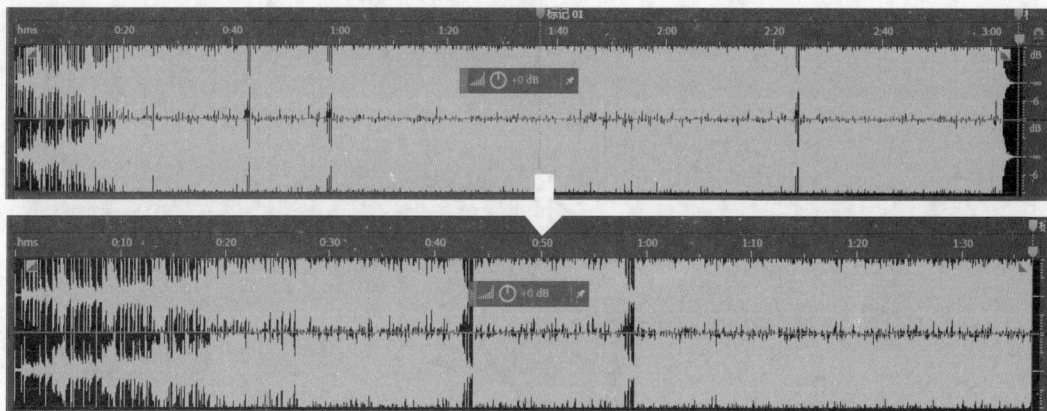

图7-20　剪辑音频片段

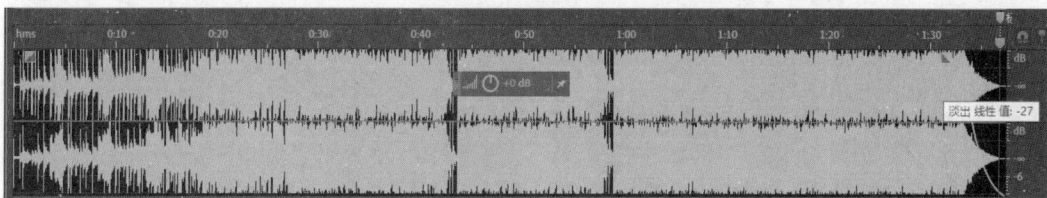

图7-21　淡化处理音频结尾

图7-22　添加"延迟"效果并降低音频音量

　　制作解说音频时，可结合生成语音和变调功能将文本内容转换成吐词清晰的女声音频，再对其进行淡化处理，并调整文字的间隔时长，使其节奏分明，最后添加"混响"效果，提升音频的听觉感受，制作过程参考图7-23～图7-27。

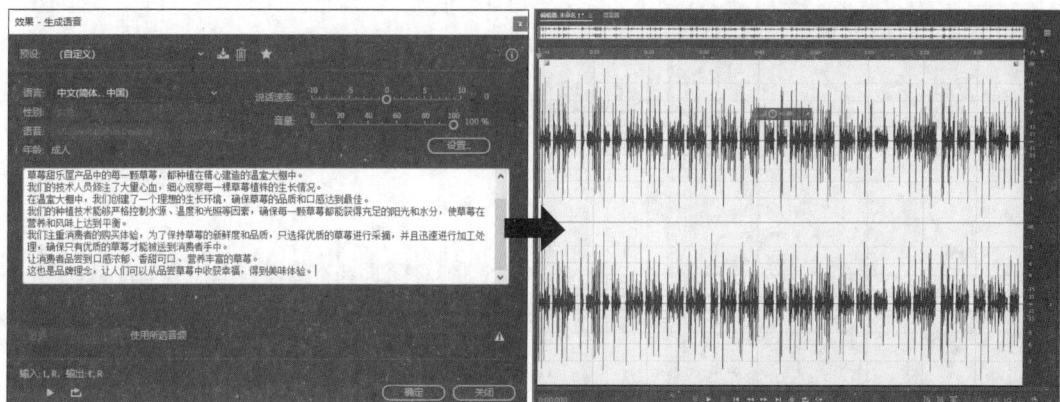

图7-23　生成语音效果

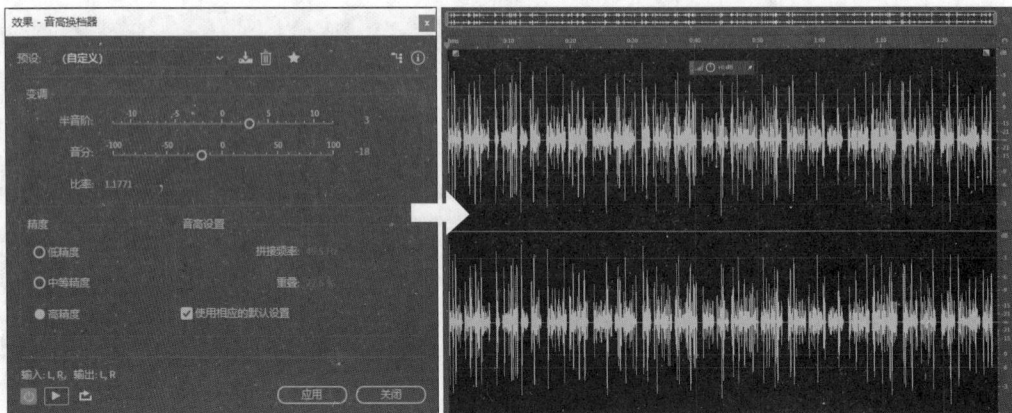

图7-24　制作变调效果

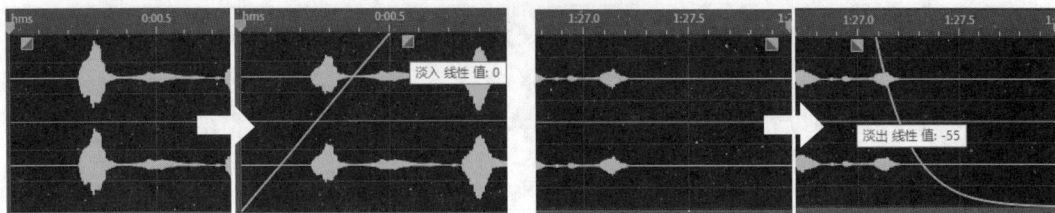

图7-25　淡化处理音频的开头和结尾

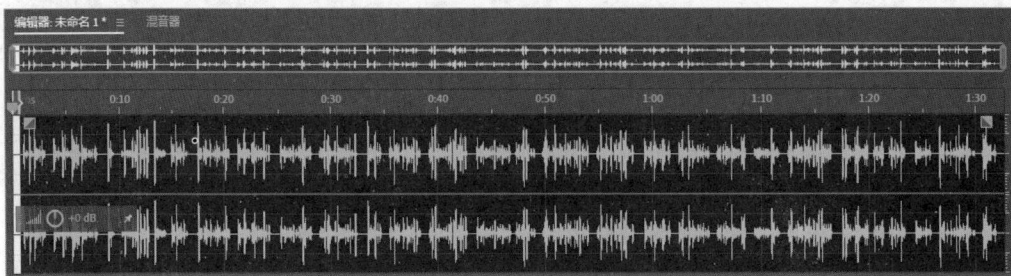

图7-26　通过复制与粘贴音频数据来调整间隔时长

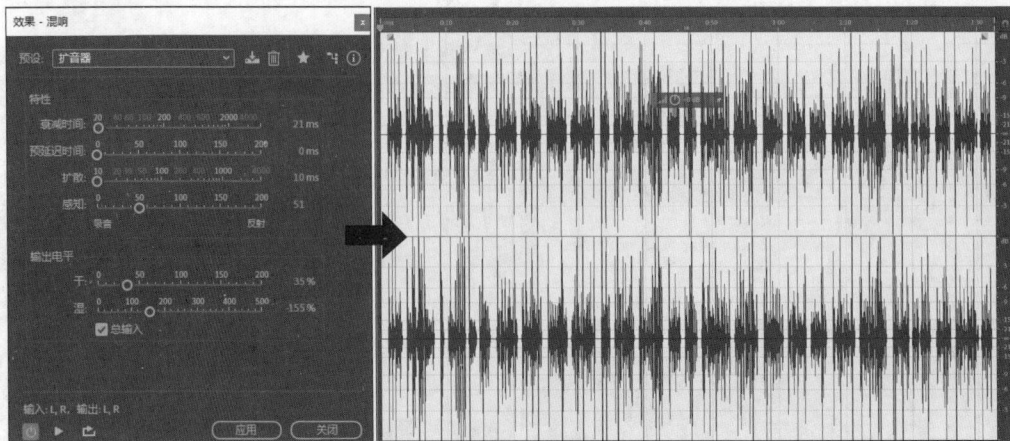

图7-27　添加"混响"效果

任务7.4 制作"草莓甜乐屋"品牌介绍视频

【案例背景及要求】

项目名称	"草莓甜乐屋"品牌介绍视频	接收部门/人员	设计部/米拉
项目背景	品牌介绍视频是一种通过视频形式展示品牌信息和价值的营销工具，通常使用生动的图像、动画和剪辑手法向消费者介绍品牌及主要业务，以提高品牌的影响力和吸引力。"草莓甜乐屋"品牌宣传部门需要设计师制作品牌介绍视频，内容以突显该品牌注重草莓品质为主，充分展示品牌的温室大棚环境、种植技术等信息，拉近品牌与消费者的距离，并利用目标消费者常用的社交媒体进行推广，扩大该视频的传播度，吸引更多潜在消费者		
基本信息	• 关键字幕：销售各类草莓食品的品牌、精心建造的温室大棚、理想的生长环境、现代化的种植技术、注重消费者的购买体验 • 品牌理念：让人们可以从品尝草莓中收获幸福，得到美味体验		
客户需求	• 视频整体情感真挚，内容生动有趣、逻辑清晰 • 视频包含动画、音频、视频、字幕等元素，内容丰富 • 整个视频都要伴有音频，视频画面应与解说音频有对应关系 • 说服力和感染力较强，能引起消费者共鸣，并对品牌产生信任		
项目素材	视频素材： "草莓甜乐屋"品牌介绍片头动画		
作品清单	源文件和MP4格式的视频各一份：尺寸为1280像素×720像素，时长为1～2分钟		

【案例分析及制作】

1. 案例构思

- **视频内容设计：** 视频开头采用已制作的片头动画进行开场，然后依据解说音频的内容依次展示品牌总述、温室大棚介绍、生长环境介绍、种植技术介绍、消费体验介绍、品牌理念等视频内容，按照该顺序剪辑视频，使视频画面与已制作的解说音频相呼应。

- **视频色彩设计：** 由于部分视频画面较暗，造成画面色彩不鲜明，因此可调整这些画面的色彩，如曝光、饱和度、对比度等，使草莓的颜色更加鲜艳，以新鲜、饱满的外形引起消费者的食欲，增强消费者对该品牌产品的认同感和信赖感。

- **视频字幕设计：** 视频字幕颜色可以白色为主，字幕内容采用解说音频内容中的关键词，使画面简洁、重点内容突出。为了符合品牌宣传视频的商业性，字幕字体可以选用商务风格的"站酷高端黑"字体，该字体笔画规整、清晰，易被消费者识别。

- **音频设计：** 音频采用已制作完毕的配乐和解说音频，通过调整两个音频的音量和入点位置来确定音频的主次关系，使解说音频音量较高，配乐音频次之；配乐率先播放，解说音频在开场动画结束后开始播放。

本案例的参考效果如图7-28所示。

图7-28 "草莓甜乐屋"品牌介绍视频参考效果

素材位置： 素材\项目7\"草莓甜乐屋"品牌介绍视频\

效果位置： 效果\项目7\"草莓甜乐屋"品牌介绍视频.prproj、"草莓甜乐屋"
品牌介绍视频.mp4

2. 制作思路

制作品牌介绍视频时，可参考品牌介绍文本的内容，排列所有导入的素材，通过分割、调整播放速度等操作来剪辑视频，再为视频添加过渡效果，优化视频色彩，使用旧版标题功能添加字幕，制作过程参考图7-29～图7-33。

微课视频

制作"草莓甜乐
屋"品牌介绍视频

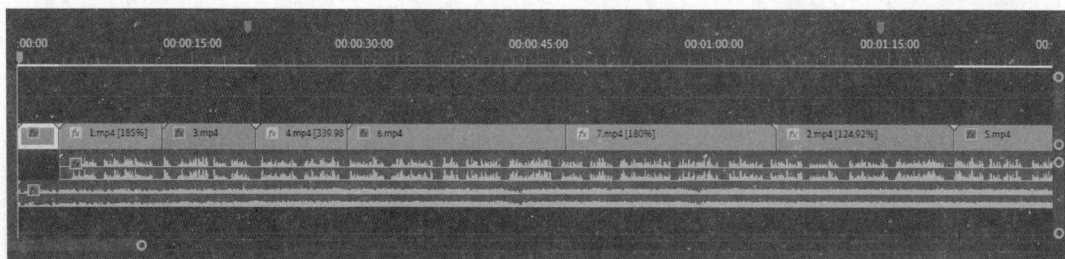

图7-29 剪辑素材并调整视频播放速度

图7-30 添加视频过渡效果

图7-31 调整视频素材的颜色

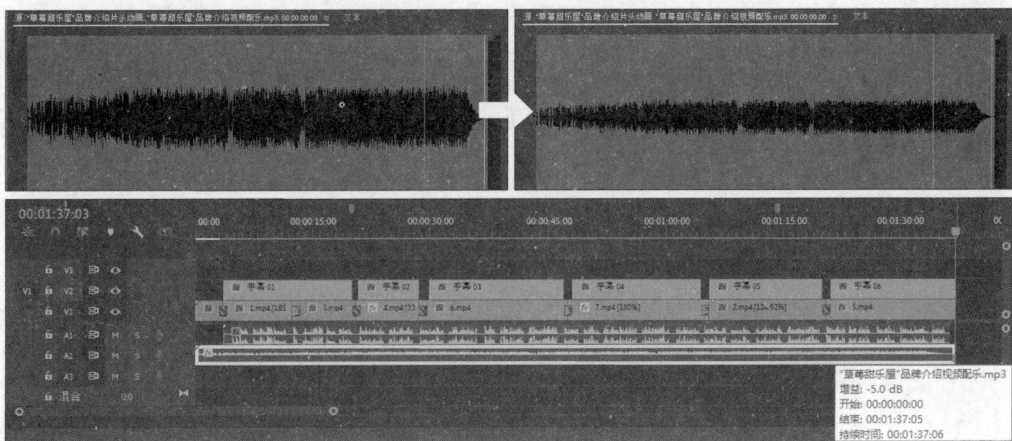

图7-32 调整配乐的音量和出点

图7-33 添加字幕

设计素养

设计师在制作品牌宣传相关的作品时，应充分了解品牌的核心价值和定位，准确传达品牌的独特性和差异化，以及与目标消费者的契合度。设计师还需要具备创造力和创新精神，以及良好的审美眼光、沟通能力和协作能力，能够在保持关注市场趋势、设计潮流和技术创新的基础上，制作出饱含独特性、有吸引力的品牌宣传作品，并为品牌宣传注入新颖的元素和概念，提升品牌在市场中的竞争力和声誉。

任务7.5　制作"草莓甜乐屋"网站首页

【案例背景及要求】

项目名称	"草莓甜乐屋"网站首页	接收部门/人员	设计部/米拉
项目背景	在"数字化营销"时代，"草莓甜乐屋"品牌意识到建立一个独特、吸引人的网站是提高品牌知名度、吸引顾客的关键。因此，该品牌需要设计师制作一个具有辨识度和互动性的网站首页，以便向消费者展示其品牌形象和产品特色		
基本信息	● 品牌形象：草莓甜乐屋作为一家专注于草莓食品和相关产品的品牌，其形象具有活力、新鲜和健康的特点 ● 产品特色：草莓甜乐屋的产品种类丰富，包括各种草莓食品、新鲜草莓以及草莓周边产品		
客户需求	● 网站首页的设计简洁明了，避免过多的信息和元素，突出品牌形象和产品特色 ● 具有强烈的视觉冲击力，使用鲜艳的色彩和吸引人的图像来吸引消费者的注意力 ● 符合品牌理念和价值观，传达出草莓甜乐屋让人们从品尝草莓中收获幸福的愿景		
项目素材	图像素材： banner.jpg　　logo.png　　tp1.jpg　　tp2.jpg　　tp3.jpg　　tp4.jpg　　tp5.jpg　　tp6.jpg 视频素材： video.mp4		
作品清单	网页源文件一份		

【案例分析及制作】

1.　案例构思

● **网站板块划分：** 网站的整体结构包括页头、全屏Banner、草莓销售区、品牌介绍视频以及页脚5个部分。

● **网站整体设计：** 网站的设计风格以粉色为主色调，营造出温馨、甜美的氛围。同时，通过交替使用粉色和白色的背景色，使各个板块之间能够很好地进行区分。

● **网站字体设计：** 为了符合网站的商业定位，字体可采用微软雅黑，这种字体线条规整、清晰、易于阅读和理解。同时，通过调整字体大小、行距等排版设计，整个网站的信息展示将更加有序、清晰，方便用户浏览和获取信息。

本案例的参考效果如图7-34所示。

图7-34 "草莓甜乐屋"网站首页参考效果

素材位置：素材\项目7\"草莓甜乐屋"网站首页\

效果位置：效果\项目7\"草莓甜乐屋"网站首页\index.html

2. 制作思路

制作网站首页时，可参考网站的板块划分，在网页中插入header、banner、product、video、footer这5个<div>标签，然后分别在这5个<div>标签中制作相应的内容，同时运用CSS样式美化网页，整个制作过程参考图7-35～图7-39。

微课视频

制作"草莓甜乐屋"网站首页

图7-35 制作页头部分

图7-36 制作banner部分

草莓销售

新鲜奶油草莓1000g
¥58.00

新鲜奶油草莓500g
¥38.00

新鲜草莓1000g
¥48.00

新鲜粉草莓1000g
¥56.00

白雪公主草莓1000g
¥188.00

草莓干500g
¥21.00

图7-37 制作草莓销售部分

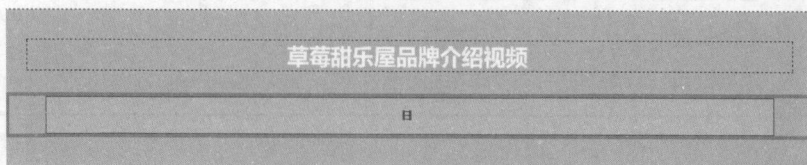

草莓甜乐屋品牌介绍视频

图7-38 制作"草莓甜乐屋"介绍视频部分

草莓甜乐屋 版权所有 © copyright 2020-2023 电话：028-876**498

图7-39 制作页脚部分

附录1　拓展案例

　　本书精选了25个拓展案例供读者自我练习与提高，从而提升应用Photoshop处理图像、应用Animate制作动画、应用Audition编辑音频、应用Premiere编辑视频、应用Dreamweaver制作网页的能力。关于每个案例的制作要求、素材文件、参考效果，请读者登录人邮教育社区下载本书的配套资源。

【处理图像】

【制作动画】

【编辑音频】

【编辑视频】

【制作网页】

附录2　设计师的自我修炼

　　要成长为一名优秀的设计师，需要了解设计的基本概念、设计的发展、设计形态，运用设计的思维去观察、分析、提炼、重构事物；学习色彩的基础知识，培养对色彩的感知能力和表达能力，加深对色彩的关系、色调的强调、色彩的情感性表现等的认知；能够运用平面构成、色彩构成、立体构成的理论和方法设计出符合功能需求和审美需求的作品。

设计基础 　　　　设计色彩 　　　　设计构成